鸿蒙技术系列丛书

鸿蒙OS
应用编程实战

赵龙　马岩松◎编著

机械工业出版社
CHINA MACHINE PRESS

本书系统全面地介绍了鸿蒙操作系统下应用开发所需基础知识,以图文并茂及小视频讲解的形式,通过丰富的案例实践提高读者的应用能力。本书共9章,第1章介绍了鸿蒙操作系统的开发环境、一些基础知识及基本应用的创建;第2、3章介绍了鸿蒙应用开发必备的各种组件基础及Ability框架的应用实践;第4~6章介绍了鸿蒙操作系统中的事件交互、多媒体功能、生物识别、传感器设备管理等应用程序核心功能开发;第7章介绍了鸿蒙应用程序安全设计;第8、9章是应用实践,介绍了鸿蒙系统在可穿戴设备与智慧终端屏的综合开发实践。

本书为读者提供了全部案例源代码下载和高清学习视频,读者可以直接扫描二维码观看。

本书适合想学鸿蒙开发而又无从入手的初学者自学,同时也可作为对鸿蒙系统有兴趣且有开发经验的开发人员的参考书。

图书在版编目(CIP)数据

鸿蒙OS应用编程实战 / 赵龙,马岩松编著. —北京:机械工业出版社,2022.8
(鸿蒙技术系列丛书)

ISBN 978-7-111-71314-2

Ⅰ. ①鸿… Ⅱ. ①赵… ②马… Ⅲ. ①移动终端-应用程序-程序设计 Ⅳ. ①TN929.53

中国版本图书馆 CIP 数据核字(2022)第 135091 号

机械工业出版社(北京市百万庄大街22号 邮政编码:100037)
策划编辑:李培培　　责任编辑:李培培
责任校对:张艳霞　　责任印制:郜　敏
三河市宏达印刷有限公司印刷
2022年9月第1版·第1次印刷
184mm×240mm·17 印张·372 千字
标准书号:ISBN 978-7-111-71314-2
定价:89.00 元

电话服务　　　　　　　　　　网络服务
客服电话:010-88361066　　机 工 官 网:www.cmpbook.com
　　　　　010-88379833　　机 工 官 博:weibo.com/cmp1952
　　　　　010-68326294　　金 书 网:www.golden-book.com
封底无防伪标均为盗版　　机工教育服务网:www.cmpedu.com

前 言

PREFACE

　　HarmonyOS 是一款面向万物互联时代、全新的分布式操作系统。在传统的单设备系统能力基础上，HarmonyOS 提出了基于同一套系统能力、适配多种终端形态的分布式理念，能够支持手机、平板计算机、智能穿戴、智慧屏、车机等多种终端设备，提供全场景（移动办公、运动健康、社交通信、媒体娱乐等）业务能力。

　　本书采用图文并茂与小视频讲解的形式，循序渐进地介绍知识点。通过本书的学习，读者可以掌握鸿蒙手机应用、智能穿戴应用、智慧屏应用的创建开发、发布测试，同时可以学习到智能穿戴应用与手机应用、手机应用与智慧屏应用等多场景协同任务开发。

本书的基本信息

本书面向的读者对象：HarmonyOS 初学者。

本书开发依赖以下工具及环境。

1）开发工具。

● MacBook Pro (Retina, 15-inch, Mid 2015)。

● Windows 11，处理器 Intel(R) Core(TM) i7-8700 CPU，运行内存 16.0 GB，64 位操作系统，基于 x64 的处理器。

2）开发软件工具：DevEco Studio 3.0 Beta2。

3）测试设备。

● 华为 HLK-AL00，HarmonyOS2.0.0，分辨率 2340×1080 像素。

● 华为 HRY-AL00a，HarmonyOS2.0.0，分辨率 2340×1080 像素。

本书开发的语言环境如图 1 和图 2 所示。

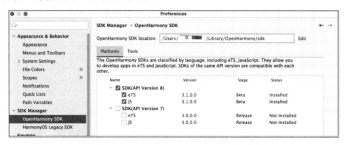

● 图 1　OpenHarmony SDK 版本信息

● 图 2　Harmony Legacy SDK 版本信息

本书的内容

本书系统全面地介绍了鸿蒙操作系统下应用开发所需的基础知识，以图文并茂、小视频讲解的形式，通过丰富的案例实践提高读者的应用能力。

本书共 9 章，第 1 章介绍了鸿蒙操作系统的开发环境、一些基础知识，以及基本应用的创建；第 2～3 章介绍了鸿蒙应用开发必备的各种组件基础及 Ability 框架的应用；第 4～6 章介绍了鸿蒙操作系统中的事件交互、多媒体功能、生物识别、传感设备管理等应用程序核心功能开发；第 7 章介绍了鸿蒙应用程序安全设计，详细讲解了加密方法、测试方法及隐私保护。第 8 章与第 9 章是应用实践，第 8 章讲解了智能穿戴应用开发，通过分布式数据库，实现智能穿戴与手机应用之间的数据同步；第 9 章讲解了智慧屏应用开发，通过标签页阅读类应用与视频播放应用，分别讲解了任务流转、多端协同，以及 IDL 通信等内容。

勘误与支持

在本书的每一章、每一节落笔前，编者都在考虑如何才能把各个知识点由简到详、更有条理地论述，也在考虑如何才能以简单易懂的方式使读者快速理解每个知识点以至实际项目中的开发使用，也在担心自己的理解有偏差而误导了读者。

由于写作水平有限，书中难免存在不妥之处，所以提供邮箱（928343994@qq.com）与公众号（biglead：我的大前端生涯）来保持与读者的交流。

本书所涉及的源码会提供在编者的 gitee 仓库中，地址为 https://gitee.com/masshub/harmony。

本书中所涉及的勘误，将会在编者的博客中发布，欢迎读者在博客上留言，博客地址为 https://blog.csdn.net/zl18603543572 与 https://juejin.im/user/712139263459176。

致　谢

在本书完稿之际，回顾 6 个多月的时光，为我们的黄金时间分割方法，为我们的坚持与执着而感到欣慰与自豪。

最后感谢机械工业出版社的编辑，本书能够顺利出版离不开他们的细心负责的工作态度。

CONTENTS 目录

第 3 章
CHAPTER.3

Ability 框架核心基础 / 66

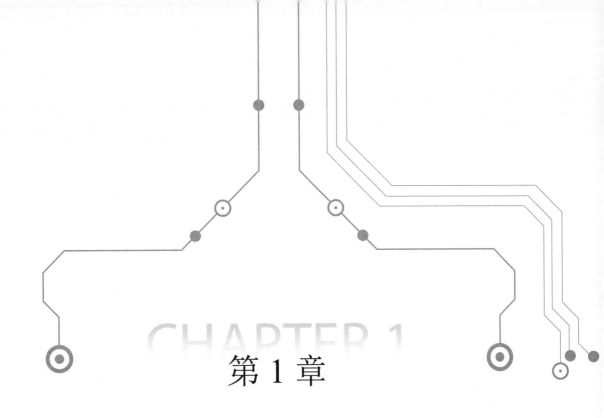

第 1 章

鸿蒙操作系统及开发流程

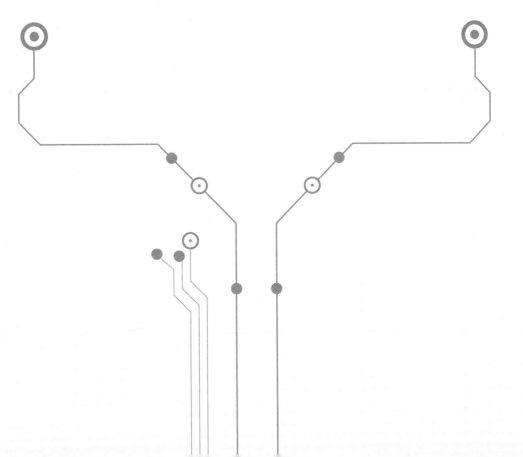

鸿蒙一词，在中国的神话传说中，泛指宇宙形成之前的混沌时代，华为鸿蒙系统（HarmonyOS），是华为自主研发的操作系统，是面向未来、面向全场景（如移动办公、运动健康等）的分布式操作系统。

从技术架构上来讲，HarmonyOS 遵从分层设计，从下向上依次为：内核层、系统服务层、框架层和应用层，如图 1-1 所示。本书的知识点是使用框架层与系统服务层的能力来实现应用层的技术应用。

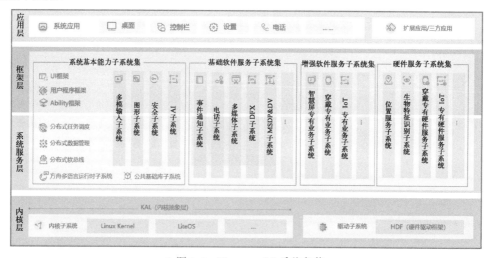

● 图 1-1　HarmonyOS 系统架构

1.1　鸿蒙操作系统概述

在华为"2012 诺亚方舟实验室"专家座谈会上，任正非提出要做终端操作系统；2017 年，鸿蒙 OS 内核 1.0 完成技术验证，并逐步开展内核 2.0 研发。

2019 年，华为鸿蒙商标注册成功，华为正式发布了自主知识产权操作系统（鸿蒙）并在智慧屏上投入使用。

2020 年，华为鸿蒙应用到华为手表，同年 9 月 10 日，鸿蒙升级至 2.0 版本，向电视、手表、车机等内存 128KB～128MB 设备开源，同年 12 月，华为发布基于鸿蒙 OS 的手机开发者 Beta 功能；2021 年，鸿蒙操作系统正式开启大规模商用。

▶▶1.1.1　鸿蒙操作系统应用场景与未来行业领域的应用分析

新一代信息技术在物联网方面的高度集成和综合运用，在现代以及未来，对产业变革和经济社会绿色、智能、可持续发展具有重要意义。"十三五"规划以来，物联网市场规模稳步增长，物联网技术是支撑国家战略的重要基础，在推动国家产业结构升级和优化中将发挥重要作用。

鸿蒙是应用于物联网的操作系统，可以在智能手机、计算机上运行，也可以在内存较小的家用智能设备上运行，鸿蒙 OS 一方面具备传统 OS 的能力，另一方面提供了一套完整的跨 OS 解决方案，从而实现不同设备之间的互联互通。

2020 年，"新基建"得到进一步发展，5G 基站、工业互联网、数据中心等领域加快建设，而物联网作为新型基础设施的重要组成部分，同样得到快速发展，在此期间以至未来，鸿蒙系统可发展的空间逐步扩大。

鸿蒙面向 IoT 的分布式设备协同能力，最直接面向广泛的物联网设备，包括智能音箱、智能穿戴、智能电视、智能家用电器，以及其他 IoT 终端应用，最终目的在于将碎片化的各种智能设备统一到"超级终端"，公开数据显示，目前已经有超过 1000 家硬件厂商、300 多家 App 服务商，以及 50 万以上的开发者共同参与到了鸿蒙生态建设中。

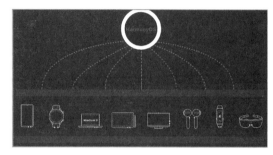

● 图 1-2   全场景终端设备 1+8+N

如图 1-2 所示，华为鸿蒙系统作为全场景分布式智慧操作系统，将逐步覆盖 1+8+N 全场景终端设备（"1"代表智能手机；"8 代表"PC、平板计算机、手表、智慧屏、AI 音箱、耳机、AR/VR 眼镜、车机设备；"N"代表 IoT 生态产品）。

▶▶ 1.1.2   鸿蒙操作系统技术特性概述

HarmonyOS 有三大特征：设备之间硬件互助，资源共享；一次开发，多端部署；统一 OS，弹性部署。

1）设备之间硬件互助，资源共享特征是指：搭载该操作系统的设备在系统层面融为一体、形成超级终端，不同设备之间硬件互助、资源共享，使用设备的硬件能力可以弹性扩展，可以为用户提供流畅的全场景体验；这种能力依赖的关键技术包括分布式软总线、分布式设备虚拟化、分布式数据管理、分布式任务调度等。

● 分布式软总线是智能手机、平板计算机、智能穿戴、智慧屏、车机等分布式设备的通信基座，如在智能家居方面，智能手机可以"碰一碰"和烤箱连接，自动按照菜谱设置烹调参数，控制烤箱来制作菜肴，如图 1-3 所示为分布式软总线示意图。

● 分布式设备虚拟化平台可以实现不同设备的资源融合、设备管理、数据处理，多种设备共同形成一个超级虚拟终端，如在智慧屏上玩游戏时，借助智能手机的重力传感器、触控能力等将智能手机虚拟化为遥控器来操作游戏，如图 1-4 所示为分布式设备虚拟化示意图。

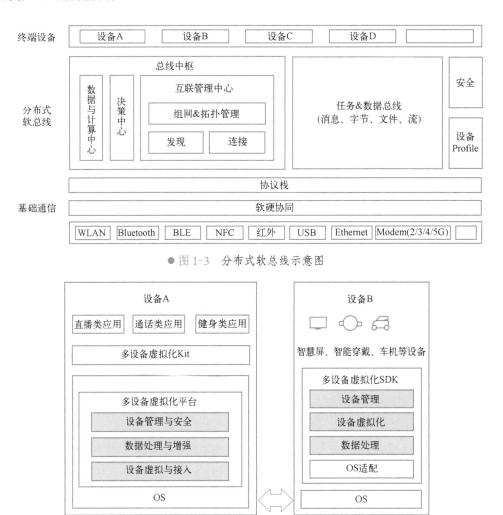

● 图 1-3　分布式软总线示意图

● 图 1-4　分布式设备虚拟化示意图

● 分布式数据管理可实现应用程序数据和用户数据的分布式管理，用户数据不再与单一物理设备绑定，业务逻辑与数据存储分离，跨设备的数据处理如同本地数据处理一样方便快捷，如使用手机拍摄的照片可以在登录了同账号的其他设备（如平板计算机）上快速浏览，如图 1-5 所示为分布式数据管理示意图。

● 分布式任务调度是分布式服务管理（发现、同步、注册、调用）机制，支持跨设备应用远程启动、调用、连接及迁移等操作，例如，用户在驾车出行前在智能手机上规划好导航路线，上车后导航自动迁移到车机上，下车后，导航自动迁移回智能手机，如图 1-6 所示为分布式任务调度能力示意图。

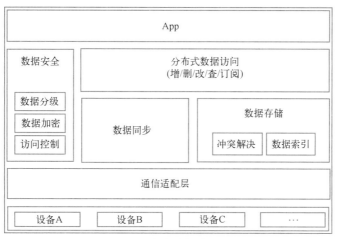

● 图 1-5　分布式数据管理示意图

● 图 1-6　分布式任务调度能力示意图

2）一次开发，多端部署特征是指 HarmonyOS 提供了用户程序框架、Ability 框架及 UI 框架。UI 框架支持使用 Java、JS、TS 语言进行开发，可以在智能手机、平板计算机、智能穿戴、智慧屏、车机上显示不同的 UI 效果，如图 1-7 所示为一次开发、多端部署示意图。

3）统一 OS，弹性部署特征是指 HarmonyOS 通过组件化和小型化等设计方法，支持多种终端设备按需弹性部署，降低硬件设备的开发门槛。

▶▶ 1.1.3　鸿蒙应用基础知识概述

HarmonyOS 的用户应用程序包以 App Pack（Application Package）形式发布，每个 App Pack 是由一个或多个 HAP（HarmonyOS Ability Package），以及描述每个 HAP 属性的 pack.info 组成。

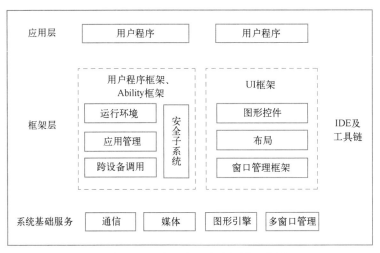

● 图 1-7　一次开发、多端部署示意图

HarmonyOS 应用代码围绕 Ability 组件展开，HAP 是 Ability 的部署包，一个 HAP 是由代码、资源、第三方库及应用配置文件组成的模块包，可分为 Entry 和 Feature 两种模块类型，如图 1-8 所示。

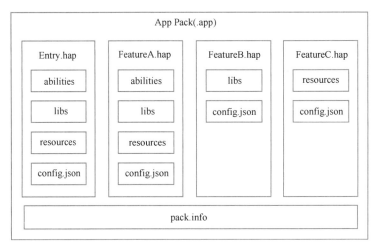

● 图 1-8　App 逻辑图

- Entry 是应用的主模块。一个 App 中，对于同一设备类型，可以有一个或多个 Entry 类型的 HAP 来支持该设备类型中不同规格（如 API 版本、屏幕规格等）的具体设备。
- Feature 是应用的动态特性模块。一个 App 可以包含一个或多个 Feature 类型的 HAP，也可以不含。

Ability 是应用所具备能力的一个抽象概念。Ability 是应用的基本组成单元，能够实现特定的业务功能。Ability 分为两种：Feature Ability 简称 FA，主要用来实现 UI 界面；Particle Ability 简称 PA，主要用来实现无 UI 界面，包含 Service 模板（用于提供后台运行任务）和 Data 模板（用于对外部提供统一的数据访问）。

应用中的第三方代码（如 so、jar、bin、har 等二进制文件）存放在 libs 库文件目录中；应用的资源文件（字符串、图片、音频等）存于 resources 目录下；配置文件（config.json）用于声明应用的 Ability，以及应用所需权限等信息；pack.info 描述应用软件包中每个 HAP 的属性，由 IDE 编译生成（其中 name 表示 HAP 文件名；module-type 表示模块类型，entry 或 feature；device-type 表示支持该 HAP 运行的设备类型）。

1.2 鸿蒙应用开发流程

鸿蒙应用开发可分为四步（见图 1-9）：第一步是开发准备，即注册华为开发者联盟账号，并进行实名认证，然后下载开发工具 DevEco Studio，并使用注册的账号登录，注册账号的网址如下：

https://developer.huawei.com/consumer/cn/

第二步是开发应用，即创建应用工程进行项目开发，需要注意的是创建项目使用的开发语言及项目的运行环境，一般首次是创建并运行 Hello World 工程。第三步是运行、调试和测试应用，即在项目开发完成后，运行到真机中进行调试，需要在开发者账号中配置应用的信息，以申请证书。第四步是发布应用。

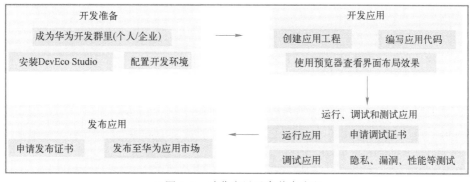

● 图 1-9 鸿蒙应用开发基本流程

▶▶ 1.2.1 下载与安装 DevEco Studio 并配置开发环境

HUAWEI DevEco Studio 简称 DevEco Studio 是基于 IntelliJ IDEA Community 开源版本打造的面向华为终端全场景多设备的一站式集成开发环境（IDE），为开发者提供工程模板创建、开发、编译、调试、发布等 E2E 的 HarmonyOS 应用/服务开发，支持 Windows 与 macOS 环境。

- 对于 Windows 环境，建议计算机配置满足 Windows10 64 位、8GB 及以上运行内存、100GB 及以上存储硬盘、1280*800 像素及以上分辨率。
- 对于 macOS 环境，建议计算机配置满足 macOS 10.14/10.15/11.2.2 以上、8GB 及以上运行内存、100GB 及以上存储硬盘、1280*800 像素及以上分辨率。

DevEco Studio 安装分以下两步。

1）进入 HUAWEI DevEco Studio 产品页面，单击下载列表后的按钮，下载 DevEco Studio，页面地址如下。

```
https://developer.harmonyos.com/cn/develop/deveco-studio#download_beta
```

2）下载完成后，在 Windows 环境中，双击下载的 deveco-studio-xxxx.exe，进入 DevEco Studio 安装向导（见图 1-10），在如下安装选项界面勾选 DevEco Studio 后，单击 Next 按钮直至安装完成；在 macOS 环境中，双击下载的 deveco-studio-xxxx.dmg 软件包，在安装界面中，将 DevEco-Studio 拖拽到 Applications 中，等待安装完成，如图 1-11 所示。

● 图 1-10　Windows DevEco-Studio 安装界面

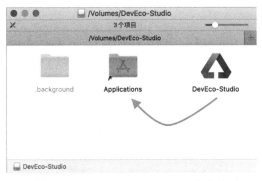

● 图 1-11　macOS DevEco-Studio 安装界面

开发工具安装完成后，接下来就是配置开发环境。运行已安装的 DevEco Studio，若首次使用请选择 Do not import settings，单击 OK 按钮，然后进入配置向导界面，设置 npm registry，DevEco Studio 已预置对应的仓，直接单击 Start using DevEco Studio 按钮进入下一步，默认情况会下载 OpenHarmony SDK 到 user 目录下，也可以自定义存储路径，SDK 存储路径不支持中文字符，然后单击 Next 按钮等待 OpenHarmony SDK 及工具下载完成，单击 Finish 按钮，会进入 DevEco Studio 欢迎界面，如图 1-12 所示。

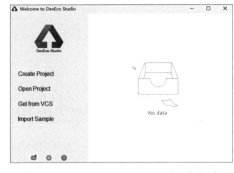

● 图 1-12　macOS DevEco-Studio 欢迎界面

在 Windows 系统中，选择左侧底部工具栏中的 Configure 菜单→Settings 选项，弹出 Settings 窗口；在 macOS 系统中，选择 DevEco Studio 窗口顶部的 DevEco Studio 菜单（或者单击左侧底部工具栏中的设置小图标）→Preferences 选项，弹出 Preferences 窗口。在 Settings 窗口（Preference 窗口中）依次选择 SDK Manager 选项→HarmonyOS Legacy SDK 选项，然后单击 Edit 按钮设置 HarmonyOS SDK 的存储路径，如图 1-13 所示，该路径不能与 OpenHarmony SDK 存储路径相同，否则会导致 OpenHarmony SDK 的文件被删除。

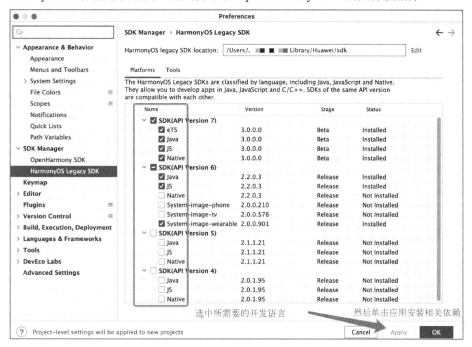

● 图 1-13　HarmonyOS Legacy SDK Location 存储路径

▶▶ 1.2.2　鸿蒙应用 Java 方式创建项目开发

HarmonyOS 提供了 Java UI 框架和方舟开发框架。

● Java UI 框架提供了一部分 Component 和 ComponentContainer 的子类，即创建用户界面（UI）的各类组件，包括一些常用的组件（如文本、按钮、图片、列表等）和常用的布局（如 DirectionalLayout 和 DependentLayout）。用户可通过组件进行交互操作，并获得响应。

● 方舟开发框架是基于 JS 扩展的类 Web 开发范式，是一种跨设备的高性能 UI 开发框架，支持声明式编程和跨设备多态 UI。

DevEco Studio 开发环境配置完成后，可以通过运行 HelloWorld 工程来验证环境设置是否正确。创建一个新的工程，步骤如下。

1）打开 DevEco Studio，在欢迎界面选择 Create Project 选项创建一个新工程，选择 Empty Ability 工程模板（见图 1-14），创建项目，设备类型选择"Phone"，模板选择 Empty Ability，Language 选择 Java。

2）单击 Next 按钮，进入工程配置界面配置工程的基本信息（见图 1-15），详细配置说明如表 1-1 所示。

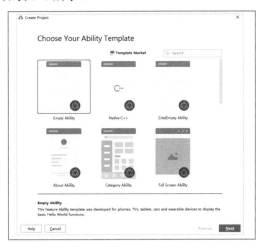

● 图 1-14 HarmonyOS HelloWorld 示例工程创建

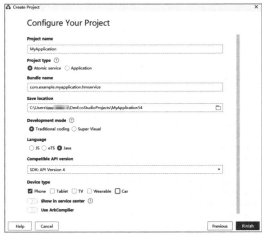

● 图 1-15 HarmonyOS HelloWorld 工程配置页面

表 1-1 HarmonyOS 项目工程配置说明

剪裁 Widget	简单描述
Project name	工程的名称
Project type	工程的类型，标识该工程是一个原子化服务（Atomic Service）或传统方式的需要安装的应用（Application）
Bundle name	软件包名称，默认情况下，应用/服务 ID（唯一标识）也会使用该名称，应用/服务发布时，应用/服务 ID 需要唯一。如果"Project Type"选择了 Atomic Service，则 Bundle Name 的扩展名必须是.hmservice
Save location	工程文件本地存储路径，路径不能包含中文字符
Language	支持的开发语言，可选择 JS、eTS 或 Java
Device type	该工程支持的设备类型

3）单击 Finish 按钮完成工程创建，DevEco Studio 会自动进行工程的同步，DevEco Studio 提供远程模拟器和本地模拟器，在 DevEco Studio 菜单栏，选择 Tools 菜单→Device Manager 选项可以打开设备调试窗口，Remote Emulator 用来调试远程模拟器，需要登录开发者的华为开发者账号进行使用。

在 Java UI 框架中，提供了在 XML 中声明 UI 布局和在代码中创建布局两种编写方式，这两种方式创建出的布局没有本质差别。首先创建工程项目，支持的开发语言为 Java，在 Project 窗口中，选择 entry→src→main→resources→base→

1-1 鸿蒙应用程序的创建基本说明

layout 选项，打开 ability_main.xml 文件，如图 1-16 所示是创建工程默认生成的视图。

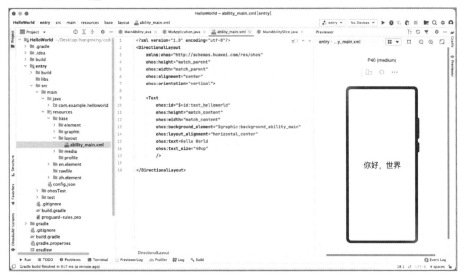

● 图 1-16　HarmonyOS Java 工程默认显示页面

　　DirectionalLayout 是 Java UI 中的一种重要组件布局，用于将一组子组件（Component）按照水平或者垂直方向排布；Text 是一个基本组件，用来显示字符串，在界面上显示为一块文本区域。

　　Text 文本可以采用直接设置文本字串或引用 string 资源的方式，图 1-18 中采用的是引用 string 资源的方式，在 Project 窗口中，选择 entry→src→main→resources→base→element 选项，打开 string.json 文件，可在此文件内声明所需引用的资源内容，如图 1-17 所示。

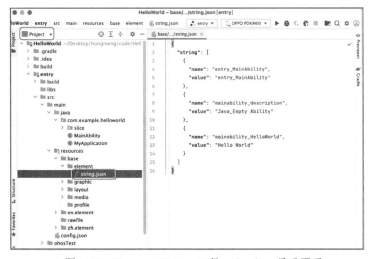

● 图 1-17　HarmonyOS Java 工程 string.json 显示页面

在 XML 文件中添加编辑组件后，需要在 Java 代码中加载 XML 布局，在 Project 窗口中，选择 entry→src→main→java→com.example.helloworld→slice 选项，打开 MainAbilitySlice.java 文件如图 1-18 所示。

● 图 1-18　HarmonyOS Java 工程　加载布局 AbilitySlice 页面

使用 setUIContent 方法加载 ability_main.xml 布局。在 HarmonyOS 中，Ability 用来显示页面功能，一个 Ability 可以由一个或多个 AbilitySlice 构成。AbilitySlice 主要用于承载单个页面的具体逻辑实现和界面 UI，是应用显示、运行和跳转的最小单元。

MainAbility 就是应用默认显示的页面，在 MainAbility 中通过 setMainRoute 方法加载上述配置的 MainAbilitySlice，在 config.json 中可配置默认加载的首页面。

▶▶ 1.2.3　JS 语言开发

使用 JS 语言开发是基于 JS 扩展的类 Web 开发范式，支持低代码方式与传统代码方式，创建项目，设备类型选择"Phone"，模板选择 Empty Ability，Language 选择 JS，首先使用传统代码方式在页面中显示一行文本与一个按钮，如图 1-19 所示。

1-2　JS 传统代码编写与页面跳转

创建的工程项目默认的显示页面为 entry→src→main→js→default→pages→index→index.html，对应代码如下。

程序清单：**HelloWorld_js_01/entry/src/main/js/default/pages/index/index.html**

```html
<div class="container">
<!-- 显示的文本 -->
    <text class="title">
        Hello World
    </text>
<!--显示的一个按钮 type，按钮样式设置为"胶囊型"，文本显示为"下一步"-->
<!--onclick 为单击事件-->
    <button class="button" type="capsule" onclick="buttonClick"> 下一步 </button>
</div>
```

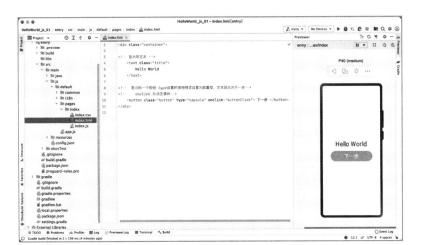

● 图 1-19　JS 传统代码页面预览效果图

其中，index.css 用来编写页面的样式，对应代码如下。

程序清单：**HelloWorld_js_01/entry/src/main/js/default/pages/index/index.css**

```
.container {
    flex-direction: column;/* 设置容器内的组件纵向排列 */
    justify-content: center;/* 设置项目位于容器主轴的中心 */
    align-items: center; /* 项目在交叉轴居中 */
    width: 100%;
    height: 100%;
}
/*页面中显示文本的样式*/
.title {
    font-size: 40px;  /* 文字的大小  */
    color: #000000;/* 文字的颜色  */
    opacity: 0.9;/* 文字的透明度 */
}
/*页面中显示按钮的样式 */
.button{
    width: 260px;/* 按钮的宽度  */
    height: 62px;/* 按钮的高度 */
    background-color: aqua; /* 按钮的颜色  */
    font-size: 30px;/* 按钮的中显示的文本文字大小  */
    text-color: white;/* 文字的颜色 */
    margin-top: 20px;/* 按钮距离上边框的距离  */
}
```

index.js 用来编写业务处理逻辑代码，对应代码如下。

程序清单：**HelloWorld_js_01/entry/src/main/js/default/pages/index/index.js**

```
export default {
    // 页面中使用到的数据
    data: {
        title: ""
    },
    // 页面的初始化函数
    onInit() {
```

```
    },
    // 按钮的单击事件
    buttonClick() {
        console.log("单击了下一步")
    }
}
```

JS 低代码的开发方式通过可视化界面开发方式快速构建布局、编辑 UI 界面，如图 1-20 所示，是使用低代码方式开发的项目目录视图。

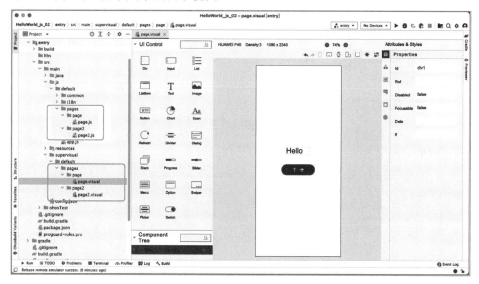

● 图 1-20　JS 低代码方式项目目录结构图

使用 JS 低代码方式开发项目的基本过程如下。

1）删除工程运行默认的入口文件夹，即 entry→src→main→js→default →pages→index 文件夹。

2）在 Project 窗口，选择工程中的 entry→src→main→js→default→pages 选项，右击鼠标，在弹出的快捷菜单中选择 New→JS Visual 选项，输入创建页面的名称（如 page）。

1-3　JS 低代码模式基本编码操作

3）创建完成后，在工程目录 src/main/supervisual/default/pages/page/page.visual 中进行可视化编程。

本书也配套了 eTS 项目入门实例，实现的效果是单击一个按钮跳转到第二个页面。

1-4　eTS 项目实例

1.3　鸿蒙操作系统开发基础知识

本节详细讲解鸿蒙项目中配置文件 config.json 中的知识点（如应用

的包名、图标配置、abilitie 声明等）、HarmonyOS 系统的分布式数据管理，以及应用开发完成后的签名发布。

▶▶ 1.3.1 鸿蒙操作系统开发中的配置文件、资源文件

应用的资源文件（如字符串、图片、音频等）统一存放于 resources 目录下，包括两大类目录，一类为 base 目录与限定词目录，另一类为 rawfile 目录，在后续章节中会跟随项目逐步讲解，资源目录示例如下。

```
resources
|---base  // 默认存在的目录
|   |---element
|   |   |---string.json
|   |---media
|   |   |---icon.png
|---en_GB-vertical-car-mdpi // 限定词目录示例，需要开发者自行创建
|   |---element
|   |   |---string.json
|   |---media
|   |   |---icon.png
|---rawfile  // 默认存在的目录
```

一个应用是由一个或多个 HAP 组成，每个 HAP 的根目录下都存在一个 config.json 配置文件，文件内容主要涵盖以下三个方面。

- 应用的包名、生产厂商、版本号等基本信息。
- 应用在具体设备上的配置信息，包含应用的备份恢复、网络安全等配置信息。
- HAP 包的配置信息，包含每个 Ability 必须定义的基本属性（如包名、类名、类型，以及 Ability 提供的能力），以及应用访问系统或其他应用受保护部分所需的权限等。

配置文件 config.json 采用 JSON 文件格式，其中包含了一系列配置项，每个配置项由属性和值两部分构成，DevEco Studio 提供了两种编辑 config.json 文件的方式，在 config.json 的编辑窗口中，可在右上角切换代码编辑视图或可视化编辑视图，如图 1-21 所示。

图 1-21 中 config.json 文件由 app、deviceConfig 和 module 三个部分组成。app 部分是配置应用的基本信息；deviceConfig 部分是应用在具体设备上的配置信息；module 部分是当前 HAP 包的配置信息。

bundleName 表示应用的包名，用于标识应用的唯一性，是由字母、数字、下画线（_）和点（.）组成的字符串，必须以字母开头。支持的字符串长度为 7~127 字节，对于原子化服务，其包名必须以 ".hmservice" 结尾。

vendor 是对当前应用的描述，非必须填写；version 是配置应用的版本信息，version 中的 code 仅用于 HarmonyOS 管理该应用，不对应用的终端用户显示，新版本 code 取值必须大于旧版本 code 的值，version 中的 name 用于向应用的终端用户显示版本信息。

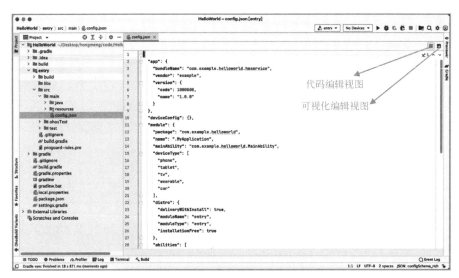

代码编辑视图

可视化编辑视图

● 图 1-21　配置文件预览模式切换

package 表示 HAP 的包结构名称，在应用内应保证唯一性；name 对应 HAP 的类名；mainAbility 配置 HAP 包入口页面的 Ability 名称。

deviceType 表示允许 Ability 运行的设备类型。系统预定义的设备类型包括：phone（手机）、tablet（平板计算机）、tv（智慧屏）、car（车机）、wearable（智能穿戴）、liteWearable（轻量级智能穿戴）等。

distro 表示 HAP 发布的具体描述，其中 deliveryWithInstall 的值为 true 时表示当前 HAP 支持随应用安装；moduleName 表示当前 HAP 的名称；moduleType 表示当前 HAP 的类型，包括两种类型：entry（主模块）和 feature（动态特性模块）。

abilities 表示当前模块内的所有 Ability，在应用开发中创建使用的 Ability 必须在此处声明。

```json
"abilities": [
  {
    "skills": [
      {
        "entities": [//表示能够接收 Intent 的 Ability 的类别（如视频、桌面应用等）
          "entity.system.home"
        ],
        "actions": [//表示能够接收 Intent 的 action 值
          "action.system.home"
        ]
      }
    ],
    "orientation": "unspecified",//表示该 Ability 的显示模式
    "visible": true,//表示 Ability 是否可以被其他应用调用
    "name": "com.example.helloworld.MainAbility",//表示 Ability 名称
    "icon": "$media:icon",//Ability 图标资源文件的索引
    "description": "$string:mainability_description",//Ability 的描述
    "label": "$string:entry_MainAbility",//Ability 对用户显示的名称
    "type": "page",//表示 Ability 的类型
    "launchType": "standard"//Ability 的启动模式
```

```
    }
    ]
```

launchType 表示 Ability 的启动模式，支持 standard、singleMission 和 singleton 三种模式，详细描述如表 1-2 所示。

表 1-2　launchType 模式说明

启动模式	详细描述
standard	标准模式，表示该 Ability 可以有多实例
singleMission	表示此 Ability 在每个任务栈中只能有一个实例
singleton	表示该 Ability 在所有任务栈中仅可以有一个实例

type 表示 Ability 的类型，详细描述如表 1-3 所示。

表 1-3　type 模式说明

类型	详细描述
page	表示此 Ability 基于 Page 模板开发的 FA，用于提供与用户交互的能力
service	表示此 Ability 基于 Service 模板开发的 PA，用于提供后台运行任务的能力
CA	表示支持其他应用以窗口方式调起该 Ability
data	表示基于 Data 模板开发的 PA，用于对外部提供统一的数据访问抽象

orientation 用来配置 Ability 的显示模式，该标签仅适用于 page 类型的 Ability，详细描述如表 1-4 所示。

表 1-4　orientation 显示模式说明

显示模式	详细描述	显示模式	详细描述
unspecified	由系统自动判断显示方向	landscape	横屏模式
followRecent	跟随栈中最近的应用	portrait	竖屏模式

module 中的 js 标签，表示基于 ArkUI 框架开发的 JS 模块集合，其中的每个元素代表一个 JS 模块的信息，如图 1-22 所示为第 1.2.3 小节中创建的实例使用 JS 语言以低代码方式开发的应用，创建的页面需要在 js 标签中声明。

● 图 1-22　JS 低代码模式项目配置文件

▶▶ 1.3.2 数据管理的方式与策略

HarmonyOS 应用数据管理支持单设备的各种结构化数据的持久化，以及跨设备之间数据的同步、共享和搜索功能。

例如，健康类应用的一些基本数据会暂时保存在设备中，这就需要使用到本地应用数据管理。在 HarmonyOS 中使用 SQLite 作为持久化存储引擎，支持关系型数据库（Relational Database）、对象关系映射数据库（Object Relational Mapping Database）和轻量级偏好数据库（Light Weight Preference Database）。

轻量级偏好数据存储适用于对 Key-Value 结构的数据进行存取和持久化操作；关系型数据库对外提供了一系列的增、删、改、查等接口，也可以直接运行用户输入的 SQL 语句来满足复杂的场景需要；对象关系映射数据库是一款基于 SQLite 的数据库框架，屏蔽了底层 SQLite 数据库的 SQL 操作，针对实体和关系提供了增、删、改、查等一系列的面向对象接口，应用开发者不必再去编写复杂的 SQL 语句就可以以操作对象的形式来操作数据库，提升效率的同时也能聚焦于业务开发。

分布式数据服务（Distributed Data Service，DDS）通过结合账号、应用和数据库三元组，在通过可信认证的设备间，为用户提供在多种终端设备上最终一致的数据访问体验，如图 1-23 所示。

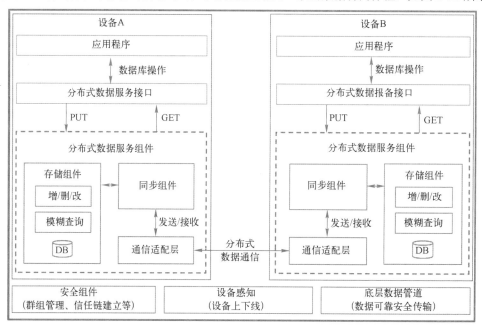

● 图 1-23 分布式数据服务结构图

分布式文件服务可以为用户设备中的应用程序提供多设备之间的文件共享能力，支持相同账号下同一应用文件的跨设备访问，可以实现应用程序在多个设备之间无缝获取文件。

▶▶ 1.3.3　HarmonyOS 应用签名

使用真机设备进行调试，真机设备分为本地物理真机和远程真机，其调试流程完全相同，需要对应用进行签名。原子化服务（Atomic Service）和应用（Application）的签名方式不同。其中，原子化服务签名通过 HAG（HUAWEI Ability Gallery）申请签名文件，而应用通过 AGC（AppGallery Connect）申请签名文件。

调试应用的签名方式包括如下两种。

1）手动签名方案：通过从 AppGallery Connect 中申请调试证书和 Profile 文件后，再进行签名。

2）自动化签名方案：通过 DevEco Studio 自动化签名的方式对应用进行签名。该方式相比手动签名方案，在调试阶段更加简单和高效，推荐使用。

自动化签名可分以下 6 步完成。

1）确保 DevEco Studio 与真机设备已连接，真机连接成功后如图 1-24 所示。

2）在 DevEco Studio 开发工具中，选择 File 菜单→Project Structure 选项，打开 Project Structure 窗口，然后单击 Project 菜单→Signing Configs 按钮，打开签名配置界面，单击 Sign In 按钮进行登录。

● 图 1-24　DevEco Studio 设备连接显示说明图

3）在 AppGallery Connect 中创建项目，项目创建完成后，在项目中创建一个应用，如图 1-25 所示。如果是非实名认证的用户，请单击左侧导航下方的"HAP Provision Profile 管理"界面的 HarmonyOS 应用按钮。

● 图 1-25　AppGallery Connect 中创建应用效果图

如果项目中已有应用，则展开顶部应用列表框，单击"添加应用"按钮，如图 1-26 所示。

● 图 1-26　AppGallery Connect 中添加应用效果图

4）添加应用时，填写应用的相关信息，选择平台，这里选择 App（HarmonyOS 应用），应用包名必须与 config.json 文件中的 bundleName 取值保持一致，应用包名在 AppGallery Connect 上必须保持唯一，不能与其他应用包名（包含所有用户的包名）冲突。

5）返回 DevEco Studio 的自动签名界面，单击 Try Again 按钮即可自动进行签名。自动生成的签名所需的密钥（.p12）、数字证书（.cer）和 Profile 文件（.p7b）会存放到用户 user 目录下的.ohos\config 目录下。

6）签名信息设置完成后，单击 OK 按钮进行保存，然后可以在工程下的 build.gradle 中查看签名的配置信息。

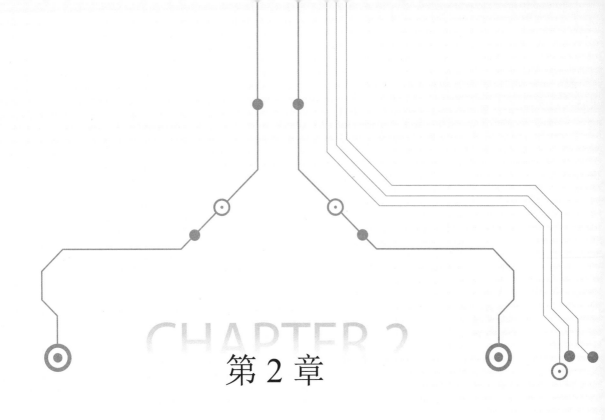

第 2 章

鸿蒙应用基础知识

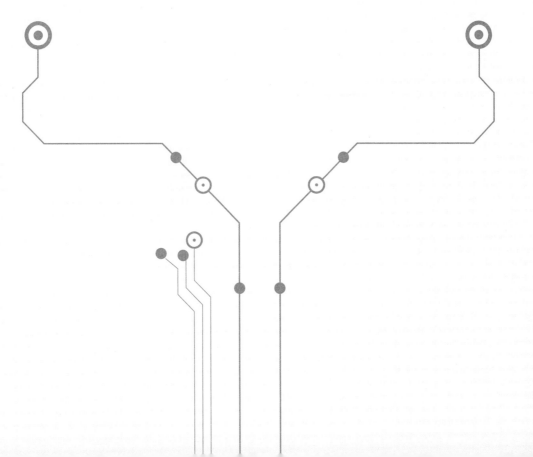

鸿蒙应用开发的重要内容是用户界面的开发。用户界面是指对软件的人机交互、操作逻辑、界面美观的整体设计，用来显示所有可被用户查看和交互的内容，是应用和用户直接进行交互和信息交换的媒介。好的用户界面不仅是让软件变得有个性、有品位，还要让软件的操作变得舒适、简单、自由，充分体现软件的定位和特点。

HarmonyOS 提供了 Java UI 框架和方舟开发框架（ArkUI）两种：Java UI 提供了细粒度的 UI 编程接口，使应用开发更加灵活；方舟开发框架提供了相对高层的 UI 描述，使应用开发更加简单。本章以 Java UI 框架为例进行讲解。

通过学习本章，开发者可以开发出漂亮友好的用户界面，这些用户界面是鸿蒙应用开发的基础，也是非常重要的组成部分。

2.1　用户界面中常用的基础组件

用户界面虽各不相同，但都是由基础组件根据一定的层级结构进行组合形成的。组件在未被添加到布局中时，用户界面既无法显示内容，也无法和用户进行交互，因此一个用户布局中至少有一个组件（布局也是组件）。本节介绍的是用户界面中使用频率最高的几种组件，也是最核心的组件，掌握这些组件可以完成用户界面的基础开发。

▶▶ 2.1.1　创建基本用户界面

在 Java UI 框架中，用户界面的创建有两种编写方式。

2-1　基础组件-代码创建方式

1）在代码中创建布局：用代码创建 Component 和 ComponentContainer 对象，为这些对象设置合适的布局参数和属性值，并将 Component 添加到 ComponentContainer 中，从而创建出完整界面。

2）在 XML 中声明 UI 布局：按层级结构来描述 Component 和 ComponentContainer 的关系，给组件节点设定合适的布局参数和属性值，可直接加载生成布局。

在代码中创建布局需要在 CodeView AbilitySlice 中使用竖向的 DirectionalLayout 作为布局容器来放置组件，并添加 Text 组件来显示文本。以在手机屏幕顶部居中显示"欢迎"为例创建界面，如图 2-1 所示，基本代码如下。

● 图 2-1　代码创建界面

程序清单：**chapter2/slice/CodeViewAbilitySlice.java**

```java
// 声明布局（ComponentContainer）
DirectionalLayout directionalLayout = new DirectionalLayout(getContext());
// 设置布局宽度为充满父布局
directionalLayout.setWidth(ComponentContainer.LayoutConfig.MATCH_PARENT);
// 设置布局高度为充满父布局
directionalLayout.setHeight(ComponentContainer.LayoutConfig.MATCH_PARENT);
// 设置布局中组件排列方向
```

```
directionalLayout.setOrientation(Component.VERTICAL);
// 设置父布局顶部内边距
directionalLayout.setPaddingTop(100);
// 创建本文显示组件 Text
Text text = new Text(getContext());
// 设置显示的文本内容
text.setText("欢迎");
// 设置文本字体大小
text.setTextSize(100);
// 设置文本颜色
text.setTextColor(Color.BLACK);
// 为组件添加对应的布局属性，即设置显示文本的属性，文本宽高根据内容进行包裹
DirectionalLayout.LayoutConfig layoutConfig
                    = new DirectionalLayout.LayoutConfig(
                        ComponentContainer.LayoutConfig.MATCH_CONTENT,
                        ComponentContainer.LayoutConfig.MATCH_CONTENT);
// 文本组件对齐方向为水平居中
layoutConfig.alignment = LayoutAlignment.HORIZONTAL_CENTER;
// 将组件的宽高和对齐方向添加到 Text 中
text.setLayoutConfig(layoutConfig);
// 将 Text 添加到 directionalLayout 中，一个简单的界面完成
directionalLayout.addComponent(text);
// 将写好的界面设置为 CodeViewAbilitySlice UI 界面，当应用跳转 CodeViewAbilitySlice 显示上述界面
super.setUIContent(directionalLayout);
```

在 XML 中编写 UI 布局：在布局资源文件夹 layout 中创建 ability_xml.xml 文件，使用 DirectionalLayout 作为布局容器，使用 Text 显示文本，同样以在手机屏幕顶部居中显示 "欢迎" 为例，基本代码如下。

程序清单：**entry/src/resources/base/layout/ability_xml.xml**

```
<?xml version="1.0" encoding="utf-8"?>
<!-- 布局 -->
<DirectionalLayout
    xmlns:ohos="http://schemas.huawei.com/res/ohos"
    ohos:height="match_parent"
    ohos:width="match_parent"
    ohos:orientation="vertical"
    ohos:top_padding="100vp">

    <!-- Text 组件 -->
    <Text
        ohos:id="$+id:text_helloworld"
        ohos:height="match_content"
        ohos:width="match_content"
        ohos:layout_alignment="horizontal_center"
        ohos:text="欢迎"
```

```
        ohos:text_size="28fp"
        />

</DirectionalLayout>
```

布局编写完成后，在 XmlAbilitySlice 中调用 setUIContent()加载 ability_xml.xml 作为根布局，运行程序效果如图 2-2 所示。

程序清单：**chapter2/slice/XmlAbilitySlice.java**

```java
public class XmlAbilitySlice extends AbilitySlice {
    @Override
    public void onStart(Intent intent) {
        super.onStart(intent);
        // 加载 ability_xml.xml 布局作为根布局
        super.setUIContent(ResourceTable.Layout_ability_xml);
    }
}
```

两种方式创建界面布局，本质上没有任何区别，都是通过调用 setUIContent(Component Container root)加载根布局。在代码中创建布局代码比较烦琐，代码臃肿，但灵活性高，可动态修改组件属性和内容；在 XML 中创建布局方便、简单、直观，但不够灵活，无法随时刷新组件。实际开发中两种方式通常混合使用，通过 XML 方式创建简单、静态的布局，然后在代码中通过获取组件 ID 来动态更改组件属性和展示内容。

在 Java UI 框架中，布局一般以"Layout"结尾，它们继承自 ComponentContainer，作为容器容纳 Component 或 ComponentContainer 对象，并对它们进行布局，如 DirectionalLayout、DependentLayout 等；组件一般直接继承 Component 或它的子类，如 Text、Image 等。Component 是界面中所有组件的基类，包括 ComponentContainer，所以完整的用户界面是一个布局，用户界面中的一部分也可以是一个布局。布局和组件使用结构如图 2-3 所示。

● 图 2-2　XML 创建界面

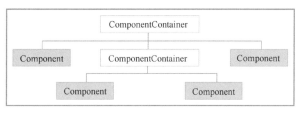

● 图 2-3　组件树

布局把 Component 和 ComponentContainer 以树状的层级结构进行组织，这样的一个布局就称为组件树。组件树的特点是仅有一个根组件，其他组件有且仅有一个父节点，组件之间的关系受到父节点的规则约束。

Java UI 框架提供了很多组件，根据组件的功能，可以将组件分为布局类、显示类、交互类，如表 2-1 所示。

表 2-1　组件分类

组件类别	组件名称	功能描述
布局类	PositionLayout、DirectionalLayout、StackLayout、DependentLayout、TableLayout、AdaptiveBoxLayout	提供了不同布局规范的组件容器，例如，以单一方向排列的 DirectionalLayout、以相对位置排列的 DependentLayout、以确切位置排列的 PositionLayout 等
显示类	Text、Image、Clock、TickTimer、ProgressBar	提供了单纯的内容显示，例如，用于文本显示的 Text、用于图像显示的 Image 等
交互类	TextField、Button、Checkbox、RadioButton、RadioContainer、Switch、ToggleButton、Slider、Rating、ScrollView、TabList、ListContainer、PageSlider、PageFlipper、PageSliderIndicator、Picker、TimePicker、DatePicker、SurfaceProvider、ComponentProvider	提供了具体场景下与用户交互响应的功能，例如，Button 提供了单击响应功能、Slider 提供了进度选择功能等

Component 是所有组件的基类，所以 Component 属性适用于所有组件。表 2-2 是组件通用属性相关说明。

表 2-2　组件通用属性

属性	说明	属性	说明
id	控件 identity，用以识别不同控件对象，每个控件唯一	alpha	透明度
theme	样式	focusable	是否可获取焦点
width	宽度，必填项	height	高度，必填项
min_width	最小宽度	min_height	最小高度
long_click_enabled	是否支持长单击	clickable	是否可单击
enabled	是否启用	visibility	可见性
layout_direction	定义水平布局方向	component_description	描述
background_element	背景图层	foreground_element	前景图层
padding	内间距	margin	外边距
left_padding	左间距	start_padding	前内间距
right_padding	右内间距	end_padding	后内间距
top_padding	上内间距	bottom_padding	下内间距
left_margin	左外边距	start_margin	前外边距
right_margin	右外边距	end_margin	后外边距
top_margin	上外边距	bottom_margin	下外边距

间距、边距、宽度、高度在设置数值时建议携带虚拟像素单位 vp（virtual pixel），虚拟像素是一台设备针对应用而言所具有的虚拟尺寸（区别于屏幕硬件本身的像素单位），提供了一种灵活的方式来适应不同屏幕密度的显示效果。使用虚拟像素，组件会根据不同屏幕像素自动调节大小，使组件在不同密度的设置上具有一致的视觉体量。若不携带单位，则默认单位为 px（像素），不同密度的屏幕显示效果可能差别较大，增加了屏幕适配难度。

设置字体大小时建议使用字体像素单位 fp（font pixel），字体像素大小默认情况下与 vp 相同，即默认情况下 1fp = 1vp。如果用户在设置中选择了更大的字体，字体的实际显示大小就会在 vp 的基础上乘以 scale 系数，即 1fp = 1vp * scale。若不携带单位，则字体默认单位也为 px（像素），同样也会增加屏幕适配工作量。

代码中创建布局时，不论是设置组件尺寸，还是设置字体大小，统一默认单位是 px，理论效果和实际效果可能会有差异，所以设置属性时需要先将 px 转换为 vp 或 fp 后再使用。Px、vp、fp 相互之间可使用 ohos.agp.components.AttrHelper 工具进行转换。

在设置宽度和高度时，除了设置具体的数值外，使用较多的是 match_parent 和 match_content，match_parent 表示控件宽度与其父控件去掉内部边距后的宽度相同，match_content 表示控件宽度由其包含的内容决定，包括其内容的宽度及内部边距的总和。开发中若无特殊要求，建议多使用 match_content，这样组件的宽高可以根据内容的大小来自动调整从而达到自适应的效果，防止组件在不同设备屏幕上显示效果不同。

▶▶2.1.2　Text 显示文本组件

Text 继承了 Component，是用来显示文本的组件。当 Text 在界面中用于显示字符串或数字时，属于显示类的组件；当 Text 添加单击事件后，Text 可以对用户的单击做出反应，属于交互类的组件。Text 是一个基本组件，本身可以扩展，Button 和 TextField 属于其扩展组件。Text 除了支持表 2-2 组件通用属性外，还有一些自己本身的属性，表 2-3 显示 Text 自有 XML 属性。

2-2　Text 显示
文本组件简介

表 2-3　Text 自有 XML 属性

属性	说明	属性	说明
text	显示文本	text_font	字体
truncation_mode	长文本截断方式	text_size	文本大小
element_padding	文本与图片的边距	text_color	文本颜色
text_alignment	文本对齐方式	max_text_lines	文本最大行数
auto_scrolling_duration	自动滚动时长	multiple_lines	多行模式设置
auto_font_size	是否支持文本自动调整文本字体大小	additional_line_spacing	需增加的行间距
scrollable	文本是否可滚动	italic	文本是否斜体字体
additional_line_spacing	需增加的行间距	padding_for_text	设置文本顶部与底部是否默认留白
line_height_num	行间距倍数	element_left	文本左侧图标
element_top	文本上方图标	element_right	文本右侧图标
element_start	文本开始方向图标	element_bottom	文本下方图标
text_weight	本文字重	element_end	文本结束方向图标

在资源文件夹 layout 目录下创建 ability_text.xml 文件，通过 background_element 设置 Text 的背景，通过 text_color 设置字体颜色，通过 text_size 设置字体大小。

程序清单：**entry/src/main/resources/base/layout/ability_text.xml**

```
<Text
    ohos:id="$+id:text_welcome"
    ohos:height="match_content"
    ohos:width="match_content"
    ohos:top_padding="4vp"
    ohos:bottom_padding="4vp"
    ohos:left_padding="28vp"
    ohos:right_padding="28vp"
    ohos:background_element="$graphic:bg_text"
    ohos:layout_alignment="horizontal_center"
    ohos:text="欢迎"
    ohos:text_color="$color:white"
    ohos:text_size="36fp"
    />
```

在 entry→src→main→resources→base 中，右击 graphic 文件夹，选择 New 菜单→ Graphic Resource File 选项。在弹出的窗口中 File name 命名为 bg_text，Root element 选择 shape 即可，如图 2-4 所示，在 bg_text.xml 中可以设置 Text 的背景形状、颜色、弧度等。

● 图 2-4 background_element 创建

程序清单：**entry/src/main/resources/graphic/bg_text.xml**

```
<?xml version="1.0" encoding="UTF-8" ?>
<shape
    xmlns:ohos="http://schemas.huawei.com/res/ohos"
    ohos:shape="rectangle">
    <!-- 矩形，填充色为黑色 -->
    <solid ohos:color="$color:black"/>
    <!-- 弧形半径为32vp -->
    <corners ohos:radius="32vp"/>
</shape>
```

代码中将 Text 字体颜色设置为白色，字体大小设置为 36fp，背景颜色设置为黑色，弧形半径设置为 32vp，调整 Text 的内边距并水平居中。运行程序后，效果如图 2-5 所示。

Text 添加单击事件后，即可实现按钮的所有功能，Button 是一种特殊的 Text，是 Text 扩展类。background_element 除了可以设置胶囊形状，还可以设置边框、颜色、图片、矢量图片等多种背景，Text 还可以设置 Text 字体、对齐方式、字重，如图 2-6 所示。

● 图 2-5　Text 基本效果　　　　● 图 2-6　Text 字体、字重、对齐方向

程序清单：**entry/src/main/resources/base/layout/ability_text.xml**

```xml
<!-- 斜体，顶部对齐 -->
<Text
    ohos:text="斜体"
    ohos:text_alignment="top"
    />
<!-- 加粗，水平居中 -->
<Text
    ...
    ohos:text="加粗"
    ohos:text_alignment="horizontal_center"
    ohos:text_weight="700"
    />
<!-- HwChinese-medium 字体，右下对齐 -->
<Text
    ...
    ohos:text_alignment="right|bottom"
    ohos:text_font="HwChinese-medium"
    />
```

text_weight 是字体的字重属性，也是字体的粗细。text_alignment 是 Text 尺寸内显示文本的对齐方向，对齐方向可单独使用也可以相互组合，组合时使用"|"分开，可以实现 9 个方向（左上、左下、右上、右下、正中、上中、下中、左中、右中）的对齐。layout_alignment 控制的是当前组件在父布局中的对齐方向，Text 可以设置文本换行和显示最大行数，对于超出范围的文本有不同的文本截断方式供选择。

程序清单：**entry/src/main/resources/base/layout/ability_text.xml**

```xml
<!-- 设置文本换行和最大显示行数 -->
<Text
    ohos:max_text_lines="2"
    ohos:multiple_lines="true"
    ohos:truncation_mode="ellipsis_at_end"/>
```

truncation_mode 表示文本截断方式。none 表示文本超长时文本不截断；ellipsis_at_start 表示文本超长时在文本框起始处使用省略号截断；ellipsis_at_middle 表示文本超长时在文本框中间位置使用省略号截断；ellipsis_at_end 表示文本超长时在文本框结尾处使用省略号截断；

auto_scrolling 表示文本超长时滚动显示全部文本。具体效果如 2-7 所示。

● 图 2-7　文本换行与超长截断

▶▶ 2.1.3　TextField 输入文本

2-3　TextField
输入文本

TextField 是一种文本输入框组件，通常用于和用户进行交互，接受用户输入的内容并显示，在 XML 中设置 TextField 背景、提示文字、光标气泡图形，并选中文本两侧气泡图形。

程序清单：**entry/src/main/resources/base/layout/ability_text_field.xml**

```xml
<DirectionalLayout
  xmlns:ohos="http://schemas.huawei.com/res/ohos"
  ohos:height="match_parent"
  ohos:width="match_parent"
  ohos:alignment="center"
  ohos:orientation="vertical">
<!-- 文本输入 -->
  <TextField
    ohos:id="$+id:tf_mobile"
    ohos:height="match_content"
    ohos:width="match_parent"
    ohos:background_element="$graphic:background_text_field"
    ohos:bottom_padding="8vp"
    ohos:hint="请输入手机号"
    ohos:hint_color="#999999"
    ohos:layout_alignment="center"
    ohos:left_padding="24vp"
    ohos:margin="8vp"
    ohos:min_height="48vp"
    ohos:multiple_lines="false"
    ohos:right_padding="24vp"
    ohos:text_color="$color:black"
    ohos:text_alignment="left|vertical_center"
    ohos:text_size="18fp"
    ohos:top_padding="8vp"/>
    ohos:top_padding="8vp"/>
</DirectionalLayout>
```

文本对齐方式需要明确写出，否则会出现背景与文字错位的情况。背景 background_element 是黑色圆角边框，如图 2-8 所示，使用的 background_text_field 代码如下。

● 图 2-8　TextField 背景及提示语设置

程序清单：**entry/src/main/resources/graphic/background_text_field.xml**

```xml
<?xml version="1.0" encoding="utf-8"?>
<shape
    xmlns:ohos="http://schemas.huawei.com/res/ohos"
    ohos:shape="rectangle">
    <corners ohos:radius="32vp"/>
    <!-- 黑色圆角边框 -->
    <stroke
        ohos:width="6"
        ohos:color="$color:black"/>
</shape>
```

输入内容为手机号，可以将 text_input_type 设置为 pattern_phone 模式，用户输入时软键盘将呈现手机号输入键盘。若输入手机号后还有后续操作，可以将 input_enter_key_type 设置为 enter_key_type_next，键盘中显示 "下一项" 按键，这样可以让用户至少操作一步，从而提升操作体验。

程序清单：**entry/src/main/resources/base/layout/ability_text_field.xml**

```xml
<!-- 文本输入 -->
<TextField
    ...
    ohos:text_input_type="pattern_phone"
    ohos:input_enter_key_type="enter_key_type_next"
 />
```

为了让输入框输入时更加醒目，可将光标气泡图形设置为红色圆形。

程序清单：**entry/src/main/resources/graphic/text_field_cursor_bubble.xml**

```xml
<?xml version="1.0" encoding="utf-8"?>
<shape
    xmlns:ohos="http://schemas.huawei.com/res/ohos"
ohos:shape="oval">
<!-- 圆形，填充颜色为红色 -->
    <solid ohos:color="$color:red"/>
</shape>
```

同时在 ability_text_field.xml 中将其引用，如图 2-9 所示。

程序清单：**entry/src/main/resources/base/layout/ability_text_field.xml**

```xml
<TextField
    ...
    ohos:element_cursor_bubble="$graphic:text_field_cursor_bubble"
 />
```

当输入内容是密码时，显示的内容需要被隐藏，所以需要更改文本输入模式为 pattern_text_password（密码输入模式），如图 2-10 所示。

程序清单：**entry/src/main/resources/base/layout/ability_text_field.xml**

```xml
<TextField
```

```
...
ohos:text_input_type="pattern_text_password"   />
```

● 图 2-9 号码键盘和红色圆形光标气泡

● 图 2-10 密码输入框

代码中调用 setText(String text)可给 TextField 赋值，调用 getText()可以获取输入框内的内容，调用 setEnabled(boolean enabled)可控制输入框是否可编辑。若需要焦点监听，可调用 setFocusChangedListener(Component.FocusChangedListener listener)设置焦点监听器，输入框的焦点控制着软键盘的显示和隐藏，所以离开页面前调用 clearFocus()清除焦点可隐藏软键盘，防止软键盘在不需要的地方显示（偶发事件）。

程序清单：**chapter2/slice/TextFieldAbilitySlice.java**

```java
// 获取 XML 中使用的 TextField
TextField textField = findComponentById(ResourceTable.Id_tf_mobile);
textField.setText("这是初始值");// 设置初始值
String content = textField.getText();// 获取输入框内容
textField.setEnabled(false);// 禁止输入
// 焦点监听
textField.setFocusChangedListener((component, isFocused) -> {
    if (isFocused) {
        // 获取到焦点
        Toast.show(this,"获取到焦点");
    } else {
        // 失去焦点
        Toast.show(this,"失去了焦点");
    }
});



// TextField 失去焦点
textField.clearFocus();
```

▶▶ 2.1.4 Button 按钮的应用

Button 是最常用的组件之一，单击可以触发相应的操作，是界面与用户进行交互的主要方式，Button 继承自 Text，是一种特殊的 Text。Button 可以分为：普通按钮、椭圆按钮、胶囊按钮、圆形按钮等。普通按钮只需要设置文本和背景颜色即可，如图 2-11 所示。

2-4 Button
按钮概述

程序清单：**entry/src/main/resources/base/layout/ability_button.xml**

```xml
<Button
  ohos:id="$+id:btn_normal"
    ohos:height="match_content"
    ohos:width="match_content"
    ohos:background_element="$color:black"
    ohos:text="普通按钮"
```

```
    ohos:padding="8vp"
    ohos:text_color="$color:white"/>
```

椭圆按钮是将按钮的背景设置为圆形，通过将 background_element 的 shape 设置为椭圆形（oval）来实现椭圆背景，如图 2-12。

● 图 2-11　普通按钮 　　　　　　● 图 2-12　椭圆按钮

程序清单：**entry/src/main/resources/base/layout/ability_button.xml**

```
<Button
    ohos:height="match_content"
    ohos:width="match_content"
    ohos:background_element="$graphic:background_button_oval"
    ohos:padding="16vp"
    ohos:text="椭圆按钮"
    ohos:text_color="$color:white"/>
```

程序清单：**entry/src/main/resources/base/graphic/background_button_oval.xml**

```
<?xml version="1.0" encoding="utf-8"?>
<shape
    xmlns:ohos="http://schemas.huawei.com/res/ohos"
    ohos:shape="oval">
<!-- 圆形，填充色为黑色 -->
    <solid ohos:color="$color:black"/>
</shape>
```

胶囊按钮由于形状与胶囊相似，通过将 background_element 的 shape 设置为圆角矩形（rectangle）来实现胶囊效果，如图 2-13 所示。

程序清单：**entry/src/main/resources/base/layout/ability_button.xml**

```
<Button
    ohos:height="match_content"
    ohos:width="match_content"
    ohos:background_element="$graphic:background_button_capsule"
    ohos:bottom_padding="8vp"
    ohos:left_padding="16vp"
    ohos:right_padding="16vp"
    ohos:text="胶囊按钮"
    ohos:text_color="$color:white"
    ohos:top_padding="8vp"/>
```

程序清单：**entry/src/main/resources/base/graphic/background_button_capsule.xml**

```
<?xml version="1.0" encoding="utf-8"?>
<shape
    xmlns:ohos="http://schemas.huawei.com/res/ohos"
    ohos:shape="rectangle">
    <!-- 矩形，填充色为黑色 -->
    <solid ohos:color="$color:black"/>
```

```
    <!-- 弧形半径为 32vp -->
    <corners ohos:radius="32vp"/>
</shape>
```

通过将 background_element 的 shape 设置为带边框的形状可以设置边框按钮，如图 2-14
所示。

● 图 2-13　胶囊按钮　　　　　　　　　　● 图 2-14　边框按钮

　　　程序清单：**entry/src/main/resources/base/graphic/background_button_outline.xml**

```xml
<?xml version="1.0" encoding="utf-8"?>
<shape
    xmlns:ohos="http://schemas.huawei.com/res/ohos"
    ohos:shape="rectangle">
    <!-- 矩形，弧形半径 32vp -->
    <corners ohos:radius="32vp"/>
    <!-- 边框宽度为 4vp，颜色为黑色 -->
    <stroke
        ohos:width="4vp"
        ohos:color="$color:black"
        />
</shape>
```

Button 通过调用 setClickedListener 并创建 Component.ClickedListener 对象，在 onClick 方法
中完成单击事件的处理逻辑。

　　　　　　　　　程序清单：**chapter2/slice/ButtonAbilitySlice.java**

```java
Button button = findComponentById(ResourceTable.Id_btn_normal);
// 添加单击事件
button.setClickedListener(new Component.ClickedListener() {
    @Override
    public void onClick(Component component) {
        // 单击事件逻辑处理
        Toast.show(this,"按钮被单击了");
    }
});
```

▶▶ 2.1.5　**Image 显示图像**

　　Image 是用来显示图片的组件，可以显示 media 或网络图片资源，也
可以直接配置色值，还可引用 color 资源或 graphic 下的图片资源。

2-5　Image 使用
概述

　　　程序清单：**entry/src/main/resources/base/layout/ability_image.xml**

```xml
<Image
    ohos:height="match_content"
    ohos:width="match_content"
    ohos:image_src="$media:harmony"/>
```

属性 scale_mode 设置图片的缩放模式，取值为 zoom_center，表示居中缩放；zoom_start 表示原图按照比例缩放到与 Image 最窄边一致，并靠近起始端显示；zoom_end 表示原图按照比例缩放到与 Image 最窄边一致，并靠近结束端显示；stretch 表示将原图缩放到与 Image 大小一致；center 表示不缩放，按 Image 大小显示原图中间部分；inside 表示将原图按比例缩放到与 Image 相同或更小的尺寸，并居中显示；clip_center 表示将原图按比例缩放到与 Image 相同或更大的尺寸，并居中显示。

实际中 Image 组件多用于加载网络图片，加载网络图片可以使用 OpenHarmony 下的 glide 图片加载框架，基本使用步骤如下。

1）在项目级下的 build.gradle 中添加 mavenCentral()。

程序清单：**build.gradle**

```
allprojects {
    repositories {
        ...
        mavenCentral()
    }
}
```

2）在 module 下的 build.gradle 中添加依赖库。

程序清单：**entry/build.gradle**

```
dependencies {
    ...
    implementation 'io.openharmony.tpc.thirdlib:glide:1.1.2'
}
```

3）在 config.json 中申请网络权限。

程序清单：**entry/src/main/config.json**

```
  "module": {
    ...
    "reqPermissions": [{
      "reason": "...",
      "name": "ohos.permission.INTERNET"
    }],
    ...
  }
```

4）以上三步完成后就可以在应用中使用 Image 组件加载网络图片。

程序清单：**chapter2/slice/ImageAbilitySlice.java**

```
Image image = findComponentById(ResourceTable.Id_img_net);
  // glide 可加载网络图片、gif，设置图片样式，设置缓存策略等
  Glide.with(getContext())
        .load("")// 图片地址
        .into(image);
```

2.2 页面视图中常用的交互组件

交互组件即可以和用户交流互动的组件。在界面中，用户不仅可以获得相关咨询、信息或服务，还能与其他用户或平台交流互动，从而完成某些操作。

▶▶ 2.2.1 Tab 标签实现标签页的切换显示

Tab 为某个标签，通常放在内容区域上方，用于展示不同的分类。Tablist 可以实现多个 Tab 的切换，从而展示不同的内容，相当于指示器。Tablist 自有属性如表 2-4 所示。

表 2-4 Tablist 自有属性

属性	说明	属性	说明
fixed_mode	固定所有页签并同时显示	selected_tab_indicator_color	选中页签的颜色
orientation	页签排列方向	selected_tab_indicator_height	选中页签的高度
tab_length	页签长度	selected_text_color	选中的文本颜色
tab_margin	页签间距	text_size	文本大小
tab_indicator_type	页签指示类型	text_alignment	文本对齐方式

首先需要创建 Tablist，才能向 Tablis 添加 Tab，通常创建 Tablist 在 XML 中完成。

程序清单：entry/src/main/resources/base/layout/ability_tablist.xml

```
<TabList
    ohos:id="$+id:tl_tab_list"
    ohos:height="48vp"
    ohos:width="match_parent"
    ohos:background_element="$color:black"
    ohos:normal_text_color="$color:gray"
    ohos:orientation="horizontal"
    ohos:padding="8vp"
    ohos:selected_tab_indicator_color="$color:white"
    ohos:selected_tab_indicator_height="4vp"
    ohos:selected_text_color="$color:white"
    ohos:tab_indicator_type="bottom_line"
    ohos:tab_margin="20vp"
    ohos:text_alignment="center"
    ohos:text_size="20fp">
```

在用户量比较大，内容分类比较多的应用中，Tab 的数量一般由后台返回的数据控制，若内容分类较少可在应用中固定。

程序清单：slice2/slice/TabListAbilitySlice.java

```
// 发现 TabList
TabList tabList = findComponentById(ResourceTable.Id_tl_tab_list);
// 创建选项卡 Tab0
TabList.Tab tab0 = tabList.new Tab(getContext());
```

```
// 给 Tab 设置名称
tab0.setText("Tab0");
// 将 Tab 添加进 tabList
tabList.addTab(tab0);

// 创建选项卡 Tab11
TabList.Tab tab11 = tabList.new Tab(getContext());
// 给 Tab 设置名称
tab11.setText("Tab11");
// 将 Tab 添加进 tabList 中索引为 2 的位置并默认选中
tabList.addTab(tab11, 2, true);
// 创建选项卡 Tab4
TabList.Tab tab4 = tabList.new Tab(getContext());
// 给 Tab 设置名称
tab4.setText("Tab4");
try {
    // 给 tab4 设置图标
    tab4.setIconElement(new PixelMapElement(getResourceManager().getResource(ResourceTable.
Media_icon)));
} catch (IOException e) {
    e.printStackTrace();
} catch (NotExistException e) {
    e.printStackTrace();
}
// 将 tab4 添加到 tabList 中
tabList.addTab(tab4);

// 选中第一项, 若不设置则都不显示
//  tabList.selectTabAt(0);
// false: 选项卡可以延伸自屏幕外侧, 选项卡可以滑动; true: 选项卡固定并同时显示在屏幕中
tabList.setFixedMode(true);
// 设置选项卡选中监听
tabList.addTabSelectedListener(new TabList.TabSelectedListener() {
    /**
     *
     * @param tab 被选中 tab
     */
    @Override
    public void onSelected(TabList.Tab tab) {
        // 被选中 tab 位置索引
        int position = tab.getPosition();
        // 切换显示内容
    }
    @Override
    public void onUnselected(TabList.Tab tab) {
        // 取消选中 tab
    }

    @Override
    public void onReselected(TabList.Tab tab) {
        // 再次被选中 tab 位置索引
    }
});
```

tabList.addTab(tab11, 2, true)表示将 tab11 插入到索引为 2 的位置，而且 tab11 为选中状态。tab4.setIconElement 表示为 tab 设置图标，位置位于文字的左边。setFixedMode 不设置时默认为false，该模式下 TabList 的总宽度是各 Tab 宽度的总和，若 TabList 宽度固定，当超出可视区

域，则可以通过滑动 TabList 来显示，如图 2-15 所示。

若 fixedMode 为 true 时，TabList 的总宽度将与可视区域相同，各个 Tab 的宽度也会根据 TabList 的宽度而平均分配，该模式适用于 Tab 较少的情况，**Tab** 较多时会显得十分拥挤，如图 2-16 所示。

<table>
<tr><td>● 图 2-15　fixedMode 为 false</td><td>● 图 2-16　fixedMode 为 true</td></tr>
</table>

通过 tab.getPosition() 可以获取被选中 tab 的索引，根据选中的索引可以切换不同的显示界面。

2-6　日期选择器使用概述

▶▶ 2.2.2　**DatePicker** 实现一个日期选择器

DatePicker 主要供用户选择日期，其自有属性如表 2-5 所示。

表 2-5　**DatePicker** 自有属性

属性	说明	属性	说明
date_order	显示格式，年月日	normal_text_size	未选中文本的大小
day_fixed	日期是否固定	selected_text_size	选中文本的大小
month_fixed	月份是否固定	normal_text_color	未选中文本的颜色
year_fixed	年份是否固定	selected_text_color	选中文本的颜色
max_date	最大日期	operated_text_color	操作项的文本颜色
min_date	最小日期	selector_item_num	显示的项目数量
text_size	文本大小	selected_normal_text_margin_ratio	已选文本边距与常规文本边距的比例
shader_color	着色器颜色	bottom_line_element	选中项的底线
top_line_element	选中项的顶行	wheel_mode_enabled	选择轮是否循环显示数据

在 XML 中创建 DatePicker，max_date 和 min_date 的取值为日期选择器结束日期和开始日期的时间毫秒值。

程序清单：**entry/src/main/resources/base/layout/ability_date_picker.xml**

```
<!-- 日期选择器 -->
<DatePicker
    ohos:id="$+id:dp_date_picker"
    ohos:height="match_content"
    ohos:width="match_parent"
    ohos:background_element="#0FA6ECDE"
    ohos:bottom_line_element="$color:black"
    ohos:max_date="1697753048"
    ohos:min_date="1617753048"
```

```
ohos:normal_text_color="$color:gray"
ohos:normal_text_size="18fp"
ohos:selected_text_color="$color:black"
ohos:selected_text_size="22fp"
ohos:selector_item_num="6"
ohos:shader_color="$color:blue"
ohos:text_size="18fp"
ohos:top_line_element="$color:black"
ohos:top_margin="20vp"
ohos:year_fixed="true"/>
```

在代码中调用 updateDate(int year, int month, int dayOfMonth)对 DatePicker 进行初始化，并调用 setValueChangedListener(DatePicker.ValueChangedListener valueChangedListener)对选中的日期进行监听。

*程序清单：**chapter2/slice/DatePickerAbilitySlice.java***

```
DatePicker dataPicker =
                    findComponentById(ResourceTable.Id_dp_date_picker);
 // 初始日期 2021 年 11 月 11 日
dataPicker.updateDate(2021, 11, 11);
// 日期选中监听
dataPicker.setValueChangedListener((datePicker, year, month, day) -> {
    // 获取选中的年月日进行下一步操作
  Toast.show(this, "选中时间: " + year + "年" + month + "月" + day + "日");
    });
```

选中的日期可以在 setValueChangedListener 返回的值中获取。通过设置初始日期为 2021 年 11 月 11 日，效果如图 2-17 所示。

TimePicker 主要供用户选择时间，通过给属性 hour、minute、second 赋值可设置日期初始显示时间。mode_24_hour 为 false 时，时间显示为 12 小时制，反之为 24 小时制。

● 图 2-17　日期选择器

*程序清单：**entry/src/main/resources/base/layout/ability_date_picker.xml***

```
<!-- 时间选择器 -->
<TimePicker
    ohos:id="$+id:tp_time_picker"
    ohos:height="match_content"
    ohos:width="match_parent"

    ohos:hour="11"
    ohos:minute="11"
    ohos:mode_24_hour="false"

    ohos:second="11"
/>
```

TimePicker 在 Java 代码中调用 setHour(int hour)、setMinute (int minute)、setSecond(int second)可以对显示时间初始化，通过 setTimeChangedListener(TimePicker.Time Changed-Listener listener) 设置选中时间监听器获取选中时间，如图 2-18 所示。

● 图 2-18　12 小时制时间选择器

*程序清单：**chapter2/slice/DatePickerAbilitySlice.java***

```
TimePicker timePicker = findComponentById(ResourceTable.Id_tp_time_picker);
// 时间初始化为 11 时
timePicker.setHour(11);
timePicker.setMinute(11);// 11 分
timePicker.setSecond(11);// 11 秒
// 时间选中监听
timePicker.setTimeChangedListener((timePicker1, hour, minute, second) -> {
    // 获取选中的时间进行下一步操作
    Toast.show(this, "选中时间: " + hour + "时" + minute + "分" + second + "秒");
});
```

当 mode_24_hour 为 true 时，时间选择器显示的是 24 小时制，选择器中不再显示上午和下午。Picker 可以用来处理自定义数据的底部弹框滑动效果，在 XML 中创建 Picker，selector_item_num 表示滑动选中器同时显示 item 的数量，normal 系列属性是设置未选中文本的样式，selector 系列属性是设置选中文本样式，如图 2-19 所示。

● 图 2-19　星期选择器

*程序清单：**entry/src/main/resources/base/layout/ability_date_picker.xml***

```
<!-- 滑动选择器 -->
<Picker
    ohos:id="$+id:p_picker"
    ohos:height="match_content"
    ohos:width="match_parent"
    ohos:normal_text_color="$color:gray"
    ohos:normal_text_size="18fp"
    ohos:selected_normal_text_margin_ratio="4.0"
    ohos:selected_text_color="$color:black"
    ohos:selected_text_size="22fp"
    ohos:selector_item_num="6"
    ohos:text_size="18fp"
    />
```

*程序清单：**chapter2/slice/DatePickerAbilitySlice.java***

```
Picker picker = findComponentById(ResourceTable.Id_p_picker);
// 取值范围
```

```
picker.setDisplayedData(new String[]{"星期一", "星期二","星期三","星期四","星期五","星期六
", "星期日"});
    // 已选文本边距与常规文本边距的比例
    picker.setSelectedNormalTextMarginRatio(5.0f);
    // 当前选中索引
    picker.setValue(4);
    // 选值监听
    picker.setValueChangedListener((picker1, oleValue, newValue) -> {
        // oleValue 为上一次选中的值, newValue 为最新选中的值
        // 获取选中值进行下一步操作
        Toast.show(this, "选中值: " + newValue + ",选中之前值: " + oleValue);
    });
```

setValue(int value)参数是初始被选中值对应的索引，而非被选中的值。Picker 除了单一使用外，还可以多个同时使用，从而形成多级联动，如省市区联动、商品分类等。无论是哪种类型的滑动选择器一般都不会在界面中直接出现，通常以弹窗、侧拉窗的形式出现。

2-7　单选效果

▶▶ 2.2.3　Switch 与 RadioButton 实现单选效果

Switch 是切换单个设置开/关两种状态的组件，应用于只有两种状态的场景，如接收消息、是否打开定位等。在 XML 中创建 Switch，通过 text_state_on 和 text_state_offs 设置 Switch 在开启和关闭时显示的文本，如图 2-20 所示。

● 图 2-20　Switch 默认样式

程序清单：**entry/src/main/resources/base/layout/ability_switch_radio.xml**

```
        <!-- 默认样式 -->
    <Switch
        ohos:id="$+id:s_normal_off"
        ohos:height="40vp"
        ohos:width="90vp"/>

    <Switch
        ohos:id="$+id:s_normal_on"
        ohos:height="40vp"
        ohos:width="90vp"
        ohos:left_margin="40vp"
        ohos:text_color_off="$color:white"
        ohos:text_color_on="$color:white"
        ohos:text_size="18fp"
        ohos:text_state_off="关"
        ohos:text_state_on="开"
        ohos:marked="true"/>
```

可通过 Switch 轨迹样式和 thumb 样式自定义的方式实现更多的效果，thumb_element 用来设置滑块的样式，track_element 用来设置轨迹样式。

程序清单：**entry/src/main/resources/base/layout/ability_switch_radio.xml**

```
    <Switch
        ohos:id="$+id:s_off_custom"
        ohos:height="40vp"
```

```
    ohos:width="90vp"
    ohos:text_color_off="$color:white"
    ohos:text_color_on="$color:white"
    ohos:text_size="18fp"
    ohos:text_state_off="关"
    ohos:text_state_on="开"
    ohos:thumb_element="$graphic:thumb_state_element_bounds"
    ohos:track_element="$graphic:track_state_element"/>
```

程序清单: **entry/src/main/resources/base/graphic/thumb_state_element_bounds.xml**

```
<?xml version="1.0" encoding="utf-8"?>
<state-container
    xmlns:ohos="http://schemas.huawei.com/res/ohos">
    <!-- 滑块开启/选中状态 -->
    <item
        ohos:element="$graphic:thumb_on_element_bounds"
        ohos:state="component_state_checked"/>
    <!-- 滑块关闭/取消选中状态 -->
    <item
        ohos:element="$graphic:thumb_off_element_bounds"
        ohos:state="component_state_empty"/>
</state-container>
```

程序清单: **entry/src/main/resources/base/graphic/track_state_elements.xml**

```
<?xml version="1.0" encoding="utf-8"?>
<state-container
    xmlns:ohos="http://schemas.huawei.com/res/ohos">
    <!-- 轨道开启状态 -->
    <item
        ohos:element="$graphic:thumb_on_element_bounds"
        ohos:state="component_state_checked"/>
    <!-- 轨道关闭状态 -->
    <item
        ohos:element="$graphic:thumb_off_element_bounds"
        ohos:state="component_state_empty"/>
</state-container>
```

state-container 中配置的是根据 Switch 的状态来显示不同的 shape 自定义样式,如滑动的 shape 定义如下。

程序清单: **entry/src/main/resources/base/graphic/thumb_off_element_bounds.xml**

```
<?xml version="1.0" encoding="utf-8"?>
<shape
    xmlns:ohos="http://schemas.huawei.com/res/ohos"
    ohos:shape="oval">
    <!-- 圆形,填充色为灰色 -->
    <solid
        ohos:color="$color:gray"/>
    <!-- 下边界和右边界均为40vp -->
    <bounds
        ohos:top="0"
        ohos:left="0"
        ohos:right="40vp"
        ohos:bottom="40vp"/>
</shape>
```

程序清单：**entry/src/main/resources/base/graphic/thumb_on_element_bounds.xml**

```xml
<?xml version="1.0" encoding="utf-8"?>
<shape
    xmlns:ohos="http://schemas.huawei.com/res/ohos"
    ohos:shape="oval">
    <!-- 矩形，填充色为蓝色-->
    <solid
        ohos:color="#1E90FF"/>
    <!-- 下边界和右边界均为 40vp -->
    <bounds
        ohos:top="0"
        ohos:left="0"
        ohos:right="40vp"
        ohos:bottom="40vp"/>
</shape>
```

Switch 需要调用 setCheckedStateChangedListener() 来设置事件监听。

程序清单：**chapter2/slice/SwitchAndRadioButtonAbilitySlice.java**

```java
Switch switchNormal = findComponentById(ResourceTable.Id_s_normal_on);
// 开关状态监听器
switchNormal.setCheckedStateChangedListener(
    new AbsButton.CheckedStateChangedListener() {
        @Override
        public void onCheckedChanged(AbsButton absButton, boolean b) {
            // 获取 Switch 当前状态进行相关业务处理
            Toast.show(this, b ? "开" : "关");
        }
});
```

RadioContainer 用来实现单选效果。RadioContainer 是 RadioButton 的容器，在其包裹下的 RadioButton 保证只有一个被选项。以常见的手机权限申请为例在 XML 中实现单选功能。

程序清单：**entry/src/main/resources/base/layout/ability_switch_radio.xml**

```xml
<RadioContainer
    ohos:id="$+id:rc_container"
    ohos:height="match_content"
    ohos:width="match_parent"
    ohos:alignment="left"
    ohos:background_element="#DF91BDF8"
    ohos:layout_alignment="horizontal_center"
    ohos:left_padding="40vp"
    ohos:marked_button="1"
    ohos:orientation="vertical"
    ohos:top_margin="40vp">

    <RadioButton
        ohos:id="$+id:rb_button_1"
        ohos:height="match_content"
        ohos:width="match_content"
        ohos:text="始终允许"
        ohos:text_color_off="$color:black"
        ohos:text_color_on="$color:white"
        ohos:text_size="22fp"/>
```

```
<RadioButton
    ohos:id="$+id:rb_button_2"
    ohos:height="match_content"
    ohos:width="match_content"
    ohos:text="仅使用期间运行"
    ohos:text_color_off="$color:black"
    ohos:text_color_on="$color:white"
    ohos:text_size="22fp"/>

<RadioButton
    ohos:id="$+id:rb_button_3"
    ohos:height="match_content"
    ohos:width="match_content"
    ohos:text="禁止"
    ohos:text_color_off="$color:black"
    ohos:text_color_on="$color:white"
    ohos:text_size="22fp"/>
</RadioContainer>
```

RadioContainer 继承自 DirectionalLayout，使用 RadioContainer 时需要指定其对齐方向 orientation，若不指定则默认为 vertical 纵向布局。若需指定 RadioButton 为选定状态，代码中可以通过 radioContainer.mark(int index)方法设置，XML 中可以通过 marked_button 设置。若需要清空所有 Radio-Button 的选定状态可调用 cancelMarks()，如图 2-21 所示。

● 图 2-21　单选效果

程序清单：**chapter2/slice/SwitchAndRadioButtonAbilitySlice.java**

```
RadioContainer radioContainer = findComponentById(ResourceTable.Id_rc_container);
// 设置响应 RadioContainer 状态改变的事件
radioContainer.setMarkChangedListener((radioContainer1, index) -> {
    // index 为被选中项的索引
    Toast.show(this,"你选中了第" + index + "项");
});
```

▶▶2.2.4　复选框 Checkbox 实现多选题的选择效果

Checkbox 用于多选场景，继承自 Text，使用方法与 Switch 或 RadioButton 类似，在 XML 中创建 Checkbox 选项。

2-8　复选框
Checkbox

程序清单：**entry/src/main/resources/base/layout/ability_checkbox.xml**

```
<DirectionalLayout
    ohos:height="match_parent"
    ohos:width="match_parent"
    ohos:orientation="horizontal">

    <Checkbox
        ohos:id="$+id:cb_0"
        ohos:height="match_content"
        ohos:width="0vp"
        ohos:check_element="$graphic:checkbox_state_element"
        ohos:marked="true"
```

```
            ohos:text="政治"
            ohos:text_color_off="$color:gray"
            ohos:text_color_on="$color:red"
            ohos:text_size="24fp"
            ohos:weight="1"/>

    <Checkbox
            ohos:id="$+id:cb_1"
            ohos:height="match_content"
            ohos:width="0vp"
            ohos:check_element="$graphic:checkbox_state_element"
            ohos:text="体育"
            ohos:text_color_off="$color:gray"
            ohos:text_color_on="$color:red"
            ohos:text_size="24fp"
            ohos:weight="1"/>

    <Checkbox
            ohos:id="$+id:cb_2"
            ohos:height="match_content"
            ohos:width="0vp"
            ohos:check_element="$graphic:checkbox_state_element"
            ohos:text="财经"
            ohos:text_color_off="$color:gray"
            ohos:text_color_on="$color:red"
            ohos:text_size="24fp"
            ohos:weight="1"/>

    <Checkbox
            ohos:id="$+id:cb_3"
            ohos:height="match_content"
            ohos:width="0vp"
            ohos:check_element="$graphic:checkbox_state_element"
            ohos:text="军事"
            ohos:text_color_off="$color:gray"
            ohos:text_color_on="$color:red"
            ohos:text_size="24fp"
            ohos:weight="1"/>
</DirectionalLayout>
```

以政治、体育、财经、军事为例，其中政治通过设置 marked 为 true 为默认选中项。Checkbox 样式也通过 check_element 引用 checkbox_state_element 重新设置。

程序清单：**entry/src/main/resources/base/graphic/checkbox_state_element.xml**

```
<?xml version="1.0" encoding="utf-8"?>
<state-container
    xmlns:ohos="http://schemas.huawei.com/res/ohos">
    <!-- 选中状态 -->
    <item
        ohos:element="$graphic:checkbox_checked"
        ohos:state="component_state_checked"/>
    <!-- 非选中状态 -->
    <item
        ohos:element="$graphic:checkbox_empty"
        ohos:state="component_state_empty"/>
</state-container>
```

当 Checkbox 被选中时，样式引用的是 checkbox_checked.xml 中的样式。

程序清单：**entry/src/main/resources/base/graphic/checkbox_checked.xml**

```xml
<?xml version="1.0" encoding="utf-8"?>
<shape
    xmlns:ohos="http://schemas.huawei.com/res/ohos"
    ohos:shape="rectangle">
    <!-- 矩形，填充色为红色-->
    <solid ohos:color="$color:red"/>
</shape>
```

当 Checkbox 未被选中时，其引用的是 checkbox_empty.xml 中的样式。

程序清单：**entry/src/main/resources/base/graphic/checkbox_empty.xml**

```xml
<?xml version="1.0" encoding="utf-8"?>
<shape
    xmlns:ohos="http://schemas.huawei.com/res/ohos"
    ohos:shape="rectangle">
    <!-- 矩形，边框宽度为 4vp，颜色为黑色 -->
    <stroke
        ohos:width="4vp"
        ohos:color="$color:black"/>
    <!-- 填充色为白色 -->
    <solid ohos:color="$color:white"/>
</shape>
```

如图 2-22 所示，其中"政治"是通过代码中设置 setChecked 为 true 或 XML 中 marked 为 true 默认选中，"体育"是通过调用 toggle()取当前状态的相反状态选中的，"军事"是通过单击选中的。

■ **政治** ■ **体育** ▫ 财经 ■ **军事**

● 图 2-22 多选效果

Checkbox 调用 setCheckedStateChangedListener(AbsButton.CheckedStateChangedListener listener) 响应状态变更事件，其中 state 为 true 时被选中，为 false 时未被选中。

程序清单：**chapter2/slice/CheckboxAbilitySlice.java**

```java
// 政治
Checkbox politics = findComponentById(ResourceTable.Id_cb_0);

politics.setChecked(true);// 设置 Checkbox 的选中状态
// 状态改变监听
politics.setCheckedStateChangedListener((absButton, state) -> {
    // state 表示是否被选中，true 表示选中，false 表示未被选中
    Toast.show(this, state ? "政治被选中了" : "政治被取消选中");
});
```

▶▶ 2.2.5 进度条 ProgressBar 实现加载过渡提示

ProgressBar 继承自 Component，用来显示加载进度，在 XML 中创建水

2-9 进度条
ProgressBar

平进度条如图 2-23 所示。

程序清单：**entry/src/main/resources/base/layout/ability_progress_bar.xml**

```
<ProgressBar
    ohos:id="$+id:pb_download"
    ohos:height="46vp"
    ohos:width="match_parent"
    ohos:progress="23"
    ohos:progress_width="12vp"
    ohos:orientation="horizontal"
    ohos:min="0"
    ohos:max="100"
    ohos:progress_element="$graphic:bg_progress_bar_progress"
    ohos:background_instruct_element="$graphic:bg_progress_bar"
    ohos:progress_hint_text="23%"
    ohos:progress_hint_text_color="$color:black"
    ohos:progress_hint_text_size="16fp"
    ohos:progress_hint_text_alignment="top|horizontal_center"
    />
```

ProgressBar 中 height 是组件的高度，progress_width 是进度条的高度，orientation 是将进度条分成水平和垂直两类，设置 progress_hint_text_alignment 为 top|horizontal_center 可以让提示文本顶部居中。progress 表示进度条当前进度，progress_element 为进度条中显示进度部分的样式，有特殊要求可以引用图片，引用 graphic 下的资源是因为默认进度条的四角是直角，实际中圆角使用的比较多。

程序清单：**entry/src/main/resources/base/graphic/bg_progress_bar_progress.xml**

```
<?xml version="1.0" encoding="utf-8"?>
<shape
    xmlns:ohos="http://schemas.huawei.com/res/ohos"
    ohos:shape="rectangle">
    <corners ohos:radius="6vp"/><!-- 矩形，弧形角度 6vp-->
    <solid ohos:color="$color:orange"/>
</shape>
```

background_instruct_element 是设置进度条剩余任务量的背景，默认样式的边角是直角，样式需要和 progress_element 统一，需要改成圆角。

程序清单：**entry/src/main/resources/base/graphic/bg_progress_bar.xml**

```
<?xml version="1.0" encoding="utf-8"?>
<shape
    xmlns:ohos="http://schemas.huawei.com/res/ohos"
    ohos:shape="rectangle">
    <corners ohos:radius="6vp"/> <!-- 矩形，弧形角度 6vp-->
    <solid ohos:color="$color:gray"/> <!-- 填充色为灰色 -->
</shape>
```

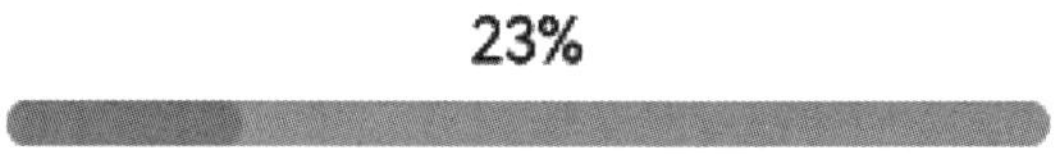

23%

● 图 2-23　下载进度条

进度条进度需要实时变动，具体进度控制需要在代码中调用 setProgressValue(int progress)即时刷新进度条进度，调用 setProgressHintText(String text)及时更新文本显示进度。

程序清单：**chapter2/slice/ProgressBarAbilitySlice.java**

```
ProgressBar progressBar = findComponentById(ResourceTable.Id_pb_download);
// 进度控制
progressBar.setProgressValue(23);
// 进度显示
progressBar.setProgressHintText("23%");
```

调用 setProgressValue(int progress)可以改变 ProgressBar 进度，具体比例需要根据已完成任务量占总任务量的比例而定。setProgressValue(int progress)和 setProgressHintText(String text)不一定一致，需要视使用场景而定。

设置 infinite 为 true 时开启不确定模式，同时需要给 infinite_element 引用背景资源来设置滑动进度条的样式，infinite_element 仅可引用 media/graphic 下的图片资源。

ProgressBar 支持设置分割线。需要在 XML 中设置 divider_lines_enabled 为 true，同时 divider_lines_number 需要赋值为分割线数量，也可以在代码中通过 enableDividerLines (boolean enable) 和 setDividerLinesNumber(int number) 实现。设置分割线的颜色需要代码中通过 setDividerLineColor(Color color)实现，该属性在 XML 中没有相对的属性。通常进度条进度更新并不是按 1%来逐级递增或递减，此时需要通过 step 指定进度条更新步长，进度条每次更新都会按 step 步长进行加减，如手机音量、屏幕亮度等。

Java UI 框架还提供了圆形进度条 RoundProgressBar。RoundProgressBar 继承自 ProgressBar，拥有 ProgressBar 的属性，在设置同样的属性时，用法和 ProgressBar 一致，用于显示环形进度。RoundProgressBar 可以通过 start_angle 设置圆形进度条的起始角度，通过 max_angle 设置圆形进度条的最大角度，常用于网络加载过渡，自定义组件章节会有详细讲解。

▶▶ 2.2.6 使用 **ToastDialog** 实现对话框提示

ToastDialog 是在窗口上方弹出的对话框，是通知操作的简单反馈，也是显示信息的一种机制。ToastDialog 会在一段时间后消失，在此期间，用户还可以操作当前窗口的其他组件。在交互性较多的应用中，ToastDialog 使用频率非常高，用于对用户当前操作进行反馈，以及指导用户下一步操作，适

2-10 ToastDia-
log 使用概述

当使用 ToastDialog 可大幅提高用户体验，首先需要通过 setComponent(Component component)自定义提示语样式。

程序清单：**entry/src/main/resources/base/graphic/bg_toast.xml**

```
<?xml version="1.0" encoding="utf-8"?>
<shape
    xmlns:ohos="http://schemas.huawei.com/res/ohos"
    ohos:shape="rectangle">
    <!-- 矩形，弧形角度 32vp -->
```

```xml
    <corners ohos:radius="32vp"/>
    <!-- 填充色为黑色 -->
    <solid ohos:color="$color:black"/>
</shape>
```

将背景设置为黑色圆角背景，ToastDialog 中 setText(String text)不再起作用，需要通过 set-Component 方法来设置显示提示语，否则提示语无法展示。

程序清单：**entry/src/main/resources/base/layout/custom_toast..xml**

```xml
<?xml version="1.0" encoding="utf-8"?>
<DirectionalLayout
    xmlns:ohos="http://schemas.huawei.com/res/ohos"
    ohos:height="match_content"
    ohos:width="match_content"
    ohos:orientation="vertical">
    <!-- 提示内容 -->
    <Text
        ohos:id="$+id:t_toast"
        ohos:height="match_content"
        ohos:width="match_content"
        ohos:background_element="$graphic:bg_toast"
        ohos:bottom_padding="4vp"
        ohos:layout_alignment="center"
        ohos:left_padding="16vp"
        ohos:right_padding="16vp"
        ohos:text_color="$color:white"
        ohos:text_size="18fp"
        ohos:top_padding="4vp"/>
</DirectionalLayout>
```

提示语设置完后在封装 ToastDialog 的工具类直接加载即可。

程序清单：**utils/Toast.java**

```java
public class Toast {

  public static void show(Context context, String content) {
    // 加载自定义 ToastDialog 布局
    DirectionalLayout directionalLayout =
            (DirectionalLayout) LayoutScatter.getInstance(context)
            .parse(ResourceTable.Layout_custom_toast, null, false);
    // 获取文本显示组件 Text
    Text message = directionalLayout
                    .findComponentById(ResourceTable.Id_t_toast);
    // 将提示内容赋值给 Text
    message.setText(content);
    // 创建 ToastDialog 对象
    new ToastDialog(context)
        .setAlignment(LayoutAlignment.CENTER)// 居中显示
        .setContentCustomComponent(directionalLayout) // 加载自定义布局
        // 显示尺寸为包裹内容
        .setSize(DirectionalLayout.LayoutConfig.MATCH_CONTENT,
            DirectionalLayout.LayoutConfig.MATCH_CONTENT)
        .show();// 显示
    }
}
```

2.3 页面视图中滑动系列组件

滑动系列组件采用滑动的方式在有限的区域内显示更多的内容，同时也为了适配不同尺寸的屏幕，使用频率较高。常用的滑动组件有 ScrollView、ListContainer、PageSlider、WebView等。如今的应用需要显示的内容比较多，使用滑动组件的地方也比较多，如商品列表、商品详情、轮播图、应用引导、网络浏览等。

▶▶ 2.3.1 使用 ScrollView 滚动显示界面

ScrollView 继承自 StackLayout，属于布局类组件的派生类，是一个有滑动、滚动功能的组件。ScrollView 中最多只能包含一个组件，当多于一个组件时需要通过布局组件包裹成一个组件。ScrollView 自身没有设置布局方向的属性，所以需要在其子布局中进行设置，最常用的方式是 ScrollView 内使用 DirectionalLayout组件，再把需要滑动的组件放在 DirectionalLayout 内，通过设置 DirectionalLayout 的布局方向 orientation 可以实现水平滑动和竖直滑动。ScrollView 使用较多的原因在于其滑动的内容可以是多种不同类型的组件，没有过多的限制，使用也比较简单。

2-11　ScrollView 基本使用

程序清单：**entry/src/main/resources/base/layout/ability_scroll_view.xml**

```xml
<ScrollView
    ohos:id="$+id:sv_example"
    ohos:height="match_parent"
    ohos:width="match_parent"
    ohos:match_viewport="false"
    ohos:rebound_effect="true">
    <DirectionalLayout
        ohos:height="match_content"
        ohos:width="match_parent"
        ohos:orientation="vertical">
        <Text
            ohos:height="1000vp"
            ohos:width="match_parent"
            ohos:background_element="$color:gray"
            ohos:text="占位"/>
        <Image
            ohos:height="match_content"
            ohos:width="match_parent"
            ohos:background_element="$color:gray"
            ohos:image_src="$media:placeholder"
            ohos:padding="8vp"
            ohos:top_margin="40vp"/>
    </DirectionalLayout>
</ScrollView>
```

若界面显示内容没有超出屏幕长度，界面中的组件不能滑动。当 match_viewport 或 setMatchViewportEnabled(boolean enable)为 true 时，ScrollView 内部的组件若超出屏幕则超出的部分会被截断，同时也无法继续滑动查看超出的部分。当 rebound_effect 或 setRebound-Effect(boolean enabled)为 true 时，滑动有回弹的效果，允许滑动区域超出一部分显示内容，当滑动取消时，最边缘的内容会缓缓回到边缘，从而实现回弹效果。通过调用 fluentScrollYTo(0)可以滑回 ScrollView 顶部，通过调用 doFlingY()可以指定 y 轴滚动的初始速度。

当设置 DirectionalLayout 的 orientation 取值为 horizontal 时，ScrollView 可横向滑动，此时 DirectionalLayout 的 width 需要设为 match_content，若设置为 match_parent，则 DirectionalLayout 宽度会充满 ScrollView 的宽度，此时无法横向滑动。同样垂直滑动时，DirectionalLayout 的 height 需要设为 match_content 或某一超出屏幕长度的数值。

▶▶2.3.2　ListContainer 实现列表数据的显示

ListContainer 是用来呈现连续、多行数据的组件，包含一系列相同类型的列表项。应用中常用的使用场景有：商品列表、数据报表、联系人、信息等。相比于 ScrollView，ListContainer 要强大很多，除了可以直接设置列表及滑动的方向，主要是能够通过简单代码处理并展示大量数据。

2-12　ListConta-iner 基本使用概述

首先在 XML 中使用 ListContainer 组件，且 orientation 取值为 vertical，此时该列表则会在垂直方向上活动和展示数据。

程序清单：**entry/src/main/resources/base/layout/ability_list_contact.xml**

```
<ListContainer
    ohos:id="$+id:lc_contact"
ohos:height="match_parent"
    ohos:width="match_parent"
    ohos:orientation="vertical"/>
```

然后创建 ListContainer 列表中子项的布局。

程序清单：**entry/src/main/resources/base/layout/item_list_contact.xml**

```
<?xml version="1.0" encoding="utf-8"?>
<DirectionalLayout
    xmlns:ohos="http://schemas.huawei.com/res/ohos"
    ohos:id="$+id:dl_contact_item"
    ohos:height="match_content"
    ohos:width="match_parent"
    ohos:orientation="vertical">
    <DirectionalLayout
        ohos:height="match_content"
        ohos:width="match_parent"
        ohos:alignment="vertical_center"
        ohos:orientation="horizontal"
        ohos:padding="8vp">
        <!--联系人头像-->
        <Image
            ohos:id="$+id:c_avatar"
            ohos:height="40vp"
            ohos:width="40vp"
            ohos:background_element="$graphic:bg_list_container_item"/>
```

```
    <!--联系人姓名-->
    <Text
        ohos:id="$+id:t_contact"
        ohos:height="match_content"
        ohos:width="match_parent"
        ohos:left_margin="24vp"
        ohos:text_alignment="vertical_center"
        ohos:text_color="$color:black"
        ohos:text_size="20fp"/>
</DirectionalLayout>

<!--分割线-->
<Component
    ohos:height="1vp"
    ohos:width="match_parent"
    ohos:background_element="$color:gray"
    ohos:left_margin="72vp"/>
</DirectionalLayout>
```

最后是填充数据，需要创建继承自 BaseItemProvider 的子类作为数据适配器，BaseItem-Provider 相当于视图与数据之间的桥梁，通过 BaseItemProvider 可以让数据显示在 ListContainer 中。

程序清单：provider/ContactItemProvider.java

```java
public class ContactItemProvider extends BaseItemProvider {
    // 宿主（上下文）
    private AbilitySlice abilitySlice;
    // 数据源
    private List<ContactBean> contactList;

    public ContactItemProvider(AbilitySlice abilitySlice, List<ContactBean> contactList) {
        this.abilitySlice = abilitySlice;
        this.contactList = contactList;
    }
    // 获取列表中条目数量
    @Override
    public int getCount() {
        return contactList == null ? 0 : contactList.size();
    }
    // 根据索引获取子项
    @Override
    public Object getItem(int position) {
        return contactList.get(position);
    }
    // 获取子项 ID，没有 ID 则返回 item 索引

    @Override
    public long getItemId(int i) {
        return i;
    }
    /**
     * 根据 position 返回对应的界面组件
     *
     * @param position          索引
     * @param component         组件
     * @param componentContainer 容器
     * @return
```

```
        */
       @Override
       public Component getComponent(int position, Component component,
                        ComponentContainer componentContainer) {
           final Component cpt;
           ContactHolder contactHolder;
           ContactBean contactItem = contactList.get(position);
           if (component == null) {
               // 加载子组件布局
               cpt = LayoutScatter.getInstance(abilitySlice)
                   .parse(ResourceTable.Layout_item_list_contact, null, false);
               contactHolder = new ContactHolder(cpt);
               // 将子组件绑定到列表中
               cpt.setTag(contactHolder);
           } else {
               cpt = component;
               // 从列表中获取子组件实例
               contactHolder = (ContactHolder) cpt.getTag();
           }
           // 数据填充, 联系人电话
           contactHolder.phone.setText(contactItem.getName());
           return cpt;
       }
       /**
        * 列表 item 中的组件用于保存列表项中的子组件信息, 提升性能
        */
       public class ContactHolder {
           Image avatar;
           Text phone;
           public ContactHolder(Component component) {
               avatar = component.findComponentById(ResourceTable.Id_c_avatar);
               phone = component.findComponentById(ResourceTable.Id_t_contact);
           }

       }
   }
```

在适配 ListContainer 的数据时，如果每次都去创建加载新的子 Item 视图，会损耗 ListContainer 的性能，有可能造成内存溢出。在本实例中，通过 ContactHolder 来保存已创建的 Item 视图，如页面第一次加载显示 10 条数据，ListContainer 创建 10 个 Item 视图，当向上滑动视图，页面顶部第一个视频滑出屏幕时，其对应的 Item 视图并不会销毁，在 ListContainer 即将显示下一个子 Item 视图时，使用第一个滑出屏幕的视图，更换数据来显示。

程序清单：**provider/ContactItemProvider.java**

```
   @Override
   public Component getComponent(int position, Component component, Component
Container componentContainer) {
       final Component cpt;
       if (component == null) {
       // 加载 Item 布局
           cpt = LayoutScatter.getInstance(abilitySlice)
               .parse(ResourceTable.Layout_item_list_contact, null, false);
       } else {
```

```
    // 从缓存中取 item
        cpt = component;
    }
    // 根据位置获取联系人对象数据
    ContactBean contactItem = contactList.get(position);
    // 获取显示联系人联系方式的组件
    Text text = cpt.findComponentById(ResourceTable.Id_t_contact);
    // 赋值
    text.setText(contactItem.getPhone());
    // 返回有数据的 item
    return cpt;
}
```

代码中的 ContactBean 是相关展示数据的包装。

代码清单：**data/bean/ContactBean.java**

```
public class ContactBean {
    // 名称
    private String name;
    // 电话
    private String phone;
    // 头像
    private String avatar;
    // set get 方法省略
}
```

ContactItemProvider 创建完成后，需要调用 setItemProvider(BaseItemProvider itemProvider)为 ListContainer 注入数据。

程序清单：**chapter2/slice/ListContainerAbilitySlice.java**

```
// 模拟数据
List<ContactBean> list = new ArrayList<>();
for (int i = 1; i < 31; i++) {
    list.add(new ContactBean("" + i));
}
// 获取布局中的 ListContainer
ListContainer listContainer = findComponentById(ResourceTable.Id_lc_contact);
// 创建 provider
ContactItemProvider contactItemProvider = new ContactItemProvider(this, list);

// 为 listContainer 添加 contactItemProvider
listContainer.setItemProvider(contactItemProvider);
```

● 图 2-24　联系人列表

ListContainer 提供了子组件单击事件，一般列表子项被单击都会有下一步处理。

程序清单：**chapter2/slice/ListContainerAbilitySlice.java**

```
// 设置 item 单击事件
listContainer.setItemClickedListener(new ListContainer.ItemClickedListener() {
```

```
/**
 * @param listContainer 被单击的 listContainer
 * @param component      被单击的子组件
 * @param index          listContainer 中被单击的位置
 * @param id             被单击的子组件 ID
 */
@Override
public void onItemClicked(ListContainer listContainer,
                   Component component, int index, long id) {
    // 相关逻辑处理
    Toast.show(getContext(), "Item 单击事件");
}
});
```

当列表中数据发生改变，ListContainer 需要监听数据改变并及时刷新数据，调用 notifyDataChanged()进行数据刷新，调用 notifyAll()全部刷新，调用 notifyDataSetItemChanged()部分刷新。

*程序清单：**chapter2/slice/ListContainerAbilitySlice.java***

```
// 初始化后修改数据
listContainer.setBindStateChangedListener(new
                   Component.BindStateChangedListener() {
    // 组件绑定到窗口
    @Override
    public void onComponentBoundToWindow(Component component) {
        // 刷新数据
        contactItemProvider.notifyDataChanged();
    }
    // 组件从窗口中解绑
    @Override
    public void onComponentUnboundFromWindow(Component component) {
    }
});
// 滚动至指定位置
listContainer.scrollTo(6);
```

▶▶ 2.3.3　PageSlider 实现页面切换

PageSlider 是用于页面之间切换的组件，使用方法与 ListContainer 相似。PageSlider 继承自 StackLayout，在 layout 中创建 PageSlider。

2-13　PageSlider 基本使用概述

*程序清单：**entry/src/main/resources/base/layout/ability_page_slider.xml***

```
<PageSlider
    ohos:id="$+id:ps_banner"
    ohos:height="200vp"
    ohos:width="200vp"
    ohos:orientation="horizontal"
    ohos:layout_alignment="horizontal_center"/>
```

orientation 控制 PageSlider 的滑动方向，horizontal 为水平滑动，vertical 为垂直滑动，默认为水平滑动。创建 PageSlider，使用子页面布局如下。

程序清单：**entry/src/main/resources/base/layout/item_page_slider.xml**

```
<DirectionalLayout
    xmlns:ohos="http://schemas.huawei.com/res/ohos"
    ohos:height="200vp"
    ohos:width="200vp"
    ohos:alignment="center"
    ohos:background_element="$graphic:bg_page_slider"
    ohos:orientation="vertical">
    <Text
        ohos:id="$+id:t_page_slider_item"
        ohos:height="match_content"
        ohos:width="match_content"
        ohos:text_color="$color:white"
        ohos:text_size="48fp"/>
</DirectionalLayout>
```

创建 PageSliderProvider 子类进行数据适配。

程序清单：**provider/BannerPageSliderProvider.java**

```
public class BannerPageSliderProvider extends PageSliderProvider {
    // 源数据
    private String[] list;
    // 上下文
    private Context mContext;

    public BannerPageSliderProvider(String[] list, Context mContext) {
        this.list = list;
        this.mContext = mContext;
    }
    // 子组件数量
    @Override
    public int getCount() {
        return list.length;
    }
    /**
     * 给 PageSlider 创建子组件
     * @param componentContainer PageSlider
     * @param i                  索引
     */
    @Override
    public Object createPageInContainer(ComponentContainer componentContainer, int i) {
        // 根据索引获取需要的内容
        final String data = list[i];
        // 加载子组件布局
        DirectionalLayout itemLayout = (DirectionalLayout)
                LayoutScatter.getInstance(mContext)
          .parse(ResourceTable.Layout_item_page_slider, null, false);
        // 获取 Text 组件
        Text content = itemLayout
                .findComponentById(ResourceTable.Id_t_page_slider_item);
        // 给子组件布局赋值
        content.setText(data);
        // 将子组件添加到 PageSlider 中
        componentContainer.addComponent(itemLayout);
        return itemLayout;
```

```
      }
      // 将子组件从 PageSlider 中移除
      @Override
      public void destroyPageFromContainer(ComponentContainer
                                    componentContainer, int i, Object o) {
          componentContainer.removeComponent((Component) o);
      }
      /**
       * 视图是否关联指定的对象
       * @param component 子组件
       * @param o          关联对象
       */
      @Override
      public boolean isPageMatchToObject(Component component, Object o) {
          return false;
      }
}
```

BannerPageSliderProvider 设置完毕后需要在代码中调用，并进行相关初始化。

程序清单：chapter2/PageSliderAbilitySlice.java

```
// 设置展示数据
String[] contents = new String[]{"页面 1","页面 2","页面 3","页面 4","页面 5","页面 6"};
// 获取 PageSlider
PageSlider pageSlider = findComponentById(ResourceTable.Id_ps_banner);
// 添加 Provider
pageSlider.setProvider(new BannerPageSliderProvider(contents,this));
// 是否滑动
pageSlider.setSlidingPossible(true);
// 是否有回弹效果
pageSlider.setReboundEffect(true);
// 缓存页面数量为 3
pageSlider.setPageCacheSize(3);
// 页面切换时间为 1600ms
pageSlider.setPageSwitchTime(1600);
// 页面间距为 20px
pageSlider.setPageMargin(20);
// 初始显示索引为 2，实际是第 3 张页面，同时平滑滚动到指定位置
pageSlider.setCurrentPage(2,true);
```

调用 setPageCacheSize(int cacheSize)可设置缓存页面的数量，不需要每次显示页面时重新加载页面。通过 setCurrentPage(int itemPos)可设置最初需要显示的页面，该方法只能在 setProvider(PageSliderProvider provider)之后调用，否则设置无效。PageSlider 可设置是否可滑动，滑动可设置回弹效果，以及页面切换时间等特性，根据实际需要设置即可。

PageSlider 每一次只能显示一个页面，即使滚动后停留在两页面中间，程序会自动判断哪个页面显示的多一些，最终平滑滚动到该页面并只显示该页面。

使用 PageSlider 的同时搭配 PageSliderIndicator 效果更佳，PageSliderIndicator 用于显示 PageSlider 展示页面所处的位置。使用时先在 PageSlider 所在的 XML 中创建 PageSlider-Indicator。

程序清单：**entry/src/main/resources/base/layout/ability_page_slider.xml**

```
<PageSlider .../>
<!--指示器-->
<PageSliderIndicator
    ohos:id="$+id:psi_indicator"
    ohos:height="match_content"
    ohos:width="100vp"
    ohos:background_element="$color:gray"
    ohos:layout_alignment="horizontal_center"
    ohos:padding="8vp"
    ohos:selected_dot_color="$color:black"
    ohos:top_margin="16vp"
    ohos:unselected_dot_color="$color:white"/>
```

PageSliderIndicator 默认指示器是小圆点，通过设置 unselected_dot_color 和 selected_ dot_color 可以指定小圆点在未被选中和被选中时的颜色。XML 中还可以通过 selected_element 和 normal_element 自定义指示器指示灯在选中与未选中时的样式，可直接配置色值，也可引用 color 资源或引用 media/graphic 下的图片资源；代码中可调用 setItemElement(Element normal, Element selected)、setItemNormalElement(Element normal) 和 setItemSelectedElement(Element selected)定义指示器样式。PageSliderIndicator 可调用 setSelected(int pos)控制指示器最初指示的位置。指示器创建完毕后需要将其与 PageSlider 关联起来。

程序清单：**chapter2/PageSliderAbilitySlice.java**

```
PageSliderIndicator indicator = findComponentById(ResourceTable.Id_psi_indicator);
 // PageSliderIndicator 关联 pageSlider
 indicator.setPageSlider(pageSlider);
```

PageSliderIndicator 调用 setPageSlider(PageSlider pageSlider) 与 PageSlider 关联，这样 PageSlider 子项滑动位置会和指示器指示位置匹配。若需要根据子项滑动位置进行其他处理，PageSliderIndicator 可调用 addOnSelectionChangedListener(PageChangedListener listener)设置位置监听器。

程序清单：**chapter2/PageSliderAbilitySlice.java**

```
// 响应页面切换事件
indicator.addOnSelectionChangedListener(new PageSlider.PageChangedListener() {
    /**
     * @param i      滑动页面位置
     * @param v      滑动页面偏移量 @param i1      滑动页面像素偏移量
     */
    @Override
    public void onPageSliding(int i, float v, int i1) {     }

    /**
     * @param i 页面状态
     */
    @Override
    public void onPageSlideStateChanged(int i) {
        Toast.show(getContext(),"第" + i + "个子项状态发生改变");
    }
```

```
    /**
     * @param i 选中页面位置
     */
    @Override
    public void onPageChosen(int i) {
        Toast.show(getContext(),"第" + i + "被选中");
    }
});
```

除 PageSliderIndicator 调用 addOnSelectionChangedListener(PageChangedListener listener)外，PageSlider 调用 addPageChangedListener(PageSlider.PageChangedListener listener) 可以达到相同的效果，通过监听器可获取页面位置、页面状态、页面偏移。

▶▶ 2.3.4　使用 WebView 加载网页

2-14　WebView
使用概述

通过 WebView，用户可以像使用浏览器那样浏览网页，应用的灵活性和兼容性也能进一步提升。WebView 并不是所有设备都支持，只有预置 WebView 能力的设备才能使用 WebView，普通的智能穿戴设备不支持。WebView 派生于通用组件 Component，可以像普通组件一样进行使用。使用 WebView 前首先要在 config.json 中申请网络权限。

程序清单：**entry/src/main/config.json**

```
...
"reqPermissions": [{
  "reason": "web view",
  "name": "ohos.permission.INTERNET"
}],
...
```

权限申请后可在 layout 中创建使用 WebView 的 XML 文件。

程序清单：**entry/src/main/resources/base/layout/ability_web_view.xml**

```xml
<?xml version="1.0" encoding="utf-8"?>
<DirectionalLayout
    xmlns:ohos="http://schemas.huawei.com/res/ohos"
    ohos:height="match_parent"
    ohos:width="match_parent"
    ohos:orientation="vertical">
    <!-- 标题 -->
    <include
        ohos:height="match_content"
        ohos:width="match_parent"
        layout="$layout:title_bar"/>

    <WebView
        ohos:id="$+id:wv_web"
        ohos:height="match_parent"
        ohos:width="match_parent"
        />
</DirectionalLayout>
```

WebView 创建完成后需要在代码中进行相关的设置。

程序清单：**chapter2/WebViewAbilitySlice.java**

```
// 获取布局中的 WebView
WebView webView = findComponentById(ResourceTable.Id_wv_web);
// 加载指定网页
webView.load("https://developer.harmonyos.com/");
```

通过 WebView 的 Navigator 可实现 WebView 中加载网页的上下页切换。

程序清单：**chapter2/WebViewAbilitySlice.java**

```
// 导航
Navigator navigator = webView.getNavigator();
// 上一页
back.setClickedListener(component -> {
    if(navigator.canGoBack()){
        navigator.goBack();
    }
});
// 上一页
forward.setClickedListener(component -> {
    if(navigator.canGoForward()){
        navigator.goForward();
    }
});
// 刷新，重新加载
refresh.setClickedListener(component -> {
    webView.reload();
});
```

使用 canGoBack()或 canGoForward()检查是否可以向后或向前浏览，通过 WebView.reload()
刷新页面，WebView 支持网页调用原生及原生调用网页的方法。

程序清单：**chapter2/WebViewAbilitySlice.java**

```
// Web 调用应用
webView.getWebConfig().setJavaScriptPermit(true);
final String jsName = "JsCallbackToApp";
webView.addJsCallback(jsName, msg -> {
    if(msg.toLowerCase().endsWith("method1")){
    // JS 调用 method1 方法
    } else if(msg.toLowerCase().equals("method2")){
    // JS 调用 method2 方法
    }
    return "jsResult";
});

// 应用调用 Web
webView.executeJs("javascript:callFunctionInWeb()", msg -> {
    // 在此确认返回结果
});
```

2.4 UI 布局排版系列组件

UI 布局排版系列组件用来管理用户界面中各种组件的分布和大小，而不是直接设置组件的位置和大小，提高了编程效率。DirectionalLayout 按照垂直或者水平方向来布局，适用于布局相对简单或布局有明显线性关系的场景，也常用于和其他布局组合实现更加复杂的布局。

DependentLayout 适用于组件较多，且组件之间位置关系较为复杂，需要组件之间通过彼此的位置互相约束来确定位置的场景。通过 DependentLayout 确定的组件之间的位置不会因为 DependentLayout 位置的变化而改变，是布局中最常用、最灵活的一种布局，也是对屏幕适配友好的布局。

StackLayout 是所有布局中最简单、最纯净的布局，具有使用简单、占用内存小、效率高等特点，通常用于页面过渡动画或特效叠加。

TableLayout 以表格的形式展示组件，对使用场景有明确要求，通常应用于功能导航、少量数据展示等。

PositionLayout 通过指定准确的 *x/y* 坐标值在屏幕上显示，而且允许组件之间互相重叠，用于特殊设备、特殊场景。由于屏幕多样性，相同坐标值效果差异较大，因此普通开发中常通过排列的方式显示组件，不建议使用 PositionLayout。

AdaptiveBoxLayout 提供了在不同屏幕尺寸设备上的自适应布局能力，主要用于相同级别的多个组件需要在不同屏幕尺寸的设备上自动调整列数的场景，如手机应用迁移至电视。

实际布局使用取决于布局的特点和设备的性能。

▶▶2.4.1 方向布局 DirectionalLayout 的使用

2-15 Direction-alLayout 布局概述

DirectionalLayout 是最常用的布局组件之一，用于将个各种组件按照水平或者垂直方向排布，能够方便地对齐布局内的组件。该布局和其他布局的组合可以实现更加丰富的布局方式，DirectionalLayout 继承自 Component，图 2-25 是 DirectionalLayout 的 alignment 取不同对齐方式最终显示的位置说明。

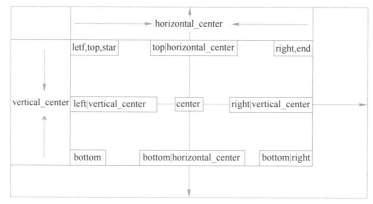

● 图 2-25   DirectionalLayout 对齐方式

对齐方式和排列方式密切相关，当排列方式为水平方向时，可选的对齐方式只有作用于垂直方向的类型（top、bottom、vertical_center、center），其他对齐方式不会生效。当排列方式为

垂直方向时，可选的对齐方式只有作用于水平方向的类型（left、right、start、end、horizontal_center、center），其他对齐方式不会生效。当 DirectionalLayout 中的 orientation 为 horizontal 时，表示水平布局，如图 2-26 所示。

● 图 2-26　水平布局

程序清单：**entry/src/main/resoures/base/layout/ability_directional_layout.xml**

```
<DirectionalLayout
    ohos:height="match_content"
    ohos:width="match_parent"
    ohos:background_element="$graphic:bg_image_outline"
    ohos:orientation="horizontal">
    <Text
        ohos:height="match_content"
        ohos:width="match_content"
        ohos:background_element="$color:gray"
        ohos:padding="4vp"
        ohos:text="组件 1"
        ohos:text_color="$color:white"
        ohos:text_size="24fp"/>
    <Text
        ohos:text="组件 2"
        .../>

    <Text
        ohos:text="组件 3"
        ..."/>

</DirectionalLayout>
```

DirectionalLayout 不会自动换行，其子组件会按照设定的方向依次排列，若超过布局本身的大小，超出布局的部分将不会显示，当 DirectionalLayout 中的 orientation 为 vertical 时，表示垂直布局，默认布局排列方式为垂直排列。

DirectionalLayout 包含组件的 weight，可以和 DirectionalLayout 自有属性 total_weight 搭配使用，也可单独使用，当 total_weigh 不设置值时，默认值为其包含的各组件 weight 之和。DirectionalLayout 中的使用权重按比例分配空间给包含的组件，首先需要计算可分配空间，可分配空间为父布局空间减去已经使用的空间；其次需要计算组件的空间，组件空间为组件权重占所有权重的比例再乘以父布局可分配空间。以水平布局为例计算：父布局可分配空间=父布局空间-所有子组件 width 之和，组件空间=组件 weight/所有组件 weight 之和*父布局可分配空间。组件使用权重时建议将该组件 width 设置为 0。

程序清单：**entry/src/main/resoures/base/layout/ability_directional_layout.xml**

```
<DirectionalLayout
    ohos:height="match_content"
```

```
    ohos:width="match_parent"
    ohos:background_element="$graphic:bg_image_outline"
    ohos:orientation="horizontal">
    <Text
        ohos:height="match_content"
        ohos:width="0vp"
        ohos:background_element="$color:gray"
        ohos:padding="4vp"
        ohos:text="组件 1"
        ohos:text_color="$color:white"
        ohos:text_size="24fp"
        ohos:weight="1"/>
    <Text
        ohos:width="0vp"
        ohos:text="组件 2"
        ohos:weight="2"
    .../>
    <Text
        ohos:width="0vp"
        ohos:text="组件 3"
        ohos:weight="3"
        .../>
</DirectionalLayout>
```

如图 2-27 所示，组件 1、组件 2、组件 3 分别按照 1:2:3 的比例占满父布局的宽度。按权重分配空间多用于组件对齐、组件空间不确定需要自动填充空间等情况，有良好的自适应性。

● 图 2-27　权重布局

2-16　Depend-entLayout 布局概述

▶▶2.4.2　DependentLayout 相对布局

DependentLayout 的排列方式是相对于其他同级组件或者父组件的位置进行布局。与 DirectionalLayout 相比，DependentLayout 拥有更多的排布方式，每个组件可以指定相对于其他同级元素的位置，或者指定相对于父组件的位置，常用于较为复杂的布局，可以减小布局层级，提高界面渲染速度，同时提高布局对于不同屏幕的适应性。DependentLayout 是以自己或子组件为参照进行布局，不同位置的控制主要依靠其本身和子组件的对齐位置，根据位置对齐时，left_of、right_of、start_of、end_of、above 和 below 均相对于同级组件的不同位置进行对齐。例如，left_of 的对齐方式即将右边缘与同级组件的左边缘对齐，对齐后位于同级组件的左侧。其他几种对齐方式遵循的逻辑与此相同，需要注意的是 start_of 和 end_of 会跟随当前布局起始方向变化。

根据边缘对齐时，align_left、align_right、align_top、align_bottom、align_start 和 align_end 都是与同级组件的相同边对齐。例如，align_left 的对齐方式即将当前组件与同级组件的左边缘对齐。其他几种对齐方式遵循的逻辑与此相同，需要注意的是 align_start 和 align_end 会跟随当前布局起始方向变化，如图 2-28 中展示了常用的对齐方式。

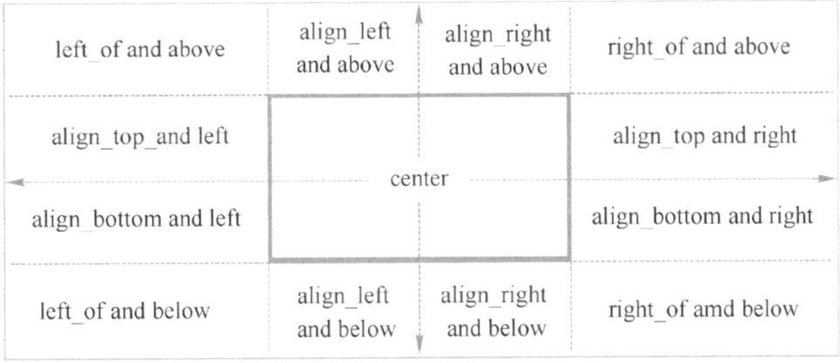

left_of and above	align_left and above	align_right and above	right_of and above
align_top_and left		center	align_top and right
align_bottom and left			align_bottom and right
left_of and below	align_left and below	align_right and below	right_of amd below

● 图 2-28 DependentLayout 内同级组件对齐

相对于父级组件的对齐，DependentLayout 的基本使用和 DirectionalLayout 大致相同，相同的对齐方式可能有多种方式实现，有些位置的对齐需要多种对齐方式组合使用，具体效果如图 2-29 所示。

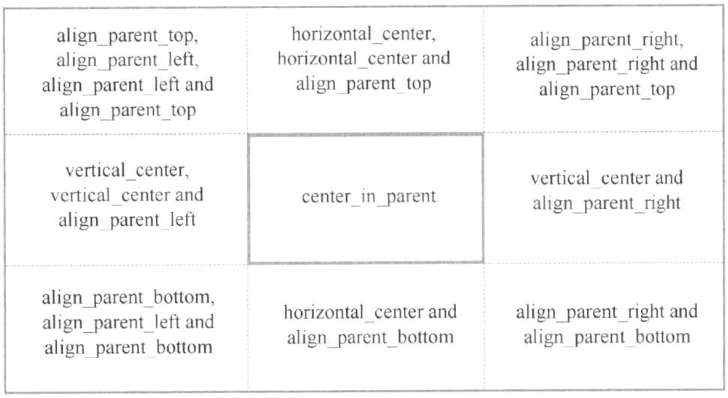

align_parent_top, align_parent_left, align_parent_left and align_parent_top	horizontal_center, horizontal_center and align_parent_top	align_parent_right, align_parent_right and align_parent_top
vertical_center, vertical_center and align_parent_left	center_in_parent	vertical_center and align_parent_right
align_parent_bottom, align_parent_left and align_parent_bottom	horizontal_center and align_parent_bottom	align_parent_right and align_parent_bottom

● 图 2-29 DependentLayout 父级组件对齐方式

部分对齐方式单个使用和组合使用效果相同，但在特殊场景中单个对齐无法达到效果，就会出现同一效果多个属性都能实现的情况。

2-17 Stack-
Layou 层叠布局
概述

▶▶ 2.4.3 层叠布局 StackLayout 实现悬浮菜单栏

StackLayout 直接在屏幕上开辟出一块空白的区域，添加到这个布局中的组件都是以层叠的方式显示，StackLayout 会把这些组件默认放到这块区域的左上角，第一个添加到布局中的组件显示在最底层，最后一个被放在最顶层，和栈的存取方式一致。后添加的组件会遮盖先添加的组件，遮盖面积取决于组件重复面积大小，如图 2-30 所示。

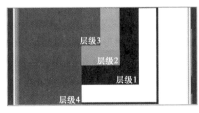

● 图 2-30 StackLayout 层叠布局

程序清单：**entry/src/main/resoures/base/layout/ability_stack_layout.xml**

```
<StackLayout
    ohos:height="200vp"
ohos:width="300vp"
    ohos:background_element="$graphic:bg_image_outline">
<Text
    ohos:height="160vp"
    ohos:width="260vp"
    ohos:background_element="$color:black"
    ohos:text="层级 1"
ohos:text_alignment="bottom|right"
ohos:text_color="$color:white"/>

    <Text
    ohos:height="120vp"
    ohos:width="220vp"
    ohos:background_element="$color:gray"
    ohos:text="层级 2"
    .../>

    <Text
    ohos:height="80vp"
    ohos:width="180vp"
    ohos:background_element="$color:red"
    ohos:text="层级 3"
    .../>

    <Text
    ohos:height="200vp"
    ohos:width="140vp"
    ohos:background_element="$color:blue"
    ohos:text="层级 4"
    .../>
</StackLayout>
```

层级 1～4 依次按顺序放入 StackLayout 中，最终效果是最后放入的视图显示在顶层，最先放入的视图显示在最底部，若面积有重叠则显示后放入的视图。StackLayout 可用于显示悬浮布局，显示过渡动画和多层布局等。

TableLayout 使用表格的方式划分子组件，应用中可以用来展示快速导航菜单、自定义键盘等。

当 Java UI 框架提供的组件无法满足需求时，可以自定义组件，根据设计需求添加绘制任务，并定义组件的属性及事件响应，完成组件的自定义。例如，仿遥控器的圆盘按钮、可滑动的环形控制器等，都可以通过自定义组件和自定义布局来实现。

自定义组件是由开发者定义的具有一定特性的组件，通过扩展 Component 或其子类实现，可以精确控制屏幕元素的外观，也可响应用户的单击、触摸、长按等操作。

　　自定义布局是由开发者定义的具有特定布局规则的容器类组件，通过扩展 Component-Container 或其子类实现，可以将各子组件摆放到指定的位置，也可响应用户的滑动、拖拽等事件。本书提供了自定义圆环组件、自定义环形进度控制器、圆形抽奖转盘的实现代码，读者可查看本书源码，路径如下。

自定义圆环组件 chapter2/custom/CustomRing.java
自定义环形进度控制器 chapter2/custom/CustomProgressBar .java
圆形抽奖转盘 chapter2/custom/LuckyCirclePanComponent.java

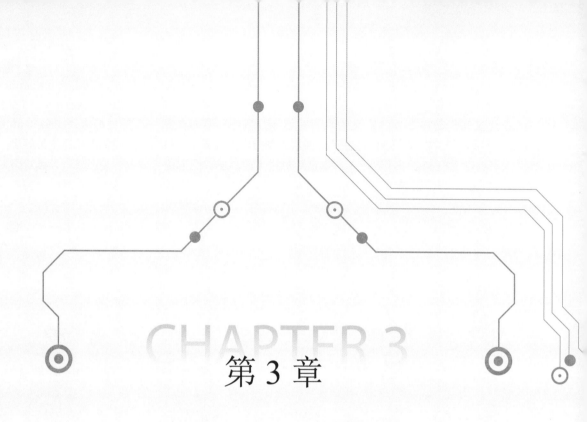

第 3 章

Ability 框架核心基础

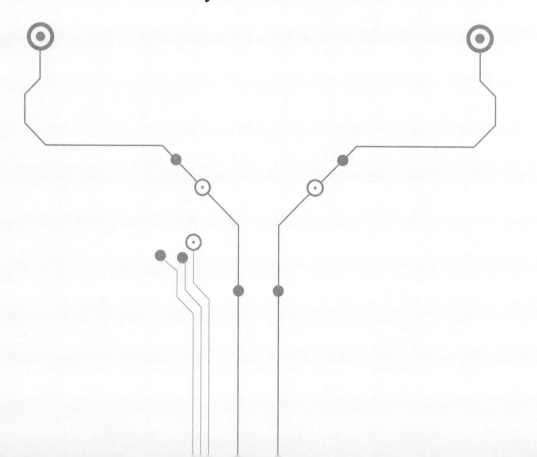

Ability 是应用所具备能力的抽象，也是应用程序的重要组成部分。一个应用可以具备多种能力（即可以包含多个 Ability），HarmonyOS 支持应用以 Ability 为单位进行部署。Ability 可以分为 FA（Feature Ability）和 PA（Particle Ability）两种类型，每种类型为开发者提供了不同的模板，以便实现不同的业务功能。

Page 模板是 FA 唯一支持的模板；PA 支持 Service Ability 和 Data Ability，Service Ability 用于提供后台运行任务的能力，Data Ability 用于对外部提供统一的数据访问抽象。

3.1 Page Ability 基础页面

Page 模板（以下简称"Page"）用于提供与用户交互的能力。一个 Page 可以由一个或多个 AbilitySlice 构成，AbilitySlice 是指应用的单个页面及其控制逻辑的总和。

当一个 Page 由多个 AbilitySlice 共同构成时，这些 AbilitySlice 页面提供的业务能力应具有高度相关性。例如，新闻浏览功能可以通过一个 Page 来实现，其中包含了两个 AbilitySlice：一个 AbilitySlice 用于展示新闻列表，另一个 AbilitySlice 用于展示新闻详情。

▶▶ 3.1.1 两个页面的中转与传参

Page 可以包含多个 AbilitySlice，Page 进入前台时，界面默认只展示一个 AbilitySlice。默认展示的 AbilitySlice 是通过 setMainRoute() 方法来指定的。如果需要更改默认展示的 AbilitySlice，可以通过 addActionRoute() 方法为此 AbilitySlice 配置一条路由规则。此时，当其他 Page 实例期望导航到此 AbilitySlice 时，可以在 Intent 中指定 Action。

Intent 是对象之间传递信息的载体，通过 Intent 指定启动目标的同时携带相关数据可以完成页面的直接跳转。Intent 的构成元素包括 Operation 与 Parameters，具体描述参见表 3-1。

表 3-1　Intent 构成元素

属性	子属性	描述
Operation	Action	表示动作，通常使用系统预置 Action，应用也可以自定义 Action。例如，IntentConstants.ACTION_HOME 表示返回桌面动作
	Entity	表示类别，通常使用系统预置 Entity，应用也可以自定义 Entity。例如，Intent.ENTITY_HOME 表示在桌面显示图标
	Uri	表示 Uri 描述。如果在 Intent 中指定了 Uri，则 Intent 将匹配指定的 Uri 信息，包括 scheme、schemeSpecificPart、authority 和 path 的信息
	Flags	表示处理 Intent 的方式。例如，Intent.FLAG_ABILITY_CONTINUATION 表示标记在本地的一个 Ability 是否可以迁移到远端设备继续运行
	BundleName	表示包描述。如果在 Intent 中同时指定了 BundleName 和 AbilityName，则 Intent 可以直接匹配到指定的 Ability
	AbilityName	表示待启动的 Ability 名称。如果在 Intent 中同时指定了 BundleName 和 AbilityName，则 Intent 可以直接匹配到指定的 Ability
	DeviceId	表示运行指定 Ability 的设备 ID

（续）

属性	子属性	描述
Parameters	-	Parameters 是一种支持自定义的数据结构，开发者可以通过 Parameters 传递某些请求所需的额外信息

表 3-1 中 DeviceId 表示运行指定 Ability 的设备 ID，若目标设备是当前发起路由的设备，可以使用空字符串（""）代替，若不是当前发起路由的设备，需要填写具体设备号。Bundle-Name 和 AbilityName 每次使用均需要填写，建议将其封装成工具类再使用。Flags 表示处理 Intent 的方式，如是否迁移到其他设备、目标页面的启动方式等。自定义 Action 用于跨 Ability 访问设置 Action 的页面。

程序清单：**chapter3/ActionAbility.java**

```java
public class ActionAbility extends Ability {
    @Override
    public void onStart(Intent intent) {
        super.onStart(intent);
        // 主路由
        super.setMainRoute(ActionAbilitySlice.class.getName());
        // 设置 Action
        addActionRoute("action.one", Action1AbilitySlice.class.getName());
        addActionRoute("action.two", Action2AbilitySlice.class.getName());
    }
}
```

addActionRoute 中 Action 名称同时需要在 config.json 中注册。

程序清单：**entry/src/main/config.json**

```json
{
    ...
    "module": {
        ...
        "abilities": [
            {
                "name": "com.example.harmony.chapter3.ActionAbility",
                ...,
            "skills": [
                {
                    "actions": [
                        "action.one",
                        "action.two"
                    ]
                }
            ]
            }
        ]
    }
}
```

如果同时指定了 BundleName 与 AbilityName，则根据 Ability 的全称（如 com.example. harmony.chapter3.ActionAbility）来直接启动应用。如果未同时指定 BundleName 和 AbilityName，则根据 Operation 中的其他属性来启动应用。Parameters 支持的数据类型十分广泛，除了基本数据类型，还支持数组与集合，以及自定义的数据结构和序列化对象。Intent 只能用来传递轻量级的数据，数据大小尽量不超过 1MB，过大的数据建议使用缓存。

当发起导航的 AbilitySlice 和导航目标的 AbilitySlice 处于同一个 Ability 时，开发中可以通过 present()或 presentForResult()实现导航。当使用 present()实现导航时，若发起导航页需要传递参数给目标页面，需要通过 Intent 的 setParam()添加参数传递给目标页面。

程序清单：**chapter3/slice/ActionAbilitySlice.java**

```
public class ActionAbilitySlice extends BaseAbilitySlice {
    @Override
    public void onStart(Intent intent) {
        super.onStart(intent);
        super.setUIContent(ResourceTable.Layout_ability_action);
        // 无返回参跳转
findComponentById(ResourceTable.Id_t_action_no_params)
        .setClickedListener(component -> {
            Intent actionIntent = new Intent();
            // 添加目标页面需要的参数
            actionIntent.setParam("params","参数");
            present(new Action1AbilitySlice(),actionIntent);
        // 无数据传递给目标页
            //present(new Action1AbilitySlice(),new Intent());
        });
    }
}
```

在目标页面内通过 getStringParam()获取从上一页面传递的数据并加以使用。Intent 中通过键值对的方式即可获取传递的数据。

程序清单：**chapter3/slice/Action1AbilitySlice.java**

```
/**
 * 导航目标页面
 */
public class Action1AbilitySlice extends BaseAbilitySlice {
    @Override
    protected void onStart(Intent intent) {
        super.onStart(intent);
        setUIContent(ResourceTable.Layout_ability_action1);
        if(intent != null){
            // 接收数据，获取数据，并将获取的数据设置为标题
            String params = intent.getStringParam("params");
            setTitle(params);
        } else{
            setTitle("Action1");
        }
    }
}
```

若需要目标页面返回后回传数据，需要调用 presentForResult(AbilitySlice targetSlice, Intent intent, int requestCode)，并重写 onResult(int requestCode, Intent resultIntent)接收返回数据。

程序清单：**chapter3/slice/ActionAbilitySlice.java**

```java
public class ActionAbilitySlice extends BaseAbilitySlice {
    @Override
    public void onStart(Intent intent) {
    ...
    // 有返回参跳转 在这里单击按钮跳转
    // 101 为请求码
    presentForResult(new Action2AbilitySlice(),new Intent(),101);

    }

    @Override
    protected void onResult(int requestCode, Intent resultIntent) {
        // 当返回的请求码为 101 时，说明是由有参跳转进行跳转，并且结果由其返回
        if(requestCode == 101&&resultIntent != null){
            String result = resultIntent.getStringParam("result");
        }
    }
}
```

跳转之前需要设置 requestCode，目标页面结束后，在 onResult(int requestCode, Intent resultIntent)匹配 requestCode，接收返回的数据。同时结束目标页面时，需要把数据装填并返回。

程序清单：**chapter3/slice/Action2AbilitySlice.java**

```java
String result = "测试数据";
Intent intent2 = new Intent();
intent2.setParam("result", result);
// 设置返回值
setResult(intent2);
// 结束当前页面
terminate();
```

当发起导航的 AbilitySlice 和导航目标的 AbilitySlice 处于不同 Ability 时，需要调用 startAbility()或 startAbilityForResult()完成导航。若导航中不需要携带返回参数，可以使用 startAbility()。

程序清单：**chapter3/slice/ActionAbilitySlice.java**

```java
Intent abilityIntent = new Intent();
abilityIntent.setParam("params","参数");
// 通过 Intent 中的 OperationBuilder 类构造 operation 对象
// 指定设备标识（空串表示当前设备）、应用包名、Ability 名称
Operation operation = new Intent.OperationBuilder()
        .withDeviceId("")
        .withBundleName("com.example.harmony")
        .withAbilityName("com.example.harmony.chapter3.TargetAbility")
        .build();

// 把 operation 设置到 intent 中
abilityIntent.setOperation(operation);
startAbility(abilityIntent);
```

若导航中请求方需要获取目标页面返回数据，需要在 Ability 中构造 Intent 及包含 Action 的 Operation 对象，并调用 startAbilityForResult(Intent intent, int requestCode) 发起请求。然后重写 onAbilityResult(int requestCode, int resultCode, Intent resultData)，对返回结果进行处理。

程序清单：**chapter3/slice/ActionAbilitySlice.java**

```
    ...
  // 不同 ability 之间不携带返回参数，如单击按钮跳转页面
    Intent abilityIntent = new Intent();
    // 通过 Intent 中的 OperationBuilder 类构造 operation 对象
    // 指定设备标识（空串表示当前设备）、应用包名、Ability 名称
    Operation operation = new Intent.OperationBuilder()
            .withDeviceId("")
            .withBundleName("com.example.harmony")
            .withAbilityName("com.example.harmony.chapter3.TargetAbility")
            .build();
    // 把 operation 设置到 intent 中
    abilityIntent.setOperation(operation);
    // 102 请求码
    startAbilityForResult(abilityIntent, 102);
...

    @Override
    protected void onAbilityResult(int requestCode, int resultCode,
                                   Intent resultData) {
        super.onAbilityResult(requestCode, resultCode, resultData);
    // 返回结果处理，请求码 102，返回码 103
    if(requestCode == 102 && resultCode == 103 && resultData != null){
        String result = resultData.getStringParam("abilityResult");
        }
    }
...
```

目标 Ability 需要处理请求，并调用 onResult(int requestCode, Intent resultIntent) 暂存返回结果。

程序清单：**chapter3/TargetAbility.java**

```
public class TargetAbility extends Ability {

    @Override
    public void onStart(Intent intent) {
        super.onStart(intent);
        super.setMainRoute(TargetAbilitySlice.class.getName());
...
    }

    @Override
    protected void onActive() {
        super.onActive();
        Intent resultIntent = new Intent();
        resultIntent.setParam("abilityResult", "result");
        // 设置返回值，请求码 102
        setResult(102,resultIntent);
        // 结束当前页面，返回码 103
        terminateAbility(103);
    }
    ...
}
```

某些场景下，开发者需要在应用中使用其他应用提供的某种能力，却不知道提供该能力的是哪一个应用，可以通过 Operation 的其他属性（除 BundleName 与 AbilityName 之外的属性）描述需要的能力。如果设备上存在多个应用提供同种能力，系统则弹出候选列表，由用户选择用哪个应用处理请求。

▶▶ 3.1.2 Ability 页面的生命周期与应用场景分析

系统管理或用户操作等行为均会引起 Page 实例在其生命周期的不同状态之间进行转换。Ability 类提供的回调机制能够让 Page 及时感知外界变化，从而正确地应对状态变化（如释放资源），这有助于提升应用的性能和稳健性。Page 生命周期的不同状态转换及其对应的回调如图 3-1 所示。

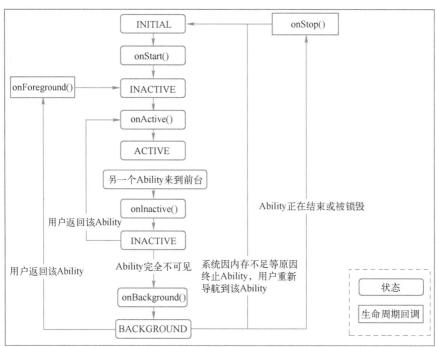

● 图 3-1　Page 生命周期回调

- onStart()：当系统首次创建 Page 实例时，触发该回调。对于一个 Page 实例，该回调在其生命周期过程中仅触发一次，Page 在该逻辑后将进入 INACTIVE 状态。开发者必须重写该方法，并在此配置默认展示的 AbilitySlice，通常在该方法中进行路由配置。

- onActive()：Page 会在进入 INACTIVE 状态后来到前台，然后系统调用此回调。Page 在此之后进入 ACTIVE 状态，该状态是应用与用户交互的状态。Page 将保持在此状态，除非某类事件发生导致 Page 失去焦点，如用户单击返回键或导航到其他 Page。当此类事件发生时，会触发 Page 回到 INACTIVE 状态，系统将调用 onInactive() 回调。此后，

Page 可能重新回到 ACTIVE 状态，系统将再次调用 onActive()回调。因此，开发者通常需要成对实现 onActive()和 onInactive()，并在 onActive()中获取在 onInactive()中被释放的资源。

- onInactive()：当 Page 失去焦点时，系统将调用此回调，此后 Page 进入 INACTIVE 状态。开发者可以在此回调中实现 Page 失去焦点时应表现的恰当行为。

- onBackground()：如果 Page 不再对用户可见，系统将调用此回调通知开发者进行相应的资源释放，此后 Page 进入 BACKGROUND 状态。开发者应该在此回调中释放 Page 不可见时无用的资源，或在此回调中执行较为耗时的状态保存操作。

- onForeground()：处于 BACKGROUND 状态的 Page 仍然驻留在内存中，当重新回到前台时（如用户重新导航到此 Page），系统将先调用 onForeground()回调通知开发者，而后 Page 的生命周期状态回到 INACTIVE 状态。开发者应当在此回调中重新申请在 onBackground()中释放的资源，最后 Page 的生命周期状态进一步回到 ACTIVE 状态，系统将通过 onActive()回调通知开发者。

- onStop()：系统要销毁 Page 时，将会触发此回调函数，通知用户进行系统资源的释放。销毁 Page 的可能原因包括以下几个方面：用户通过系统管理能力关闭指定 Page，如使用任务管理器关闭 Page。用户行为触发 Page 的 terminateAbility()方法调用，如使用应用的退出功能。配置变更导致系统暂时销毁 Page 并重建。系统出于资源管理目的，自动触发对处于 BACKGROUND 状态 Page 的销毁。

AbilitySlice 作为 Page 的组成单元，其生命周期是依托于其所属 Page 生命周期的。AbilitySlice 和 Page 具有相同的生命周期状态和同名的回调，当 Page 生命周期发生变化时，它的 AbilitySlice 也会发生相同的生命周期变化。此外，AbilitySlice 还具有独立于 Page 的生命周期变化，这发生在同一 Page 中的 AbilitySlice 之间导航时，此时 Page 的生命周期状态不会改变。

由于 AbilitySlice 承载具体的页面，开发者必须重写 AbilitySlice 的 onStart()回调，并在此方法中通过 setUIContent()方法设置页面。AbilitySlice 实例创建和管理通常由应用负责，系统仅在特定情况下会创建 AbilitySlice 实例。例如，通过导航启动某个 AbilitySlice 时，是由系统负责实例化；但是在同一个 Page 中不同的 AbilitySlice 间导航时，则由应用负责实例化。当 AbilitySlice 处于前台且具有焦点时，其生命周期状态随着所属 Page 的生命周期状态的变化而变化。当 Page 被系统销毁时，其所有已实例化的 AbilitySlice 将联动销毁。

▶▶3.1.3　实现一个登录页面

登录页面一般分为三部分：账号输入、密码输入、登录按钮。账号通常使用电话号码；密码一般要求至少 6 位，有时需要包含大小写字母和一些特殊字符等。当用户单击登录按钮时，携带登录信息请求接口，若成功则缓存用户信息和校验信息并进入主页，若失败则停留在登录页并给出响应提示信息。很多应用设置有欢迎页面，不仅是为了展示广告，主要是能在显示广告期间进行用户校验和一系列初始化，这样能提升用户体验。基本流程如图 3-2 所示。

● 图 3-2　登录流程

欢迎页面显示期间对用户进行校验，若校验成功则进入首页，若用户校验失败则进入登录页。

程序清单：**chapter3/slice/SplashAbilitySlice.java**

```java
public class SplashAbilitySlice extends AbilitySlice {
    private final EventHandler handler = new EventHandler(EventRunner.current());
    @Override
    public void onStart(Intent intent) {
        super.onStart(intent);
        super.setUIContent(ResourceTable.Layout_ability_splash);
        // 设置延时任务
        handler.postTask(() -> {
            // 已登录进入首页
            if(isLogin()){
                Intent homeIntent = new Intent();
                Operation operation = new Intent.OperationBuilder()
                        .withDeviceId("")
                        .withBundleName("com.example.harmony")
                        .withAbilityName(
                          "com.example.harmony.chapter3.HomeSampleAbility")
                        .build();
                homeIntent.setOperation(operation);
                startAbility(homeIntent);
            } else {
                // 未登录进入登录页
                present(new LoginAbilitySlice(),new Intent());
            }
        }, 1000); // 延迟1000ms执行

    }

    /**
     * 用户校验
     * @return
     */
    private boolean isLogin(){
        // 校验用户是否登录
        return  false;
    }
}
```

欢迎页面中通过创建 EventHandler 对象 handler，并调用其 postTask(Runnable task, long delayTime)延迟 1000ms 执行用户校验任务。LoginAbilitySlice 和 SplashAbilitySlice 归属于同一 Ability，可使用 present(AbilitySlice targetSlice, Intent intent)进行导航。HomeSampleAbilit 属于新 Ability，需要使用 Operation 配合 Intent 通过 startAbility(Intent intent)进行导航，当用户未登录或登录信息校验失败，则进入登录页。

程序清单：**entry/src/main/resources/base/layout/ability_login.xml**

```
<DirectionalLayout
    xmlns:ohos="http://schemas.huawei.com/res/ohos"
    ohos:height="match_parent"
    ohos:width="match_parent"
    ohos:alignment="center"
    ohos:orientation="vertical">
    <ScrollView
        ohos:height="match_parent"
        ohos:width="match_parent"
        ohos:layout_alignment="center">

        <DirectionalLayout
            ohos:height="match_parent"
            ohos:width="match_parent"
            ohos:alignment="center"
            ohos:orientation="vertical">

        <TextField
            ohos:id="$+id:tf_ability_mobile"
            ohos:height="match_content"
            ohos:width="match_parent"
            ohos:background_element="$graphic:background_text_field"
            ohos:bottom_padding="8vp"
            ohos:element_cursor_bubble="$graphic:text_field_cursor_bubble"
            ohos:hint="请输入手机号"
            ohos:hint_color="#999999"
            ohos:input_enter_key_type="enter_key_type_go"
            ohos:layout_alignment="center"
            ohos:left_margin="16vp"
            ohos:left_padding="24vp"
            ohos:min_height="48vp"
            ohos:right_margin="16vp"
            ohos:right_padding="24vp"
            ohos:text_alignment="left|vertical_center"
            ohos:text_color="$color:black"
            ohos:text_input_type="pattern_number"
            ohos:text_size="18fp"
            ohos:top_padding="8vp"/>

        <TextField
            ohos:id="$+id:tf_ability_password"
            ohos:hint="请输入密码"
            ohos:text_input_type="pattern_password"
            .../>

        <Text
            ohos:id="$+id:t_ability_login"
            ohos:height="match_content"
            ohos:width="match_parent"
            ohos:background_element="$graphic:bg_login"
```

```
                ohos:layout_alignment="center"
                ohos:left_margin="16vp"
                ohos:min_height="48vp"
                ohos:right_margin="16vp"
                ohos:text="登录"
                ohos:text_alignment="center"
                ohos:text_color="$color:white"
                ohos:text_size="18fp"
                ohos:top_margin="40vp"/>
        </DirectionalLayout>
    </ScrollView>
</DirectionalLayout>
```

布局中使用 ScrollView 是为了防止手机软键盘遮挡输入框和按钮。布局中使用的组件尺寸均没有固定数值，根据父组件尺寸变化而变化，防止登录页在部分手机上显示不全或显示位置不对。对于主流的登录页，除了直接登录功能外，还应该有用户注册、忘记密码、用户协议和其他登录方式等功能。

程序清单：**chapter3/slice/SplashAbilitySlice.java**

```java
public class LoginAbilitySlice extends AbilitySlice {
    @Override
    public void onStart(Intent intent) {
        super.onStart(intent);
        super.setUIContent(ResourceTable.Layout_ability_login);
        TextField account = findComponentById(ResourceTable.Id_tf_ability_mobile);
        TextField password = findComponentById(ResourceTable.Id_tf_ability_password);
        Text login = findComponentById(ResourceTable.Id_t_ability_login);
        login.setClickedListener(component -> {
            // 电话号码校验
            if(account.getText() == null || account.getText().isEmpty()){
                Toast.show(this,"请输入手机号码");
                return;
            }
            // 正则校验
            String regex = "0\\d{2,3}[-]?\\d{7,8}|0\\d{2,3}\\s?\\d{7,8}|13[0-9]\\
d{8}|15[1089]\\d{8}";
            Pattern pattern = Pattern.compile(regex);
            Matcher matcher = pattern.matcher(account.getText().trim());
            if(!matcher.matches()){
                Toast.show(this,"请输入正确的手机号");
                return;
            }
            // 密码校验
            if(password.getText() == null || password.getText().isEmpty()){
                Toast.show(this,"请输入密码");
                return;
            }
            // 密码长度判断
            if(password.getText().trim().length() < 6 || password.getText().trim().
length()> 24){
                Toast.show(this,"请输入 6～18 位的密码");
                return;
            }
            // 登录成功后跳转至首页
            Intent homeIntent = new Intent();
            Operation operation = new Intent.OperationBuilder()
```

```
                    .withDeviceId("")
                    .withBundleName("com.example.harmony")
                    .withAbilityName(
                "com.example.harmony.chapter3.HomeSampleAbility")
                    .build();
            homeIntent.setOperation(operation);
            startAbility(homeIntent);
        });
    }
}
```

登录页中用户输入的信息需要进行校验，根据输入的内容给出对应的提示，提升用户体验。应用对用户信息校验只是简单校验，如输入信息的长度、格式、是否有空格等，无法对账号和密码的正确性进行校验。若出现账号和密码错误类的提示，属于接口给出的错误信息，针对有明确指导意义的接口错误信息应用应该进行展示。登录时需要对用户输入信息进行加密，登录成功后需要缓存登录信息和用户信息，但不建议缓存账号和密码，防止关键数据外泄，提高应用安全性。

3.2 Service Ability 后台服务

基于 Service 模板的 Ability（简称"Service"）主要用于后台运行任务（如执行音乐播放、文件下载等），但不提供用户交互界面。Service 可由其他应用或 Ability 启动，即使用户切换到其他应用，Service 仍将在后台继续运行。

Service 是单实例的。在一个设备上，相同的 Service 只会存在一个实例。如果多个 Ability 共用这个实例，只有当与 Service 绑定的所有 Ability 都退出后，Service 才能够退出。由于 Service 是在主线程中执行的，因此，如果在 Service 中的操作时间过长，开发者必须在 Service 中创建新的线程来处理，防止造成主线程阻塞，应用程序无响应。

▶▶3.2.1 Service 应用场景分析

Service 是 Ability 的一种，创建 Service 即是创建 Ability 子类，通过重写 Service 生命周期中的方法添加其他 Ability 请求与 Service Ability 交互时的处理方法。

程序清单：**chapter3/ServiceAbility.java**

```
public class ServiceAbility extends Ability {

    @Override
    public void onStart(Intent intent) {
        super.onStart(intent);
    }

    @Override
    public void onCommand(Intent intent, boolean restart, int startId) {
    }

    @Override
```

```
    public IRemoteObject onConnect(Intent intent) {
        return null;
    }

    @Override
    public void onDisconnect(Intent intent) {
    }

    @Override
    public void onStop() {
        super.onStop();
    }
}
```

- onStart()：创建 Service 时调用，用于 Service 的初始化。在 Service 的整个生命周期只会调用一次，调用时传入的 Intent 应为空。
- onCommand()：Service 创建完成之后调用，该方法在客户端每次启动该 Service 时都会调用，该方法中适合做一些调用统计、初始化类的操作。
- onConnect()：Ability 和 Service 连接时调用，该方法返回 IRemoteObject 对象，开发者可以在该回调函数中生成对应 Service 的 IPC 通信通道，以便 Ability 与 Service 交互。Ability 可以多次连接同一个 Service，系统会缓存该 Service 的 IPC 通信对象，只有第一个客户端连接 Service 时，系统才会调用 Service 的 onConnect 方法来生成 IRemoteObject 对象，而后系统会将同一个 RemoteObject 对象传递至其他连接同一个 Service 的所有客户端，而无须再次调用 onConnect 方法。
- onDisconnect()：Ability 与绑定的 Service 断开连接时调用。
- onStop()：Service 销毁时调用，通过此方法可以清理任何资源，如关闭线程、销毁监听器等。

Service 创建完成后需要在应用配置文件 config.json 中进行注册，注册类型 type 设置为 service。

程序清单：entry/src/main/config.json

```
{
    "module": {
        "abilities": [
            {
                "name": "com.example.harmony.chapter3.ServiceAbility",
                "type": "service",
                ...
            }
        ]
        ...
    }
    ...
}
```

因为 Service 是 Ability 的一种，开发者可以通过 Intent 传参给 StartAbility()启动 Service。除了启动本地 Service，还可以启动远程 Service。

程序清单：**chapter3/slice/ServiceAbilitySlice.java**

```
// 启动本地服务
Intent localIntent = new Intent();
Operation operation = new Intent.OperationBuilder()
        .withDeviceId("")
        .withBundleName("com.example.harmony")
        .withAbilityName("com.example.harmony.chapter3.ServiceAbility")
        .build();
localIntent.setOperation(operation);
startAbility(localIntent);


// 启动远程服务
Intent remoteIntent = new Intent();
Operation operation = new Intent.OperationBuilder()
        .withDeviceId("remoteDeviceId")
        .withBundleName("com.example.harmony.remote")
        .withAbilityName("com.example.harmony.remote.service.ServiceAbility")
        .withFlags(Intent.FLAG_ABILITYSLICE_MULTI_DEVICE) // 设置支持分布式调度系统多设备启动的标识
        .build();
remoteIntent.setOperation(operation);
startAbility(remoteIntent);
```

如果是本地设备，DeviceId 可以使用空字符串；如果是远程设备，可以通过 ohos.distributedschedule.interwork.DeviceManager 提供的 getDeviceList 获取设备列表。启动 Service 时，如果 Service 尚未运行，则系统会先调用 onStart(Intent intent)来初始化 Service，再回调 Service 的 onCommand(Intent intent, boolean restart, int startId)来启动 Service；如果 Service 正在运行，则系统会直接回调 Service 的 onCommand(Intent intent, boolean restart, int startId)来启动 Service。

Service 一旦创建就会一直保持在后台运行，除非必须回收内存资源，否则系统不会停止或销毁 Service。开发者可以在 Service 中通过 terminateAbility()停止本 Service 或在其他 Ability 调用 stopAbility()来停止 Service。停止 Service 同样支持停止本地设备 Service 和停止远程设备 Service，使用方法与启动 Service 一样。一旦调用停止 Service 的方法，系统便会尽快销毁 Service。

如果 Service 需要与 Page Ability 或其他应用的 Service Ability 进行交互，则须创建用于连接的 Connection。Service 支持其他 Ability 通过 connectAbility(Intent intent, IAbilityConnection conn)与其进行连接。在使用 connectAbility(Intent intent, IAbilityConnection conn)处理回调时，需要传入目标 Service 的 Intent 与 IAbilityConnection 的实例。IAbilityConnection 提供了两个方法：onAbilityConnect-Done(ElementName elementName, IRemoteObject iRemoteObject, int resultCode)用来处理连接 Service 成功的回调，onAbilityDisconnectDone(ElementName elementName, int resultCode)是用来处理 Service 异常死亡的回调。

程序清单：**chapter3/ServiceAbility.java**

```
public class ServiceAbility extends Ability {
    // 创建连接 Service 回调实例
    private IAbilityConnection connection = new IAbilityConnection() {
        // 连接到 Service 的回调
        @Override
```

```
        public void onAbilityConnectDone(ElementName elementName,
                IRemoteObject iRemoteObject, int resultCode) {
            // Client 侧需要定义与 Service 侧相同的 IRemoteObject 实现类
            // 开发者获取服务端传过来的 IRemoteObject 对象，并从中解析出服务端传过来的信息
        }

        // Service 异常死亡的回调
        @Override
        public void onAbilityDisconnectDone(ElementName elementName,int resultCode) {
        }
    };
...
    @Override
    public void onCommand(Intent intent, boolean restart, int startId) {
        ...
        // 连接 Service
        Intent remoteIntent = new Intent();
        Operation operation = new Intent.OperationBuilder()
                .withDeviceId("deviceId")
                .withBundleName("com.example.harmony")
                .withAbilityName(
                        "com.example.harmony.chapter3.RemoteServiceAbility")
                .build();
        remoteIntent.setOperation(operation);
        connectAbility(intent, connection);
    }
    ...
    }
```

被调用的 Service 也需要在 onConnect(Intent intent)时返回 IRemoteObject，从而定义与 Service 进行通信的接口。HarmonyOS 提供了 IRemoteObject 的默认实现，用户可以通过继承 LocalRemoteObject 来创建自定义的实现类。

程序清单：chapter3/RemoteServiceAbility.java

```
public class RemoteServiceAbility extends Ability {
    // 创建 IRemoteObject 实现类
    private class RemoteObject extends LocalRemoteObject {
        public RemoteObject() {
        }
    }
    ...
    // 把 IRemoteObject 实现类返回给调用者
    @Override
    public IRemoteObject onConnect(Intent intent) {
        return new RemoteObject();
    }
    ...
}
```

被调用者 RemoteServiceAbility 在 onConnect(Intent intent)返回一个 IRemoteObject 对象给调用者 ServiceAbility 中 IAbilityConnection 的实例，开发者通过在 IAbilityConnection 中重写的 onAbilityConnectDone(ElementName elementName，IRemoteObject iRemoteObject，int resultCode) 获取 IRemoteObject 对象，从而完成一次数据传递。

当启动 Service 时，该 Service 在其他 Ability 调用 startAbility(Intent intent) 时创建，然后保持运

行。其他 Ability 通过调用 stopAbility(Intent intent)来停止 Service，Service 停止后，系统会将其销毁；当连接 Service 时，该 Service 在其他 Ability 调用 connectAbility(Intent intent，IAbilityConnection conn)时创建，客户端可通过调用 disconnectAbility(IAbilityConnection conn) 断开连接。多个客户端可以绑定到相同 Service，而且当所有绑定全部取消后，系统即会销毁该 Service。connectAbility(Intent intent，IAbilityConnection conn)也可以连接通过 startAbility(Intent intent) 创建的 Service。

一般情况下，Service 都是在后台运行的，后台 Service 的优先级都是比较低的，当资源不足时，系统有可能回收正在运行的后台 Service。在一些场景下（如播放音乐），用户希望应用能够一直保持运行，此时就需要使用前台 Service。前台 Service 会始终保持正在运行的图标在系统状态栏显示。

创建前台 Service，开发者只需在 Service 创建的方法中调用 keepBackgroundRunning()将 Service 与通知绑定。调用 keepBackgroundRunning 方法前，需要在配置文件中声明 ohos.permission.KEEP_BACKGROUND_RUNNING 权限，同时还需要在配置文件中添加对应的 backgroundModes 参数。在 onStop()方法中调用 cancelBackgroundRunning()可停止前台 Service。

程序清单：**chapter3/RemoteServiceAbility.java**

```java
public class RemoteServiceAbility extends Ability {
    ...
    @Override
    public void onStart(Intent intent) {
        super.onStart(intent);
        // 创建通知，其中 1234 为 notificationId
        NotificationRequest request = new NotificationRequest(1234);
        NotificationRequest.NotificationNormalContent content =
                new NotificationRequest.NotificationNormalContent();

        content.setTitle("标题").setText("内容");
        NotificationRequest.NotificationContent notificationContent
                = new NotificationRequest.NotificationContent(content);
        request.setContent(notificationContent);
        // 绑定通知，1234 为创建通知时传入的 notificationId
        keepBackgroundRunning(1234, request);
    }
    @Override
    public void onStop() {
        super.onStop();
        // 停止前台服务
        cancelBackgroundRunning();
    }
    ...
}
```

同时，在配置文件 config.json 的 RemoteServiceAbility 模块下对 Service 进行配置。

程序清单：**entry/src/main/config.json**

```json
{
    "module": {
```

```
        "abilities": [
            {
                "name": "com.example.harmony.chapter3.ServiceAbility",
                "type": "service",
        "visible": true,
                "backgroundModes": ["dataTransfer", "location"]
                ...
            }
        ]
        ...
    }
    ...
}
```

Service 本无前台之说，出现前台 Service 是为了不让 Service 被回收。前台 Service 侧重于 Service 的活性，由于其优先级比较低，容易被系统回收，通过与优先级较高的通知绑定可以提升 Service 优先级，进而使 Service 减小被系统回收的可能性。

▶▶ 3.2.2 使用 Service 实现后台计时功能

计时功能使用场景较多，如获取验证码、秒杀、轮询、优惠、活动倒计时等。使用 Service 实现计时功能和 Service 正常使用一致，在 Service 连接成功后开始计时，并将计时时间显示在屏幕中。

程序清单：**chapter3/TimerAbility.java**

```java
public class TimerAbility extends Ability implements TimerEventListener {
    // 防止被销毁
private static Text timerText;
    // 线程间通信
    private final EventHandler handler = new EventHandler(EventRunner.current());

    // 创建连接 Service 回调实例
    private IAbilityConnection connection = new IAbilityConnection() {
        // 连接到 Service 的回调
        @Override
        public void onAbilityConnectDone(ElementName elementName,
                            IRemoteObject iRemoteObject, int resultCode) {

        }
        // Service 异常死亡的回调
        @Override
        public void onAbilityDisconnectDone(ElementName elementName, int resultCode) {

        }
    };

    @Override
    public void onStart(Intent intent) {
        super.onStart(intent);
        super.setUIContent(ResourceTable.Layout_ability_timer);
        // 计时显示
        timerText = findComponentById(ResourceTable.Id_t_timer);
        // 开始计时按钮
        Image  action = findComponentById(ResourceTable.Id_img_timer_action);
        action.setClickedListener(component -> {
```

```
            // 连接 Service，并开始计时
            Intent timerIntent = new Intent();
            Operation operation = new Intent.OperationBuilder()
                    .withDeviceId("")
                    .withBundleName("com.example.harmony")
                    .withAbilityName(
                        "com.example.harmony.chapter3.TimerServiceAbility")
                    .build();
            timerIntent.setOperation(operation);
            connectAbility(timerIntent, connection);

        });
    }
    /**
     * 获取回调结果
     * @param result
     */
    @Override
    public void onTimerListener(String result) {
        // 切换成主线程
        handler.postTask(() -> timerText.setText(result));
    }
}
```

获取计时结果的方式有多种，如公共事件与通知、解析 IRemoteObject 对象、接口回调等，其中接口回调使用比较方便。当连接 Service 后，线程会从 UI 线程切换成子线程，所以在获取计时结果后，需要通过 EventHandler 将线程切回至 UI 线程，否则计时结果无法显示，因为页面刷新必须在 UI 线程中进行，耗时任务需要在子线程处理，防止出现请求无响应。当连接 Service 后 Text 对象会被销毁，需要将其设置成静态。因为是通过 Intent 的连接 Service，回调接口不能直接使用，建议创建接口引用类。

程序清单：chapter3/TimerEventListener.java

```
public interface TimerEventListener {
    void onTimerListener(String result);
}
```

程序清单：chapter3/TimerEvent.java

```
public class TimerEvent {
    public TimerEvent() {
    }
    private TimerEventListener listener;

    public void timeEventListener(TimerEventListener listener){
        this.listener = listener;
    }

    public void callback(String result){
        listener.onTimerListener(result);
    }
}
```

通过创建接口应用类，可以保持接口变量的多态性。

程序清单：**chapter3/TimerEventListener.java**

```java
public class TimerServiceAbility extends Ability {
    private TimerRemoteObject timerRemoteObject;
    private TimerEvent timeEvent;
    private int sec = 0; // 秒
    private int min = 0; // 分
    private int hour = 0; // 时

    private class TimerRemoteObject extends LocalRemoteObject {
        public TimerRemoteObject() {

        }
    }
    ...
    @Override
    protected IRemoteObject onConnect(Intent intent) {
        // 连接成功后创建回调
        timeEvent = new TimerEvent();
        timeEvent.timeEventListener(new TimerAbility());
        // 开启计时任务
        Timer timer = new Timer();
        timer.schedule(new TimerTask() {
            @Override
            public void run() {
                sec++;
                if (sec> 60) {
                    sec = 0;
                    min++;
                    if (min>60) {
                        min = 0;
                        hour++;
                    }
                }
                // 字符串拼接并回调给调用者
                timeEvent.callback("" + (hour < 10 ? ("0" + hour) : hour) + ":" + (min <
10 ? ("0" + min) : min) + ":" + (sec < 10 ? ("0" + sec) : sec));

            }
        }, 1000, 1000);

        timerRemoteObject = new TimerRemoteObject();
        return timerRemoteObject;
    }
}
```

通过创建定时器 Timer 对象，调用 schedule(TimerTask task, long delay, long period) 可以开启延迟 1s 并每隔 1s 执行的任务，即计时任务。在 TimerTask 中对计时进行换算，通过 timeEvent.callback(String result)将计时结果返回给调用者。Timer 定时器使用完毕后需要及时销毁，否则用户退出计时后计时仍在继续，容易造成引用对象无法及时释放。计时功能不建议在 onStart(Intent intent) 中使用，因为 onStart(Intent intent)在 Service 生命周期中只执行一次，若服务没有被停止，再次启用该服务，该方法不会被执行，容易导致计时失效或无法清除等情况。计时效果如图 3-3 所示。

● 图 3-3　后台计时

实现计时功能建议开启子线程进行计时，不建议使用 Service，Service 比较消耗资源，同时容易造成 Service 调用者无法被及时回收。对于比较复杂的任务，如文件下载、音乐播放等，建议使用 Service。

▶▶ 3.2.3 实现一个简单音乐播放器

实现音乐播放器需要使用前台 Service，并具备播放、暂停、停止功能，首先创建播放界面，如图 3-4 所示，布局详情请查看本书配套源码，路径如下。

```
entry/src/main/resources/base/layout/ability_music.xml
```

● 图 3-4 音乐播放界面

创建音乐播放 Service，添加播放、暂停、停止状态，核心代码如下。

程序清单： **chapter3/MusicServiceAbility.java**

```java
public class MusicServiceAbility extends Ability {

    @Override
    public IRemoteObject onConnect(Intent intent) {
        // 返回服务操作对象
        return new MusicRemoteObject(this);
    }
    // 服务操作对象
    public static class MusicRemoteObject extends LocalRemoteObject {
        private final MusicServiceAbility musicService;

        MusicRemoteObject(MusicServiceAbility musicService) {
            this.musicService = musicService;
        }
    }
}
```

单击按钮时，实现音乐播放器播放、暂停、停止功能，核心代码如下。

程序清单： **chapter3/MusicServiceAbility.java**

```java
// 打开资源文件并播放指定音乐
public void startMusic() {
    if (state != STOP_STATE) {
        return;
    }
    // 创建播放器
    player = new Player(getContext());
    try {
        // 打开指定文件
        RawFileDescriptor filDescriptor;
```

```
        filDescriptor = getResourceManager().getRawFileEntry(
            "resources/rawfile/sample.mp3").openRawFileDescriptor();
         // 将指定文件设置为音乐播放媒体
        Source source = new Source(filDescriptor.getFileDescriptor(),
                        filDescriptor.getStartPosition(),
                        filDescriptor.getFileSize());
        player.setSource(source);
        player.prepare();// 准备
        player.play();// 播放
        player.enableSingleLooping(true); // 单曲循环
        state = PLAY_STATE; // 更新状态
    } catch (IOException e) {
        HiLog.error(LABEL_LOG, "文件打开失败");
    }
}

//停止播放，若处于停止播放状态则无须处理，停止播放后释放播放器，并更新状态
public void stopMusic() {
    if (state == STOP_STATE) {
        return;
    }
    player.stop();// 停止播放
    player.release();// 释放播放器
    player = null;
    state = STOP_STATE;
}

/**
 * 暂停播放，若正在播放则暂停播放，若正在暂停中则开始播放
 */
public void pauseMusic() {
    switch (state) {
        case PAUSE_STATE: {
            player.play();
            state = PLAY_STATE;
            break;
        }
        case PLAY_STATE: {
            player.pause();
            state = PAUSE_STATE;
            break;
        }
        default:
            break;
    }
}
```

通过为播放器操作对象 MusicRemoteObject 添加播放、暂停、停止方法，为操作界面提供交互功能。

程序清单：**chapter3/MusicServiceAbility.java**

```
public static class MusicRemoteObject extends LocalRemoteObject {
    private final MusicServiceAbility musicService;
```

```
    MusicRemoteObject(MusicServiceAbility musicService) {
        this.musicService = musicService;
    }
    // 播放
    public void startPlay() {
        musicService.startMusic();
    }
    // 暂停
    public void pausePlay() {
        musicService.pauseMusic();
    }
    // 停止
    public void stopPlay() {
        musicService.stopMusic();
    }
}
```

通过 NotificationRequest 创建通知，调用 keepBackgroundRunning(int id, NotificationRequest notificationRequest)将 Service 与通知绑定，将 Service 升为前台 Service。前台服务占用资源较多，不使用时通过 cancelBackgroundRunning()及时取消通知。播放器状态改变时，需要及时发送通知更改通知内容。

程序清单：chapter3/MusicServiceAbility.java

```
    // 发送通知
    private void sendNotification(String str) {
            // 通知渠道 ID
            String slotId = "MusicPlayId";
            // 通知渠道名称
            String slotName = "music play";
            // 创建通知渠道
            NotificationSlot slot = new NotificationSlot(slotId, slotName, NotificationSlot.
LEVEL_MIN);
            // 渠道描述信息
            slot.setDescription("音乐播放");
            // 是否震动
            slot.setEnableVibration(true);
            // 锁屏是否可见
    slot.setLockscreenVisibleness(NotificationRequest.VISIBLENESS_TYPE_PUBLIC);
            // 是否开启呼吸灯
            slot.setEnableLight(true);
            // 指定呼吸灯颜色
            slot.setLedLightColor(Color.RED.getValue());
            try {
                NotificationHelper.addNotificationSlot(slot);
            } catch (RemoteException ex) {
                HiLog.error(LABEL_LOG, "通知添加异常");
            }
            int notificationId = 1;
            // 创建通知
            NotificationRequest request = new NotificationRequest(notificationId);
            request.setSlotId(slot.getId());
            String title = "音乐播放";
            String text = "当前音乐" + str;
            // 设置通知类型为普通文本
            NotificationRequest.NotificationNormalContent content = new NotificationRequest.
NotificationNormalContent();
```

```
// 通知标题及内容
content.setTitle(title)
        .setText(text);
NotificationRequest.NotificationContent notificationContent =
        new NotificationRequest.NotificationContent(content);
// 设置通知具体内容
request.setContent(notificationContent);
// 绑定通知，升级为前台 Service
keepBackgroundRunning(notificationId, request);
}

/**
 * 前台服务占用资源较多，不使用时及时取消
 */
private void cancelNotification() {
    cancelBackgroundRunning();
}
```

播放器状态变更时，除了更新通知外，还需要通过 CommonEventManager 调用 publish-CommonEvent(CommonEventData eventData)发送公共事件给操作界面，让操作界面及时刷新页面，完整代码请查看 chapter3/MusicServiceAbility.java。

3.3 Data Ability 数据缓存

使用 Data 模板的 Ability（简称"Data"）有助于应用管理其自身和其他应用存储数据的访问，并提供与其他应用共享数据的方法。Data 既可用于同设备不同应用的数据共享，也支持跨设备不同应用的数据共享。

数据的存放形式多样，可以是数据库，也可以是磁盘上的文件。Data 对外提供对数据的增、删、改、查，以及打开文件等接口，同时可以批量操作数据。

▶▶ 3.3.1 使用 Data 缓存登录用户的基本信息

使用 Data 模板的 Ability 形式仍然是 Ability，因此，开发者需要为应用添加一个或多个 Ability 的子类来提供程序与其他应用之间的接口。Data 为结构化数据和文件提供了不同 API 接口供用户使用，因此，开发者需要首先确定使用何种类型的数据。用户信息属于结构化数据，用户登录成功后增加一条数据，退出登录后删除数据，使用用户信息时查询数据，用户信息修改时更新数据，Data 均可以满足这些需求。

Data 的提供方和使用方都通过 URI（Uniform Resource Identifier）来标识一个具体的数据。HarmonyOS 的 URI 基于 URI 通用标准，格式如图 3-5 所示。

Scheme 是协议方案名，固定为 dataability，代表 Data Ability 所使用的协议类型；authority

Scheme://[authority]/[path][?query][#fragment]

协议方案名　　设备ID　　资源路径　　查询参数　　访问的子资源

● 图 3-5　URI 标准

是设备 ID，如果为跨设备场景，则为目标设备的 ID，如果为本地设备场景，则不需要填写；path 是资源的路径信息，代表特定资源的位置信息；query 为查询参数；fragment 可以用于指示要访问的子资源。

Data 同样提供本地访问和跨设备访问，访问本地设备时设备 ID 可省略，dataability 后会有三个 "/"，如 dataability:///com.example.harmony.userdata/user/1；若跨设备访问，可以使用 dataability://device_id/com.example.harmony.userdata/user/1。

Data 提供了文件存储和常用的数据库存储接口供开发者使用，如表 3-2 所示。

表 3-2　Data 常用方法

方法	描述
ResultSet query(…)	查询数据库
int insert(Uri uri, ValuesBucket value)	向数据库中插入单条数据
int batchInsert(Uri uri, ValuesBucket[] values)	向数据库中插入多条数据
int delete(Uri uri, DataAbilityPredicates predicates)	删除一条或多条数据
int update(…)	更新数据库
DataAbilityResult[] executeBatch(…)	批量操作数据库
openFile(Uri uri, String mode)	文件存储

初始化数据库连接，在 onStart(Intent intent) 中创建 Data 实例，建立数据库连接，并获取连接对象。

程序清单：**chapter3/UserDataAbility.java**

```java
public class UserDataAbility extends Ability {
    private static final String TAG = "UserDataAbility";
    private static final HiLogLabel LABEL_LOG = new HiLogLabel(3, 0xD000F00, TAG);
    public static final String DB_NAME = "user.db";
    public static final String DB_TAB_NAME = "user";
    public static final String DB_USER_NAME = "name";
    public static final String DB_USER_AGE = "age";
    // 数据库配置
    private final StoreConfig config =
                              StoreConfig.newDefaultConfig(DB_NAME);
    // 关系型数据库
    private RdbStore rdbStore;
    // 关系型数据库创建回调
    private final RdbOpenCallback rdbOpenCallback = new RdbOpenCallback() {
        @Override
        public void onCreate(RdbStore store) {
            // 若数据库不存在，则创建 user 数据库，姓名、年龄、id 自增长
            String creatSql = "create table if not exists "+ DB_TAB_NAME
                    + "(userId integer primary key autoincrement, "
                + DB_USER_NAME + "text not null,"+ DB_USER_AGE + "integer)";
            store.executeSql(createSql);
        }
        @Override
        public void onUpgrade(RdbStore store, int oldVersion, int newVersion) {
```

```
                    // 数据库升级
            }
        };

        @Override
        public void onStart(Intent intent) {
            super.onStart(intent);
            // 初始化时连接数据库
            DatabaseHelper databaseHelper = new DatabaseHelper(this);
            rdbStore = databaseHelper.getRdbStore(config, 1, rdbOpenCallback, null);
        }
        ...
    }
```

在 onStart(Intent intent)中创建关系型数据库 RdbStore 对象，并通过 StoreConfig 对数据库进行初始化配置，除了配置数据库名称外，还可以配置数据库文件类型、日志模式、存储位置、是否异步、读写权限等。通过 RdbOpenCallback 执行数据库的创建和升级操作，在 onCreate-(RdbStore store)中通过执行 SQL 语句创建或打开数据库，在 onUpgrade(RdbStore store, int oldVersion, int newVersion)中对数据库进行升降级。除了使用关系型数据库外，还可以使用对象关系映射数据库、轻量级数据存储、分布式数据服务、分布式文件服务等方式对数据进行管理。

数据库创建完成后，在 insert(Uri uri, ValuesBucket value)中对数据库进行数据的保存。

程序清单：**chapter3/UserDataAbility.java**

```
    @Override
    public int insert(Uri uri, ValuesBucket value) {
        String path = uri.getLastPath();
        // 路径不对返回-1
        if (!"user".equals(path)) {
            return -1;
        }
        ValuesBucket values = new ValuesBucket();
        // 姓名
        values.putString(Constant.DB_USER_NAME, value.getString(Constant.DB_USER_NAME));
        // 年龄
        values.putInteger(Constant.DB_USER_AGE, value.getInteger(Constant.DB_USER_AGE));
        // 插入成功则返回索引，失败返回-1
        int index = (int) rdbStore.insert(DB_TAB_NAME, values);
        // sql
//      rdbStore.executeSql("INSERT INTO user (name,age) VALUES ('harmony','3')");
        // 通知数据订阅者
        DataAbilityHelper.create(this).notifyChange(uri);
        Toast.show(getContext(),"插入");
        return index;
    }
```

解析访问路径 url 对访问的数据库进行检查，检查通过后可执行插入操作。执行插入操作前，需要将插入的数据通过 key-value 的形式封装至 ValuesBucket 中，调用 insert(Uri uri, Values-Bucket value)执行插入操作，插入成功返回插入对应的索引，若插入失败则返回-1，插入成功后调用 notifyChange(Uri uri)通知数据订阅者。若对 SQL 语句比较熟悉，可调用 executeSql(String var1)直接执行插入操作，同时 executeSql(String var1)还支持 SQL 高级语法。

删除方法同样接收两个参数，分别是删除的目标路径和删除条件。删除条件由 Data-AbilityPredicates 构建，通过解析 DataAbilityPredicates 中的删除数据构建 RdbPredicates，然后在数据库中执行删除操作。

程序清单：chapter3/UserDataAbility.java

```java
@Override
public int delete(Uri uri, DataAbilityPredicates predicates) {
    // 组装谓语
    RdbPredicates rdbPredicates =
            DataAbilityUtils.createRdbPredicates(predicates, DB_TAB_NAME);
    // 执行删除操作
    int index = rdbStore.delete(rdbPredicates);
    // 通知数据订阅者
    DataAbilityHelper.create(this).notifyChange(uri);
    Toast.show(getContext(),"删除");
    return index;
}
```

更新数据时需要接收更新的目标路径、更新的数据值，以及更新条件。更新的数据值保存在 ValuesBucket 中，在 DataAbilityPredicates 中构建更新条件，然后执行 update 方法即可完成数据更新。

程序清单：chapter3/UserDataAbility.java

```java
@Override
public int update(Uri uri, ValuesBucket value, DataAbilityPredicates predicates) {
    // 组装谓语
    RdbPredicates rdbPredicates =
            DataAbilityUtils.createRdbPredicates(predicates, DB_TAB_NAME);
    // 执行更新操作
    int index = rdbStore.update(value, rdbPredicates);
    Toast.show(getContext(),"修改");
    // 通知数据订阅者
    DataAbilityHelper.create(this).notifyChange(uri);
    return index;
}
```

查询数据时需要传入查询的目标路径、查询列名，以及查询条件，查询条件同样由 Data-AbilityPredicates 构建。

程序清单：chapter3/UserDataAbility.java

```java
@Override
public ResultSet query(Uri uri, String[] columns, DataAbilityPredicates predicates) {

    // 组装谓语
RdbPredicates rdbPredicates = DataAbilityUtils
            .createRdbPredicates(predicates, Constant.DB_TAB_NAME);
    Toast.show(getContext(),"查询");
    // 执行查询操作
    return rdbStore.query(rdbPredicates, columns);
}
```

上述介绍的数据库的增、删、改、查均为 Data 接收到请求后执行相应的处理，并返回结果。访问 DataAbility 时需要调用 create(Context context)来创建 DataAbilityHelper 实例，获取实例后才能访问 DataAbility。

程序清单：**chapter3/slice/DataAbilitySlice.java**

```java
public class DataAbilitySlice extends BaseAbilitySlice {

    private DataAbilityHelper helper;

    @Override
    protected void onStart(Intent intent) {
        ...

        helper = DataAbilityHelper.create(this)
    }

}
```

实现向数据库中添加数据，代码如下。

```java
// 组装
ValuesBucket valuesBucket = new ValuesBucket();
// 添加用户名
valuesBucket.putString(DB_USER_NAME, "harmony");
// 添加用户年龄
valuesBucket.putInteger(DB_USER_AGE, 3);
try {
    // 执行插入操作
    if (helper.insert(Uri.parse(BASE_URI + "/user"),valuesBucket) != -1) {
        HiLog.info(LABEL_LOG, "插入成功");
    }
} catch (DataAbilityRemoteException | IllegalStateException e) {
    HiLog.error(LABEL_LOG, "插入异常: " + e.toString());
}
```

通过 DataAbilityHelper 的 delete 方法实现数据的删除，代码如下。

```java
DataAbilityPredicates predicates = new DataAbilityPredicates().equalTo("userId", 1);
try {
    // 执行删除操作
    if (helper.delete(Uri.parse(BASE_URI + "/user"), predicates) != -1) {
        HiLog.info(LABEL_LOG, "已删除");
    }
} catch (DataAbilityRemoteException | IllegalStateException exception) {
    HiLog.error(LABEL_LOG, "删除异常: " + exception.toString());
}
```

查询数据时，查询结果可能有多条，查询的所有数据均封装在 resultSet 中，需要遍历 resultSet 获取查询结果中的详细数据。遍历时先调用 goToFirstRow()将读取位置移动到结果集第一条数据，读取完数据后调用 goToNextRow()移动到下一行，依次进行完成数据遍历。

```java
String[] columns = new String[]{DB_USER_NAME, DB_USER_AGE};
// 构造查询条件——谓词
DataAbilityPredicates predicates = new DataAbilityPredicates();
predicates.between(DB_USER_AGE, 22, 30);
```

```
try {
    // 执行查询操作，返回结果集
    ResultSet resultSet = helper.query(Uri.parse(BASE_URI + "/user"),
        columns, predicates);
    if (resultSet == null || resultSet.getRowCount() == 0) {
        HiLog.info(LABEL_LOG, "暂无查询数据");
        return;
    }
    // 遍历查询结果，读取位置先移动到第一行
    resultSet.goToFirstRow();
    do {
        int id = resultSet.getInt(resultSet.getColumnIndexForName("userId"));
        String name = resultSet.getString(resultSet.getColumnIndexForName(DB_USER_NAME));
        int age = resultSet.getInt(resultSet.getColumnIndexForName(DB_USER_AGE));
        HiLog.info(LABEL_LOG,"查询: Id :" + id + " 姓名 :" + name + " 年龄 :" + age);
    } while (resultSet.goToNextRow());
} catch (DataAbilityRemoteException | IllegalStateException exception) {
    HiLog.error(LABEL_LOG, "查询异常" + exception.toString());
}
```

▶▶ 3.3.2 Data 实现设备数据共享

Data 支持跨设备不同应用的数据共享。跨设备访问和本地访问的区别主要是访问方式和权限申请的不同，其他操作和上一节讲解的内容一致，跨设备访问，URI 格式：dataability://device_id/com.example. harmony.userdata/ user/1。首先需要拿到目标设备的 device_id。

程序清单：utils/DeviceUtils.java

```
public class DeviceUtils {
    /**
     * 获取远程设备 ID
     * @return
     */
    public static String getDeviceId(){
        // 获取所有在线设备
        List<DeviceInfo> deviceList =
    DeviceManager.getDeviceList(DeviceInfo.FLAG_GET_ONLINE_DEVICE);
        if(deviceList.isEmpty()){
            return null;
        }
        // 获取在线设备数量
        int deviceNum = deviceList.size();
        // 根据设备数量创建长度固定的设备 ID 和 name 的列表
        List<String> deviceIds = new ArrayList<>(deviceNum);
        List<String> deviceNames = new ArrayList<>(deviceNum);
        // 遍历所有在线设备，取出设备的 ID 和 name
        deviceList.forEach((device)->{
            deviceIds.add(device.getDeviceId());
            deviceNames.add(device.getDeviceName());
        });
```

```
    // 目前测试设备只有两台，获取的远程设备只能是其中的一台，所以取第一条数据
    String devcieIdStr = deviceIds.get(0);
    return devcieIdStr;
  }
}
```

通过 DeviceManager 调用 getDeviceList(int flag)可获取远程设备，其中参数 flag 可取 DeviceInfo.FLAG_GET_ONLINE_DEVICE、DeviceInfo.FLAG_GET_OFFLINE_DEVICE、DeviceInfo. FLAG_GET_ALL_DEVICE，分别是获取远程在线设备、离线设备、所有设备。若远程设备有多台，可以通过 ToastDialog 展示设备列表，让用户选择需要连接的设备。最后拼接访问 Data 的 URI。

程序清单：**chapter3/slice/MultiplyDeviceAbilitySlice.java**

```
    // 创建访问 URL
    String uriStr = "dataability://" + DeviceUtils.getDeviceId() + "/com.
example.harmony.chapter3.UserDataAbility/user";
    uri = Uri.parse(uriStr);
```

跨设备访问，开发者需要申请 ohos.permission.GET_DISTRIBUTED_DEVICE_INFO 权限，访问 Data 需要申请相关读写权限和数据库权限。

程序清单：**entry/src/main/config.json**

```
"reqPermissions": [
  {
    "name": "ohos.permission.GET_DISTRIBUTED_DEVICE_INFO"
  },
  {
    "name": "ohos.permission.DISTRIBUTED_DATASYNC"
  },
  {
    "name": "ohos.permission.READ_USER_STORAGE"
  },
  {
    "name": "com.example.harmony.DataAbilityShellProvider.PROVIDER"
  }
],
```

访问 Data 需要定义系统权限。

程序清单：**entry/src/main/config.json**

```
"defPermissions": [
  {
    "name": "com.example.harmony.chapter3.DataAbilityShellProvider.PROVIDER",
    "grantMode": "system_grant"
  },
],
```

不仅如此，还需要允许 Data 被外界设备或其他应用访问。

程序清单：**entry/src/main/config.json**

```json
{
  "visible": true,
  "name": "com.example.harmony.chapter3.UserDataAbility",
  "icon": "$media:icon",
  "description": "$string:userdataability_description",
  "type": "data",
  "uri": "dataability://com.example.harmony.UserDataAbility",
  "permissions": [
    "com.example.harmony.DataAbility.DATA"
  ]
},
```

当 visible 为 true 时，该 Data 或 Ability 可被外界访问，否则反之。当多台鸿蒙设备安装同一应用时，可以跨设备访问对方设备的数据，从而实现设备数据共享功能。

▶▶ 3.3.3 用户偏好设置的保存

Data 除了用户数据共享外，也可用于缓存管理。灵活的缓存不仅可以大大减少服务器的压力，还可以提高响应速度，特别是在网络环境较差、请求频繁、数据量较大的情况下，响应速度至关重要。针对不同的使用场景，缓存策略也各有不同。

用户偏好设置的保存，通常指的是自动登录、使用引导、应用设置、账号密码、兴趣爱好等相关数据的保存，是应用程序中使用的最频繁的本地数据存储方式，也可称之为轻量级数据存储。

轻量级数据存储适用于对 Key-Value 结构的数据进行存取和持久化操作。应用运行时，全量数据将会被加载在内存中，使得访问速度更快，存取效率更高。如果对数据持久化，数据最终会落盘到文本文件中，建议在开发过程中减少落盘频率，即减少对持久化文件的读写次数。

轻量级数据存储借助 DatabaseHelper API，应用可以将指定文件的内容加载到 Preferences 实例，每个文件最多有一个 Preferences 实例，系统会通过静态容器将该实例存储在内存中，直到应用主动从内存中移除该实例或者删除该文件。读写数据时先获取到文件对应的 Preferences 实例，应用通过借助 Preferences API 从 Preferences 实例中读取数据或者将数据写入 Preferences 实例，通过 flush 或者 flushSync 将 Preferences 实例持久化。具体运行机制如图 3-6 所示。

轻量级数据存储的开发首先需要在 entry 级下 build.gradle 的 dependencies 中添加 ohos.jar 依赖，该依赖存在于项目依赖的 SDK 中。

程序清单：**harmony/entry/build.gradle**

```gradle
dependencies {
    ...
    compile files("E:\\HMSDK\\java\\3.0.0.0\\api\\ohos.jar",
}
```

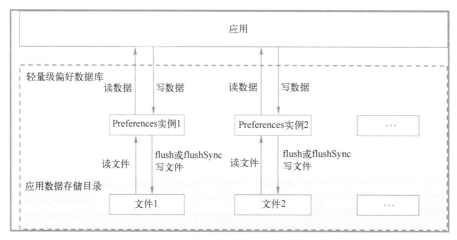

● 图 3-6 轻量级数据存储运作机制

获取 Preferences 实例。创建数据库，使用数据库操作的辅助类 DatabaseHelper，通过 DatabaseHelper 的 getPreferences(String name)方法可以获取到对应文件名的 Preferences 实例，再通过 Preferences 提供的方法进行数据库的相关操作。开发者可以向 Preferences 实例注册观察者，观察者对象需实现 Preferences.PreferencesObserver 接口。flushSync()或 flush()执行后，该 Preferences 实例注册的所有观察者的 onChange()都会被回调。不再需要观察者时需注销。

程序清单：**chapter3/slice/PreferencesAbilitySlice.java**

```java
    // 向 preferences 实例注册观察者
    PreferencesObserverImpl observer = new PreferencesObserverImpl();
/**
     * 创建数据库
     */
    private void initPreferences(){
// 创建数据库操作辅助类
        databaseHelper = new DatabaseHelper(context);
        // 缓存保存文件
        filename = "user_pref";
        // 获取缓存文件
        preferences = databaseHelper.getPreferences(filename);、
        // 注册观察者
        preferences.registerObserver(observer);
    }
    // 观察者
    private class PreferencesObserverImpl implements Preferences.PreferencesObserver {
        @Override
        public void onChange(Preferences preferences, String key) {
            // 内容更改回调
            if ("name".equals(key)) {
                Toast.show(context, "姓名已修改");
            }
        }
    }

/**
```

```
     * 注销观察者
     */
    private void unRegisterObserver(){
        if(preferences != null && observer != null){
            // 向 preferences 实例注销观察者
            preferences.unregisterObserver(observer);
        }
    }
```

写入数据。通过 Preferences 的 putString(String var1, String var2)和 putInt(String var1, int var2)
方法可以将数据写入 Preferences 实例，通过 flush()或 flushSync()将 Preferences 实例持久化。

程序清单：**chapter3/slice/PreferencesAbilitySlice.java**

```
/**
 * 写数据
 */
private void btnWrite() {
    btnWrite.setClickedListener(component -> {
        // 获取姓名
        String name = textName.getText();
        try {
            // 将输入内容转为 int
            int age = Integer.parseInt(textAge.getText());
            // 保存姓名
            preferences.putString("name", name);
            // 保存年龄
            preferences.putInt("age", age);
            // 刷新缓存
            preferences.flush();
            Toast.show(context, "已保存");
        } catch (NumberFormatException e) {
            Toast.show(context, "数据格式异常");
        }

    });
}
```

flush()会立即更改内存中的 Preferences 对象，并会将更新异步写入磁盘。flushSync()更改内
存中数据的同时会将数据同步写入磁盘。由于 flushSync()是同步的，建议不要从主线程调用
它，以避免界面卡顿。

读取数据。通过 Preferences 的 getString(String var1, String var2)和 getInt(String var1, int var2)
传入键来获取对应的值；如果键不存在，则返回默认值。

程序清单：**chapter3/slice/PreferencesAbilitySlice.java**

```
/**
 * 读数据
 */
private void btnRead() {
    btnRead.setClickedListener(component -> {
        // 读取姓名，若不存在则返回默认值空字符
        String name = preferences.getString("name", "");
        // 读取年龄，若不存在则返回默认值-1
        int age = preferences.getInt("age", -1);
        Toast.show(context, "数据读取成功");
```

```
        textName.setText(name);
        textAge.setText("" + age);
    });
}
```

移动指定文件。通过调用 movePreferences(Context sourceContext, String sourceName, String targetName)从源路径移动文件到目标路径。移动文件时，应用不允许再操作该文件数据，否则会出现数据一致性问题。

程序清单：**chapter3/slice/PreferencesAbilitySlice.java**

```
/**
 *  移动到指定文件
 */
private void moveData() {
    String targetFilename = "center_pref";
    boolean result = databaseHelper.movePreferences(context, filename,
targetFilename);
    Toast.show(context, result ? "移动完成" : "移动失败");
}
```

删除数据库。通过 DatabaseHelper 的 deletePreferences(String name)删除指定文件。删除指定文件时，应用不允许再使用该实例进行数据操作，否则会出现数据一致性问题。也可以调用 removePreferencesFromCache(String name)从内存中移除指定文件对应的 Preferences 单实例。移除 Preferences 单实例时，应用不允许再使用该实例进行数据操作，否则会出现数据一致性问题。

程序清单：**chapter3/slice/PreferencesAbilitySlice.java**

```
//删除指定文件
private void btnDelete() {
    btnDelete.setClickedListener(component -> {
        if (databaseHelper.deletePreferences(filename)) {
            preferences.clear();
            Toast.show(context, "已删除");
        } else {
            Toast.show(context, "删除失败");
        }
    });
}

/**
 * 移除 Preferences 实例
 */
private void deletePreferences(){
    databaseHelper.removePreferencesFromCache(filename);
}
```

轻量级偏好数据库是轻量级存储，主要用于保存应用的一些常用配置。它是使用键值对的形式来存储数据的，保存数据时，需要给这条数据提供一个键，读取数据时再通过这个键把对应的值取出来。

轻量级偏好数据库 Key 键为 String 类型，要求非空且长度不超过 80 个字符。存储数据类型包括整型、长整型、浮点型、布尔型、字符串型、字符串型 Set 集合。存储数据为字符串型时，可以为空但是长度不超过 8192 个字符；存储数据为字符串型 Set 集合类型时，要求集合元素非空且长度不超过 8192 个字符。数据存储在本地文件中，同时也加载在内存中，不适合需要存储大量数据和频繁改变数据的场景，建议存储的数据不超过一万条，否则会在内存方面产生较大的开销。

▶▶ 3.3.4　SQLite 实现对数据的增删改查

鸿蒙系统中关系型数据库和对象关系映射数据库都是基于 SQLite 的数据库，对外提供了一系列的增、删、改、查等接口，也可以直接运行用户输入的 SQL 语句来满足复杂的场景需要。本章以关系型数据为例进行讲解。

创建数据库。调用 StoreConfig.Builder()创建配置对象，配置数据库相关信息，包含数据库名称、存储模式、安全模式、读写模式、是否加密等。创建 RdbOpenCallback 对象作为数据库的创建回调。

程序清单：**chapter3/slice/RdbAbilitySlice.java**

```java
private DatabaseHelper databaseHelper;
private static final String DB_TAB_NAME = "user";
private static final String DB_NAME = "user.db";
private RdbStore rdbStore;

// 数据库回调
private RdbOpenCallback rdbOpenCallback = new RdbOpenCallback() {
    // 数据库创建回调
    @Override
    public void onCreate(RdbStore store) {
        // 创建数据库
        store.executeSql("create table if not exists "
                + DB_TAB_NAME + " ("
                + DB_COLUMN_PERSON_ID + " integer primary key, "
                + DB_COLUMN_NAME + " text not null, "
                + DB_COLUMN_GENDER + " text not null, "
                + DB_COLUMN_AGE + " integer)");
    }
    // 数据库升级回调
    @Override
    public void onUpgrade(RdbStore store, int oldVersion, int newVersion) {
        }
    };

    /**
     * 初始化数据库
     */
    private void initDataBase() {
        // 创建数据库
        StoreConfig.Builder builder = new StoreConfig.Builder();
// 密钥、文件类型、存储位置、同步或异步、读写权限、名称
        String key = "123456";
    builder.setDatabaseFileType(DatabaseFileType.NORMAL)
            .setReadOnly(false)
            .setStorageMode(StoreConfig.StorageMode.MODE_DISK)
            .setJournalMode(StoreConfig.JournalMode.MODE_PERSIST)
```

```
            .setSyncMode(StoreConfig.SyncMode.MODE_OFF)
            .setName(DB_NAME)
            .setEncryptKey(key.getBytes());
    StoreConfig config = builder.build();
    // DatabaseHelper 是数据库操作的辅助类
    databaseHelper = new DatabaseHelper(this);
    // 进一步通过 helper 的方法来获取到数据库对象 getRdbStore, 如果数据库不存在, 自动创建
    rdbStore = databaseHelper.getRdbStore(config, 1, rdbOpenCallback, null);
}
```

关系型数据库提供数据库加密的能力, 在创建数据库时若指定了密钥, 则会创建为加密数据库, 再次使用此数据库时, 仍需要指定相同密钥才能正确打开数据库。

新增数据。调用 insert(String table, ValuesBucket initialValues)可向数据库中插入数据。通过 ValuesBucket 输入要存储的数据; 通过返回值判断是否插入成功, 插入成功时返回最新插入数据所在的行号, 失败时则返回-1。

程序清单: **chapter3/slice/RdbAbilitySlice.java**

```
/**
 * 插入数据
 */
private void insert() {
    // 批量插入数据, 开启事务
    rdbStore.beginTransaction();
    // 100, "老四", "男", 20
    ValuesBucket valuesBucket1 = new ValuesBucket();
    valuesBucket1.putInteger(DB_COLUMN_PERSON_ID, 100);
    valuesBucket1.putString(DB_COLUMN_NAME, "老四");
    valuesBucket1.putString(DB_COLUMN_GENDER, "男");
    valuesBucket1.putInteger(DB_COLUMN_AGE, 20);
    long insert1 = rdbStore.insert(DB_NAME, valuesBucket1);
    LogUtils.debug(DB_NAME, insert1 == -1 ? "第一条数据插入失败" : "第一条数据插入成功");
    // 101, "小红", "女", 21
    ValuesBucket valuesBucket2 = new ValuesBucket();
    valuesBucket2.putInteger(DB_COLUMN_PERSON_ID, 101);
    valuesBucket2.putString(DB_COLUMN_NAME, "小红");
    valuesBucket2.putString(DB_COLUMN_GENDER, "女");
    valuesBucket2.putInteger(DB_COLUMN_AGE, 20);
    long insert2 = rdbStore.insert(DB_NAME, valuesBucket1);
    LogUtils.debug(DB_NAME, insert2 == -1 ? "第二条数据插入失败" : "第二条数据插入成功");
    // 102, "老大", "男", 22
    ValuesBucket valuesBucket3 = new ValuesBucket();
    valuesBucket3.putInteger(DB_COLUMN_PERSON_ID, 102);
    valuesBucket3.putString(DB_COLUMN_NAME, "李大");
    valuesBucket3.putString(DB_COLUMN_GENDER, "男");
    valuesBucket3.putInteger(DB_COLUMN_AGE, 20);
    long insert3 = rdbStore.insert(DB_NAME, valuesBucket1);
    LogUtils.debug(DB_NAME, insert3 == -1 ? "第三条数据插入失败" : "第三条数据插入成功");
    // 设置事务的标记为成功
    rdbStore.markAsCommit();
    // 结束事务
    rdbStore.endTransaction();
    // 查询数据
    ResultSet resultSet = rdbStore.querySql("select * from user where age=?", new
String[]{"20"});
    // 查询结果集中记录条数
```

```
    int row = resultSet.getRowCount();
    Toast.show(getContext(), row == 3 ? "插入成功" : "插入失败");
}
```

关系型数据库提供事务机制来保证用户操作的原子性。对单条数据进行数据库操作时，无须开启事务；插入大量数据时，调用 beginTransaction()开启事务可以保证数据的准确性。如果中途操作出现失败，会自动执行回滚操作。调用 markAsCommit()设置事务的标记为成功。调用 endTransaction()结束事务，调用此方法前若执行 markAsCommit 方法，事务会提交，否则事务会自动回滚。

关系型数据库提供了事务和结果集观察者能力。开启事务并观察事务的启动、提交和回滚可调用 beginTransactionWithObserver(TransactionObserver transactionObserver)，调用 registerObserver(DataObserver observer)用来注册结果集的观察者；调用 unregisterObserver (DataObserver observer)用来注销结果集的观察者。

查询数据。谓词查询数据时需要创建 RdbPredicates 设置查询条件，指定查询返回的数据列，调用查询接口查询数据，调用结果集接口遍历返回结果。

程序清单：**chapter3/slice/RdbAbilitySlice.java**

```java
/**
 * 查询数据
 */
private void query() {
    // 查询字段: id,name,gender,age
    String[] columns = new String[]{DB_COLUMN_PERSON_ID,
            DB_COLUMN_NAME, DB_COLUMN_GENDER, DB_COLUMN_AGE};
    // 构造查询条件
    RdbPredicates predicates = new RdbPredicates(DB_TAB_NAME);
    // 设置谓词条件，查询年龄在15～40之间的用户
    predicates.between(DB_COLUMN_AGE, 15, 40);
    try {
        // 查询数据
        ResultSet resultSet = rdbStore.query(predicates, columns);
        // 结果集为null，结果集中记录条数为0，则为查无数据
        if (resultSet == null || resultSet.getRowCount() == 0) {
            HiLog.info(LABEL_LOG, "query: 查无数据");
            return;
        }
        // 将结果集移动至第一行
        resultSet.goToFirstRow();
        do {
            // 获取 ID
            int id = resultSet.getInt(resultSet.getColumnIndexForName(DB_COLUMN_PERSON_ID));
            // 获取姓名
            String name = resultSet.getString(resultSet.getColumnIndexForName(DB_COLUMN_NAME));
            // 获取性别
            String gender = resultSet.getString(resultSet.getColumnIndexForName(DB_COLUMN_GENDER));
            // 获取年龄
            int age = resultSet.getInt(resultSet.getColumnIndexForName(DB_COLUMN_AGE));
            // 输出查询到的数据详情
            HiLog.info(LABEL_LOG, "query: Id :" + id + " Name :" + name + " Gender :" +
gender + " Age :" + age);
            // 将结果集向后移动一行
```

```
        } while (resultSet.goToNextRow());
    } catch (IllegalStateException exception) {
        HiLog.error(LABEL_LOG, "query: 查询失败");
    }
}
```

调用 AbsRdbPredicates 中相关方法（如 equalTo、notEqualTo、groupBy、orderByAsc、beginsWith 等）就可自动完成 SQL 语句拼接，方便用户聚焦业务操作。RawRdbPredicates 可满足复杂 SQL 语句的场景，支持开发者自己设置 where 条件子句和 whereArgs 参数。若开发者熟悉 SQL 语句，可直接使用 SQL 语句进行查询。

修改数据。调用 update(ValuesBucket values, AbsRdbPredicates predicates)传入要更新的数据，并通过 AbsRdbPredicates 指定更新条件，即可完成数据更新。更新接口的返回值表示更新操作影响的行数。如果更新失败，则返回 0。

程序清单：chapter3/slice/RdbAbilitySlice.java

```java
/**
 * 修改数据
 */
private void update() {
    // 构建修改条件
    RdbPredicates predicates = new RdbPredicates(DB_TAB_NAME);
    // 构建谓词查询，修改 ID 为 102 用户的姓名和年龄
    predicates.equalTo(DB_COLUMN_PERSON_ID, 102);
    ValuesBucket valuesBucket = new ValuesBucket();
    // 姓名由原来的李大改成李四
    valuesBucket.putString(DB_COLUMN_NAME, "李四");
    // 年龄由原来的 20 改成 18
    valuesBucket.putInteger(DB_COLUMN_AGE, 18);
    // 谓词修改数据
    int update = rdbStore.update(valuesBucket, predicates);
    // SQL 语句修改数据
//        rdbStore.executeSql("update user set name='李四' where id=?",new Object[]{102});
    Toast.show(getContext(), update == 0 ? "修改失败" : "已修改");
}
```

删除数据。创建 RdbPredicates 对象设置删除条件，调用 delete(AbsRdbPredicates var1)完成删除，若返回值为 0，则删除失败。

程序清单：chapter3/slice/RdbAbilitySlice.java

```java
/**
 * 删除数据
 */
private void delete() {
    // 设置谓词条件，删除 ID 为 100 的用户所有数据
    RdbPredicates predicates = new RdbPredicates(DB_TAB_NAME)
            .equalTo(DB_COLUMN_PERSON_ID, 100);
    try {
        // 访问 RdbDataAbility 并删除数据
        int delete = rdbStore.delete(predicates);
```

```
        // SQL 删除
        // rdbStore.executeSql("delete from user where id=?",new Object[]{100});
        Toast.show(getContext(), delete == 0 ? "删除失败" : "已删除");
    } catch (IllegalStateException exception) {
        HiLog.error(LABEL_LOG, "delete: 删除失败");
    }
}
```

关系型数据库中的连接池最多是 4 个，默认共享内容为 2MB，为保证数据的准确性，数据库同一时间只能支持一个写操作。

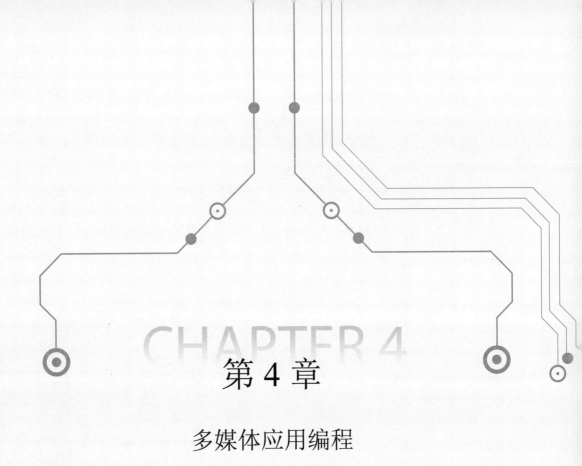

第 4 章

多媒体应用编程

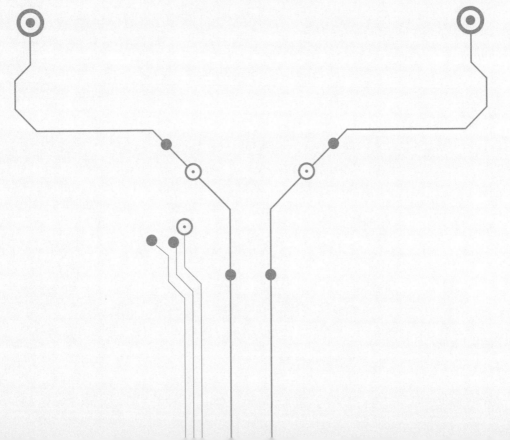

多媒体应用编程涉及相机、视频、音频等方面业务的开发，掌握多媒体应用编程除了能提升开发者的业务能力外，还能完善用户体验。单一功能的鸿蒙设备较少，大多都具备相机、音乐播放器、视频播放器的功能，为这些设备提供多媒体功能十分重要。通过多媒体应用编程可以非常方便地在鸿蒙设备中使用本地多媒体资源和网络多媒体资源，同时也可以使设备从外部采集多媒体信息变得简单、便捷。

4.1 自定义相机开发

相机业务常用的功能有预览、拍照、连拍和录像等，自定义相机中，还能够针对使用场景进行针对性开发，如照片裁剪、美颜、视频预览帧捕获等。

▶▶ 4.1.1 线程间通信的场景分析与基本开发流程

相机业务的开发需要和设备硬件交互，打开摄像头的时间因硬件不同而不同，所以相机的开启不能放在主线程中进行处理，否则容易造成线程阻塞，出现请求无响应。打开相机操作需要放置在子线程中操作，打开后通过 EventHandler 通知主线程更新 UI。EventHandler 是 HarmonyOS 用于处理线程间通信的一种机制，可以通过 EventRunner 创建新线程，将耗时操作放到新线程上执行。这样既不阻塞原来的线程，任务又可以得到合理的处理。

EventRunner 是一种事件循环器，它不断地从 EventQueue 队列中获取待执行的事件或任务，然后发送给 EventHandler 来执行处理。InnerEvent 是 EventHandler 投递的事件。每一个 EventHandler 和指定的 EventRunner 所创建的新线程绑定，并且该新线程内部有一个事件队列。EventHandler 可以投递指定的 InnerEvent 事件或 Runnable 任务到这个事件队列。EventRunner 从事件队列中循环地取出事件，如果取出的事件是 InnerEvent 事件，将在 EventRunner 所在线程执行 processEvent 回调；如果取出的事件是 Runnable 任务，将在 EventRunner 所在线程执行 Runnable 的 run 回调。一般，EventHandler 有两个主要作用，分别是在不同线程间分发和处理 InnerEvent 事件或 Runnable 任务和延迟处理 InnerEvent 事件或 Runnable 任务。EventHandler 的运作机制如图 4-1 所示。

在进行线程间通信时，EventHandler 只能和 EventRunner 所创建的线程进行绑定，EventRunner 创建时需要判断是否创建成功，只有确保获取的 EventRunner 实例非空时，才可以使用 EventHandler 绑定 EventRunner。一个 EventHandler 只能同时与一个 EventRunner 绑定，一个 EventRunner 可以同时绑定多个 EventHandler。

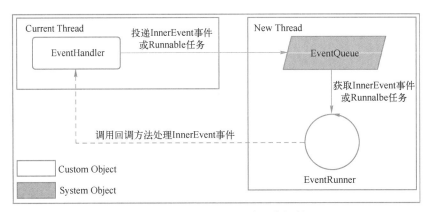

● 图 4-1 EventHandler 的运作机制

程序清单：**chapter4/slice/EventHandlerAbilitySlice.java**

```java
public class EventHandlerAbilitySlice extends BaseAbilitySlice {
    // 事件类型---普通事件
    private static final int EVENT_MESSAGE_NORMAL = 0x1000001;
    // 事件类型---延迟事件
    private static final int EVENT_MESSAGE_DELAY = 0x1000002;
    // 延时1000ms
    private static final int DELAY_TIME = 1000;
    // EventHandler
    private HarmonyEventHandler handler;
    // InnerEvent
    private EventRunner eventRunner;
    @Override
    public void onStart(Intent intent) {
        super.onStart(intent);
        super.setUIContent(ResourceTable.Layout_ability_event_handler);
        setTitle("EventHandler");
        // Handler 初始化
        initHandler();
        ...
    }
    private void initHandler() {
    // 创建名为"HarmonyRunner"的 EventRunner
        eventRunner = EventRunner.create("HarmonyRunner");
        // 创建 HarmonyEventHandler
        handler = new HarmonyEventHandler(eventRunner);
//      handler = new EventHandler(EventRunner.current());
    }
    ...
    private class HarmonyEventHandler extends EventHandler {
        private HarmonyEventHandler(EventRunner runner) {
            super(runner);
        }

        // 接收并处理事件
        @Override
        public void processEvent(InnerEvent event) {
            switch (event.eventId) {
                case EVENT_MESSAGE_NORMAL:
```

```
                              // 通知 UI 线程更新显示文本
                              getUITaskDispatcher().asyncDispatch(() -> resultText.setText("接收到发送的InnerEvent
事件"));
                              break;
                          case EVENT_MESSAGE_DELAY:
                              getUITaskDispatcher().asyncDispatch(() -> resultText.setText("接收到发送的延时
InnerEvent事件"));
                              break;
                          default:
                              break;
                  }
              }
          }
      }
```

投递 InnerEvent 事件时需要创建 EventHandler 的子类，才能在 processEvent(InnerEvent event) 中对接收到的消息进行处理。接收消息后通过调用 getUITaskDispatcher()获取主线程，再调用 asyncDispatch()异步分发任务刷新页面，只有主线程（UI 线程）才能刷新页面。

程序清单：**chapter4/slice/EventHandlerAbilitySlice.java**

```
// 发送事件
private void sendInnerEvent(Component component) {
long param = 0L;
    // 普通事件
    InnerEvent normalInnerEvent = InnerEvent.get(EVENT_MESSAGE_NORMAL, param, null);
    // 延时事件
    InnerEvent delayInnerEvent = InnerEvent.get(EVENT_MESSAGE_DELAY, param, null);
    // 发送立即被投递事件
    handler.sendEvent(normalInnerEvent, EventHandler.Priority.IMMEDIATE);
    // 发送延时 1000ms 的立即被投递事件
    handler.sendEvent(delayInnerEvent, DELAY_TIME, EventHandler.Priority.
IMMEDIATE);}
```

发送 InnerEvent 事件时可以指定事件类型用于事件接收时的识别。InnerEvent 事件投递到新的线程，按照优先级和延时进行处理。投递时，EventHandler 的优先级可在 IMMEDIATE、HIGH、LOW、IDLE 中选择，并设置合适的 delayTime。

EventRunner 工作模式可以分为托管模式和手动模式，默认为托管模式。托管模式下无须调用 run()和 stop()方法去启动和停止 EventRunner。当 EventRunner 实例化时，系统调用 run() 来启动 EventRunner；当 EventRunner 不被引用时，系统调用 stop()来停止 EventRunner。手动模式需要主动调用 EventRunner 的 run()和 stop()来确保线程的启动和停止。若需要对线程的启动和停止进行准确控制建议使用手动模式，若对 EventRunner 的工作模式不敏感，建议使用托管模式。

若投递的是 Runnable 任务，使用方法就简单一些。除了通过继承 EventHandler 的方式创建 EventHandler 对象外，还可以直接创建 EventHandler 对象。

程序清单：**chapter4/slice/EventHandlerAbilitySlice.java**

```
private void initHandler() {
    ...
    // 获取当前线程
```

```
        handler = new EventHandler(EventRunner.current());
}
```

投递 Runnable 任务方法和 InnerEvent 的投递类似。

程序清单：chapter4/slice/EventHandlerAbilitySlice.java

```
private void postRunnableTask(Component component) {
    Runnable task1 = () -> {
        // UI 线程异步分发任务
        getUITaskDispatcher().asyncDispatch(() -> resultText.setText("已投递 Runnable 任务"));
    };
    Runnable task2 = () -> {
        // UI 线程异步分发任务
        getUITaskDispatcher().asyncDispatch(() -> resultText.setText("已投递延时 Runnable 任务"));
    };
    // 立即被投递
    handler.postSyncTask(task1, EventHandler.Priority.IMMEDIATE);
    // 延时 1000ms 后被投递
    handler.postTask(task2, DELAY_TIME, EventHandler.Priority.IMMEDIATE);
}
```

Runnable 任务和 InnerEvent 事件有相同的优先级和延时定时处理，也有同步和异步之分，即使设置了立即投递（IMMEDIATE），具体投递时间还是需要根据 EventHandler 运行的实际情况而定。

InnerEvent 提供了相关的 get 方法，通过相关 get 方法可以获取指定参数的事件实例。在事件处理完毕或不需要发送时，可以调用 removeEvent 相关方法删除事件，调用 drop() 释放事件实例。若对执行时间有明确要求，可以先通过 isIdle() 判断队列是否为空再进行下一步操作，掌握线程间通信是相机开发的准备工作，相机开发流程如图 4-2 所示。

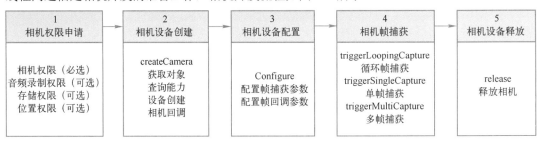

● 图 4-2　相机开发流程

▶▶4.1.2　图像编解码及应用场景分析

相机业务的开发通常涉及图像的编解码，常见操作如图像解码、图像编码、基本的位图操作、图像编辑等。

图像解码是将所支持格式的存档图片解码成统一的 PixelMap 图像，用于后续图像显示或其他处理，如旋转、缩放、裁剪等。当前支持格式包括 JPEG、PNG、GIF、HEIF、WebP、BMP。鸿蒙系统中图像编码需要使用 ImageSource。

程序清单：**chapter4/slice/ImageAbilitySlice.java**

```java
// 图像解码
private void decoder() {
    // 指定数据源格式
    ImageSource.SourceOptions srcOpts = new ImageSource.SourceOptions();
    // 渐进式解码
//      ImageSource.IncrementalSourceOptions incOpts = new ImageSource.IncrementalSour-
ceOptions();
//      incOpts.opts = srcOpts;
    // 渐进式更新
//      incOpts.mode = ImageSource.UpdateMode.INCREMENTAL_DATA;
    // 创建渐进式图像数据源
//      ImageSource imageSource = ImageSource.createIncrementalSource(incOpts);
        srcOpts.formatHint = "image/png";
        // 此处传入用户自定义的图像路径
        String pathName = "/sdcard/sample.png";
        // 从图像文件路径创建图像数据源
        ImageSource imageSource = ImageSource.create(pathName, srcOpts);
        // 不通过 SourceOptions 指定数据源格式信息
//      ImageSource imageSourceNoOptions = ImageSource.create(pathName, null);
        // 普通解码叠加缩放、裁剪、旋转
//      ImageSource.DecodingOptions decodingOpts = new ImageSource.DecodingOptions();
    // 缩放
//      decodingOpts.desiredSize = new Size(100, 2000);
    // 裁剪
//      decodingOpts.desiredRegion = new Rect(0, 0, 100, 100);
    // 旋转
//      decodingOpts.rotateDegrees = 90;
    // 从图像数据源解码并创建 PixelMap 图像
//      PixelMap pixelMap = imageSource.createPixelmap(decodingOpts);
        // 普通解码
        PixelMap pixelMapNoOptions = imageSource.createPixelmap(null);
        // 释放
        imageSource.release();
    }
```

图像解码的数据源可以是图像文件路径，也可以是输入流、字节数组、文件对象、文件描述符。通过 SourceOptions 可以指定数据源的格式信息，正确的格式信息可以提高解码效率；通过 DecodingOptions 可以对获取的 PixelMap 图像对象进行缩放、裁剪、旋转等，如果只需要解码原始图像，可直接将其置为 null。除了普通解码，渐进式解码也被支持，在未获取到全部图像时，允许先更新部分数据来尝试解码，调用 updateData 更新数据，将参数 isFinal 设置为 false；当获取到全部数据后，最后一次更新数据时设置 isFinal 为 true，表示数据更新完毕。如果图像数据源较大，建议使用渐进式解码，用户体验比较好。PixelMap 是图像解码后无压缩的位图格式，用于图像显示或进一步的处理。

图像编码就是将无压缩的位图格式编码成不同格式的存档格式图片（JPEG、PNG 等），以便在应用或系统中进行相应的处理，如保存、传输等。鸿蒙系统中图像编码使用 ImagePacker 进行编码。

程序清单：**chapter4/slice/ImageAbilitySlice.java**

```java
// 图像编码
private void encoder() {
```

```
// 创建 ImagePacker 对象
ImagePacker imagePacker = ImagePacker.create();
// 设置编码输出流，传入本地图片路径，图片格式需要与 packingOptions.format 相对应
FileOutputStream outputStream = null;
try {
    outputStream = new FileOutputStream("/sdcard//sample.png");
} catch (FileNotFoundException e) {
    e.printStackTrace();
}
// 设置编码图像格式和图像质量
ImagePacker.PackingOptions packingOptions = new ImagePacker.PackingOptions();
packingOptions.format = "image/jpeg";
packingOptions.quality = 90;
// 初始化打包任务，将输出流设置为打包后的输入目的
imagePacker.initializePacking(outputStream, packingOptions);
// 将本地图片加载为 PixelMap 数据格式
PixelMap pixelMap = getPixelMapFromResource(ResourceTable.Id_img_sample);
// 将 PixelMap 对象添加到图像打包器中
imagePacker.addImage(pixelMap);
// 完成图像打包任务
imagePacker.finalizePacking();
// 完成图像打包任务
imagePacker.release();
}
```

通过 OutputStream 将编码的图像保存到磁盘目录中，也可以使用 initializePacking(byte[] data, PackingOptions opts)或 initializePacking(byte[] data, int offset, PackingOptions opts)方法来保存。完成图像打包任务后及时调用 release()释放对象关联的本地资源。

常见的图像格式有多种，格式不同主要是因为图像编解码的算法不同，只要有图像的地方就会有图像编解码，选择合适的编解码除了考虑设备的性能和内存外，还需要考虑编解码的速度、图像质量、图像编辑方式等。

▶▶4.1.3 自定义相机实现拍照与实时预览功能

开发者通过开放的接口可以实现相机硬件的访问、操作和新功能的开发。首先需要申请相机权限，然后再创建相机，获取物理相机对象。

程序清单：**chapter4/slice/CameraAbilitySlice.java**

```
private void openCamera() {
    // 获取 CameraKit 对象，创建相机
    CameraKit cameraKit = CameraKit.getInstance(getApplicationContext());
    if(cameraKit == null){
        // 相机被占用或无法使用
        Toast.show(this,"相机被占用或无法使用");
        return;
    }
}
```

若获取的 CameraKit 为 null，说明相机被占用或无法使用，此时需要检查相机硬件是否运行正常，相机是否被释放。然后通过 cameraKit 来创建相机实例对象，代码如下。

程序清单：**chapter4/slice/CameraAbilitySlice.java**

```java
private final EventHandler eventHandler = new EventHandler(EventRunner.current());
...
private void openCamera() {
    ...
    if (cameraId != null && !cameraId.isEmpty()) {
        CameraStateCallbackImpl cameraStateCallback = new CameraStateCallbackImpl();
        // 创建相机对象
        cameraKit.createCamera(cameraId, cameraStateCallback,eventHandler);
    }
}
...
// 相机创建与运行回调
private class CameraStateCallbackImpl extends CameraStateCallback {
    CameraStateCallbackImpl() {
    }

    @Override
    public void onCreated(Camera camera) {
        // 创建相机
        ...
    }

    // 配置相机帧数据
    @Override
    public void onConfigured(Camera camera) {
        ...
    }

    @Override
    public void onPartialConfigured(Camera camera) {
        super.onPartialConfigured(camera);
        // 当使用 addDeferredSurfaceSize 配置了相机，会接到此回调
    }

    @Override
    public void onReleased(Camera camera) {
        // 释放相机
        Toast.show(getContext(), "相机释放了");
    }
}
```

相机创建完成后需要实现相机预览功能，否则用户无法拍照。实现预览功能时开发者可在用户界面中使用 Surface 组件，通过创建 SurfaceProvider 对象对相机的预览功能进行配置，在相机创建成功的回调中将 Surface 组件与相机预览绑定，同时在 onConfigured(Camera camera)中将相机预览捕获的帧数据显示在 Surface 组件中即可实现相机预览功能，然后再通过实现 SurfaceOps.Callback 接口，实现对预览状态的监听，这样才能对特殊场景进行针对性处理，如横竖屏切换、摄像头切换、透明背景弹窗、界面改变等。最后就是接收相机图像的帧数据实现拍照。

程序清单：**chapter4/slice/CameraAbilitySlice.java**

```java
// 相机帧数据接收处理对象
private ImageReceiver imageReceiver;
private void openCamera() {
```

```
    // 图像帧数据接收处理对象
    imageReceiver = ImageReceiver.create(SCREEN_WIDTH, SCREEN_HEIGHT, ImageFormat.JPEG,
IMAGE_RCV_CAPACITY);
    imageReceiver.setImageArrivalListener(this::saveImage);
    ...
    }
    // 接收图像并保存
    private void saveImage(ImageReceiver receiver) {
        // 设置图像保存路径及文件名称
        File saveFile = new File(getFilesDir(), "IMG_"
                                    + System.currentTimeMillis() + ".jpg");
        // 读取图像
        ohos.media.image.Image image = receiver.readNextImage();
        // 读取指定格式的图像
        ohos.media.image.Image.Component component = image
                        .getComponent(ImageFormat.ComponentType.JPEG);
        // 读取图像 byte 数据
        byte[] bytes = new byte[component.remaining()];
        component.read(bytes);
        try (FileOutputStream output = new FileOutputStream(saveFile)) {
            // 写数据
            output.write(bytes);
            // 刷数据
            output.flush();
            String msg = "拍照成功";
            showTips(this, msg);
            Toast.show(this,"拍照成功");
        } catch (IOException e) {
            Toast.show(this,"图片保存失败");
        }
    }
```

相机运行时消耗资源较大，不使用时要及时释放，以免影响其他功能正常使用。常见的相机释放场景：用户退出、应用被销毁、摄像头切换、相机使用完毕，完整代码请查看本书配套源码中的 chapter4/slice/CameraAbilitySlice.java。

4.2 视频功能开发

不管是短视频、直播、实时通信，还是 VR 都离不开视频，掌握视频功能对于开发者的能力能有大步提升。常见的视频功能开发主要分为视频编解码、视频合成、视频提取、视频播放及视频录制等，其中最重要的是视频编解码，它决定了视频的质量、效率和功耗。

▶▶ 4.2.1 视频编解码

编码是信息从一种形式或格式转换为另一种形式的过程。用预先规定的方法将文字、数字或其他对象编成数码，或将信息、数据转换成规定的电脉冲信号。视频编码是指编码器将原始的视频信息压缩为另一种格式的过程。

解码是一种用特定方法把数码还原成它所代表的内容或将电脉冲信号、光信号、无线电波等转换成它所代表的信息、数据等的过程。视频解码是指解码器将接收到的数据还原为视频信息的过程，与视频编码过程相对应。

在对视频进行编解码之前需要对设备的媒体编解码能力进行查询，只有编解码器支持业务需要的编解码才能进行下一步操作。

程序清单：**chapter4/slice/VideoAbilitySlice.java**

```java
// 媒体编解码能力查询
private void getCodecDescriptionList() {
    // 获取设备所支持的编解码器的 MIME 列表
    List<String> mimes = CodecDescriptionList.getSupportedMimes();
    // 判断设备是否支持指定 MIME 对应的解码器
    boolean videoResult = CodecDescriptionList.isDecodeSupportedByMime(Format.VIDEO_VP9);
    // 判断设备是否支持指定 MIME 对应的编码器
    boolean audioResult = CodecDescriptionList.isEncodeSupportedByMime(Format.AUDIO_FLAC);
    // 判断设备是否支持指定 Format 的编解码器
    Format format = new Format();
    // 格式
    format.putStringValue(Format.MIME, Format.VIDEO_AVC);
    // 宽度
    format.putIntValue(Format.WIDTH, 2560);
    // 高度
    format.putIntValue(Format.HEIGHT, 1440);
    // 帧率
    format.putIntValue(Format.FRAME_RATE, 30);
    // 帧间隔
    format.putIntValue(Format.FRAME_INTERVAL, 1);
    // 判断设备是否支持指定媒体格式对应的解码器
    boolean decoderResult = CodecDescriptionList.isDecoderSupportedByFormat(format);
    // 判断设备是否支持指定媒体格式对应的编码器
    decoderResult = CodecDescriptionList.isEncoderSupportedByFormat(format);
}
```

在普通模式下进行编码需要持续地传输数据到 Codec 实例。

程序清单：**chapter4/slice/VideoAbilitySlice.java**

```java
final Codec encoder = Codec.createEncoder();
private void commonCodec() {
    // 创建编码器格式
    Format fmt = new Format();
    // 视频格式
    fmt.putStringValue(Format.MIME, Format.VIDEO_AVC);
    // 视频尺寸
    fmt.putIntValue(Format.WIDTH, 1920);
    fmt.putIntValue(Format.HEIGHT, 1080);
    // 视频比特率
    fmt.putIntValue(Format.BIT_RATE, 392000);
    // 帧率
    fmt.putIntValue(Format.FRAME_RATE, 30);
    // 帧间隔时间
    fmt.putIntValue(Format.FRAME_INTERVAL, 30);
    // 设置编码器参数
    encoder.setCodecFormat(fmt);
    // 注册侦听器用来异步接收编码或解码后的数据
    encoder.registerCodecListener(listener);
    // 开始编码
    encoder.start();
```

```
        startEncoder();
    }

    // 开始编码
    private void startEncoder() {
        // 视频数据
        byte[] data;
        ...
        // 获取编码器 ByteBuffer
        ByteBuffer buffer = encoder.getAvailableBuffer(-1);
        BufferInfo bufferInfo = new BufferInfo();
        // 将视频数据放入缓冲区 ByteBuffer
        buffer.put(data);
        // 设置视频数据相关信息
        bufferInfo.setInfo(0, data.length, System.currentTimeMillis(), 0);
        // 写入缓冲数据
        encoder.writeBuffer(buffer, bufferInfo);
    }
    // 编码监听器
    Codec.ICodecListener listener = new Codec.ICodecListener() {
        @Override
        public void onReadBuffer(ByteBuffer byteBuffer, BufferInfo bufferInfo, int trackId) {
        }

        @Override
        public void onError(int errorCode, int act, int trackId) {
        }
    };
```

首先调用 createEncoder()创建编码 Codec 实例；然后构造数据源格式并设置给 Codec 实例，调用 setCodecFormat(Format format)，设置视频编码格式；最后调用 start()开始编码。编码时调用 getAvailableBuffer(long timeout)获取可用的 ByteBuffer，把视频数据填入 ByteBuffer 中，然后再调用 writeBuffer(ByteBuffer buffer, BufferInfo info)把 ByteBuffer 写入编码器实例。通过调用 stop()方法停止编码，编码任务结束后调用 release()释放资源。若编码过程中需要对编码数据读取进行监听，可以构造 ICodecListener，ICodecListener 需要实现 onReadBuffer(ByteBuffer byteBuffer, BufferInfo bufferInfo, int trackId)和 onError(int errorCode, int act, int trackId)来对读 Buffer 数据和编码发生异常时做出相应的操作。

解码与编码流程基本一致，不同点在于，编码时需要调用 Codec.createEncoder()创建编码器，而解码时需要调用 Codec.createDecoder()创建解码器，除此之外，其他步骤均相同。编解码属于耗时操作，需要开启子线程进行处理。

除了普通的编码模式外，鸿蒙系统还提供了管道模式。管道模式下应用只需要调用 Source 类的 setSource(Source source)，数据会自动解析并传输给 Codec 实例。管道模式编码支持视频流编码和音频流编码。在调用 setSource(Source source)设置数据源时，支持设定文件路径或者文件 File Descriptor。构造数据源格式或从 Extractor 中读取数据源格式并设置给 Codec 实例，需要调用 setSourceFormat(int outputFormat)构造数据源格式，而不是调用 setCodecFormat(int output-

Format)，这是管道模式和普通模式的另一点区别，除此之外，管道模式的编解码和普通模式的编解码使用方式基本相同。

▶▶ 4.2.2　实现视频录制功能

视频录制的主要工作是选择视频、音频来源后，录制并生成视频、音频文件。录制视频时需要创建 Recorder 实例，并对其进行初始化。

程序清单：**chapter4/slice/VideoAbilitySlice.java**

```java
// 视频录制
// 创建 Recorder 实例
Recorder recorder;
private void initRecorder(){
    recorder = new Recorder();
    Source source = new Source();
    // 设置媒体源
    source.setRecorderAudioSource(Recorder.AudioSource.DEFAULT);
    recorder.setSource(source);
    // 设置录制文件存储格式
    recorder.setOutputFormat(Recorder.OutputFormat.MPEG_4);
    // 设置录制音频属性，如频道、采样频率、编码格式、比特率等
    final int AUDIO_NUM_CHANNELS_STEREO = 2;
    final int AUDIO_SAMPLE_RATE_HZ = 8000;
    AudioProperty audioProperty = new AudioProperty.Builder()
        .setRecorderNumChannels(AUDIO_NUM_CHANNELS_STEREO)
        .setRecorderSamplingRate(AUDIO_SAMPLE_RATE_HZ)
        .setRecorderAudioEncoder(Recorder.AudioEncoder.DEFAULT)
        .build();
    recorder.setAudioProperty(audioProperty);
    // 设置存储路径、最大时长、文件大小限制
    String path = "/sdcard/record/recordSample.mp4";
    StorageProperty storageProperty = new StorageProperty.Builder()
        .setRecorderPath(path)
        .setRecorderMaxDurationMs(1000000)
        .setRecorderMaxFileSizeBytes(1000000)
        .build();
    recorder.setStorageProperty(storageProperty);
    // 视频属性设置，如编码格式、视频尺寸、角度、比特率、帧率等
    VideoProperty videoProperty = new VideoProperty.Builder()
        .setRecorderVideoEncoder(Recorder.VideoEncoder.DEFAULT)
        .setRecorderWidth(1080)
        .setRecorderDegrees(0)
        .setRecorderHeight(800)
        .setRecorderBitRate(10000000)
        .setRecorderRate(30)
        .build();
    recorder.setVideoProperty(videoProperty);
    // 准备录制
    recorder.prepare();
    // 设置录制监听器
    recorder.registerRecorderListener(recorderListener);
}
```

除了设置音视频属性和存储属性外，还可以调用 setRecorderLocation(float latitude, float longitude) 设置视频的经纬度，调用 setRecorderProfile(RecorderProfile profile)给媒体录制配置信息。视频录制状

态分为开始录制、停止录制、暂停录制、恢复录制、重置录制及最后释放资源。

程序清单: **chapter4/slice/VideoAbilitySlice.java**

```
// 开始录制
private void startRecorde(){
    if(recorder != null){
        recorder.start();
    }
}

// 暂停录制
private void pauseRecorde(){
    if(recorder != null){
        recorder.start();
    }
}

// 恢复录制
private void resumeRecorde(){
    if(recorder != null){
        recorder.start();
    }
}

// 停止录制
private void stopRecorde(){
    if(recorder != null){
        recorder.start();
    }
}

// 重新录制
private void resetRecorde(){
    if(recorder != null){
        recorder.reset();
    }
}

// 释放资源
private void releaseRecorder(){
    if(recorder != null){
        recorder.start();
    }
}
```

创建 Recorder 实例进行视频录制是系统提供的封装好的工具类,使用时只需设置相关的录制参数,运行时应用会自动调用系统的视频录制功能,而无须关注相机和编解码的操作细节。若开发者想要自定义视频录制,除了自定义录制界面外,还需要在相机回调的 onCreated(Camera camera)中对数据接收处理者 ImageReceiver 设置 ImageArrivalListener,这样才能在 ImageReceiver. IImageArrivalListener 监听器中重写的 onImageArrival(ImageReceiver imageReceiver)中接收视频录制返回的原始数据,然后将原始数据进行自定义的编码和存储,即可完成视频的自定义录制,详细的实现可以参考提供的源代码中的 CustomVideoAbilitySlice。

▶▶ 4.2.3　实现视频播放功能

视频播放包括播放控制、播放设置和播放查询，如播放的开始/停止、播放速度设置和是否循环播放等。视频播放要比视频录制复杂一些，除了有多种播放状态，还需要考虑多种播放场景，播放资源也多样化，若单纯实现播放功能则比较简单。

程序清单：chapter4/slice/VideoPlayerAbilitySlice.java

```
private void initPlayer() {
    videoPlayerPlugin = new VideoPlayerPlugin(getApplicationContext());
    // 创建本地播放器
    Player player = new Player(this);
    // 本地视频文件
    File file = new File("/sdcard/record/recordSample.mp4");
    FileInputStream in = null;
    // 从输入流获取 FD 对象
    FileDescriptor fd = null;
    try {
        in = new FileInputStream(file);
        fd = in.getFD();
    } catch (FileNotFoundException e) {
        e.printStackTrace();
    } catch (IOException e) {
        e.printStackTrace();
    }
    // 设置媒体源
    Source source = new Source(fd);
    player.setSource(source);
    // 播放准备
    player.prepare();
}
```

媒体源可以是本地文件，可以是网络资源。播放时调用 play()开始播放；调用 pause()和 play()可以实现暂停和恢复播放；调用 rewindTo(long microseconds)可以实现播放中的拖拽功能；调用 getDuration()和 getCurrentTime()可以实现获取总播放时长及当前播放位置功能；调用 stop()停止播放；播放结束后，调用 release()释放资源。

一个好的视频播放器除了美观的操作界面外，还应支持所有主流格式的视频播放，具备出色的手势控制、较低的网络时延、极快的编解码速度、高清画质、多轨音频、硬件加速、多核解码、离线播放、无须插件、多任务处理、体积小、耗能低等特点。

4.3　录音功能编程实践

音频业务的开发主要包含音频播放、音频采集、音量管理和短音播放等。

▶▶4.3.1　音频文件的存储概述

音频文件是通过声音录入设备录入的原始声音，直接记录了真实声音的二进制采样数据，是多媒体中重要文件。在音频业务开发前需要对音频文件的基本概念有所了解。

采样是指将连续时域上的模拟信号按照一定的时间间隔采样，获取到离散时域上离散信号的过程。

采样率为每秒从连续信号中提取并组成离散信号的采样次数，单位用赫兹（Hz）来表示。通常人耳能听到频率范围大约在 20Hz～20kHz 之间的声音。常用的音频采样频率有：8kHz、11.025kHz、22.05kHz、16kHz、37.8kHz、44.1kHz、48kHz、96kHz、192kHz 等。采样频率越高，声波的波形就越真实越自然，音频文件也就越大。

声道是指声音在录制或播放时在不同空间位置采集或回放的相互独立的音频信号，所以声道数也就是声音录制时的音源数量或回放时相应的扬声器数量。常见的声道有：单声道、双声道、环绕音、5.1 声道、7.1 声道等。

音频数据是流式的，本身没有明确的帧的概念，在实际的应用中，为了音频算法处理/传输的方便，一般约定俗成取 2.5～60ms 为单位的数据量为一帧音频。这个时间被称之为"采样时间"，其长度没有特别的标准，它是根据编解码器和具体应用的需求来决定的。

PCM(Pulse Code Modulation)，即脉冲编码调制，是一种将模拟信号数字化的方法，是将时间连续、取值连续的模拟信号转换成时间离散、抽样值离散的数字信号的过程。除了传递音频外，还可以用来传递图像和远程教学等业务，适用于对数据传输速率要求较高，带宽比较高的用户。

短音使用源于应用程序包内的资源或文件系统中的文件为样本，将其解码成一个 16bit 单声道或立体声的 PCM 流并加载到内存中，这使得应用程序可以直接用压缩数据流，同时摆脱CPU 加载数据的压力和播放时重解压的延迟。

tone 音是根据特定频率生成的波形，如拨号盘的声音。系统音是指系统预置的短音，如按键音、删除音等。

▶▶4.3.2　录音功能开发

录音主要工作是通过输入设备将声音采集并转码为音频数据，同时对采集任务进行管理。录音之前需要申请麦克风权限及外部存储读取权限。录音功能开发流程主要分为音频参数和录音设备初始化、开始录音和采集音频、停止录音与释放资源。录音功能开发基本步骤如下。

1）构造音频流参数的数据结构 AudioStreamInfo，根据音频流的具体规格来设置采集的采样率、声道数和数据格式等；然后，设置采集设备，如麦克风、耳机等。通过调用 AudioManager.getDevices(AudioDeviceDescriptor.DeviceFlag.INPUT_DEVICES_FLAG)获取到设备支持的输入设备，依照 AudioDeviceDescriptor.DeviceType 选择要选用的输入设备类型；最后通过构造方法获取 AudioCapturer 类的实例化对象。

程序清单：**chapter4/slice/AudioRecorderSlice.java**

```java
private AudioManager audioManager = new AudioManager();
private AudioCapturer audioCapturer;
// 音频采集回调
private final AudioCapturerCallback callback = new AudioCapturerCallback() {
    @Override
    public void onCapturerConfigChanged(List<AudioCapturerConfig> configs) {

    }
};


// 录音初始化
private void initRecord() {
    // 音频采集监听
    audioManager.registerAudioCapturerCallback(callback);
    // 获取可用录音采集设备
    AudioDeviceDescriptor[] devices = AudioManager.getDevices(AudioDevic-eDescriptor.
DeviceFlag.INPUT_DEVICES_FLAG);
    // 指定录音采集设置
    AudioDeviceDescriptor currentAudioType = devices[0];
    // 设置录音数据源
    AudioCapturerInfo.AudioInputSource source = AudioCapturerInfo.AudioI-nputSource.
AUDIO_INPUT_SOURCE_MIC;
    // 音频流具体参数设置，如 flag、编码格式、通道、比特率
    AudioStreamInfo audioStreamInfo = new AudioStreamInfo.Builder()
            .audioStreamFlag(AudioStreamInfo.AudioStreamFlag.AUDIO_STREAM_FLAG_AUDIBILITY_
ENFORCED)
            .encodingFormat(AudioStreamInfo.EncodingFormat.ENCODING_PCM_16BIT)
            .channelMask(AudioStreamInfo.ChannelMask.CHANNEL_IN_STEREO)
            .streamUsage(AudioStreamInfo.StreamUsage.STREAM_USAGE_MEDIA)
            .sampleRate(SAMPLE_RATE)
            .build();
    // 录音的音频和数据源设置
    AudioCapturerInfo audioCapturerInfo = new AudioCapturerInfo.Builder()
            .audioStreamInfo(audioStreamInfo)
            .audioInputSource(source)
            .build();
    // 设置录音相关音频参数并指定录音设备，实例化 AudioCapturer 对象
    audioCapturer = new AudioCapturer(audioCapturerInfo, currentAudioType);
}
```

调用 AudioCapturer 实例化对象的 start()启动采集任务，循环调用 AudioCapturer 的 read
(byte[] data, int offset, int size)进行数据读取并保存录音。

程序清单：**chapter4/slice/AudioRecorderSlice.java**

```java
// 开始录音
private void startRecord() {
    if (audioCapturer.start()) {
        isRecording = true;
        recordButton.setText("停止");
        showTips("开始录音");
        // 采集音频数据
        runRecord();
    }
}
```

```
// 读取音频采集数据并保存
private void runRecord() {
    getGlobalTaskDispatcher(TaskPriority.DEFAULT).asyncDispatch(() -> {
        file = new File(getFilesDir() + File.separator + "record.pcm");
        try (FileOutputStream outputStream = new FileOutputStream(file)) {
            byte[] bytes = new byte[BUFFER_SIZE];
            // 循环读取音频数据为 byte 流
            while (audioCapturer.read(bytes, 0, bytes.length) != -1) {
                outputStream.write(bytes);
                bytes = new byte[BUFFER_SIZE];
                outputStream.flush();
            }
        } catch (IOException exception) {
            HiLogUtils.error(TAG, "录音异常: " + exception.getMessage());
        }
    });
}
```

2）调用 AudioCapturer 实例化对象的 stop()停止采集，采集任务结束后，调用 Audio-Capturer 实例化对象的 release()释放资源。

程序清单：**chapter4/slice/AudioRecorderSlice.java**

```
// 停止录音
private void stopRecord() {
    if (audioCapturer.stop()) {
        isRecording = false;
        recordButton.setText("开始");
        showTips("停止录音");
        // 保存路径
        pathText.setText("Path:" + getFilesDir() + File.separator + "record.pcm");
        // 此时可对音频文件进行转码以满足更多播放器的播放要求
    }
}


// 释放资源
@Override
protected void onStop() {
    super.onStop();
    if (audioCapturer != null) {
        audioCapturer.stop();
        // 释放录音对象
        audioCapturer.release();
    }
    // 注销录音监听
    audioManager.unregisterAudioCapturerCallback(callback);
    audioManager = null;
}
```

▶▶ 4.3.3 音频播放功能实现

音频播放的主要工作是将音频数据转码为可听见的音频模拟信号并通过输出设备进行播放，同时对播放任务进行管理。音频播放功能的开发步骤分为初始化播放器、解码数据源并播放、停止播放并释放资源。

初始化播放器。构造音频流参数的数据结构 AudioStreamInfo，设置音频流的具体规格为

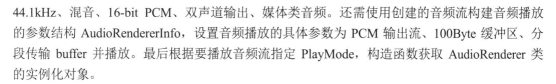

44.1kHz、混音、16-bit PCM、双声道输出、媒体类音频。还需使用创建的音频流构建音频播放的参数结构 AudioRendererInfo，设置音频播放的具体参数为 PCM 输出流、100Byte 缓冲区、分段传输 buffer 并播放。最后根据要播放音频流指定 PlayMode，构造函数获取 AudioRenderer 类的实例化对象。

程序清单：chapter4/slice/AudioPlayerSlice.java

```java
    private void initAudioRenderer() {
        // 音频流具体参数设置，如 44100Hz、混音、16-bit PCM、双通道输出、媒体类音频
        AudioStreamInfo audioStreamInfo = new AudioStreamInfo.Builder().
sampleRate(SAMPLE_RATE)
            .audioStreamFlag(AudioStreamInfo.AudioStreamFlag.AUDIO_STREAM_FLAG_MAY_DUCK)
            .encodingFormat(AudioStreamInfo.EncodingFormat.ENCODING_PCM_16BIT)
            .channelMask(AudioStreamInfo.ChannelMask.CHANNEL_OUT_STEREO)
            .streamUsage(AudioStreamInfo.StreamUsage.STREAM_USAGE_MEDIA)
            .build();
        // 设置音频播放参数，如输出格式、缓存区大小、是否分段传输、sessionID
        AudioRendererInfo audioRendererInfo = new AudioRendererInfo.Builder().
audioStreamInfo(audioStreamInfo)
            .audioStreamOutputFlag(AudioRendererInfo.AudioStreamOutputFlag.AUDIO_STREAM_OUTPU
T_FLAG_DIRECT_PCM)
            .bufferSizeInBytes(BUFFER_SIZE)
            .isOffload(false)//// false 表示分段传输 buffer 并播放，true 表示整个音频流一次性传输到 HAL
层播放
            .sessionID(AudioRendererInfo.SESSION_ID_UNSPECIFIED)
            .build();
        // 设置播放参数，指定播放模式
        audioRenderer = new AudioRenderer(audioRendererInfo, AudioRenderer.
PlayMode.MODE_STREAM);
        // 音量
        audioRenderer.setVolume(1.0f);
        // 播放数据
        audioRenderer.setSpeed(1.0f);
        // 播放回调
        setPlayCallback(audioStreamInfo);
    }
    // 播放状态监听
    private void setPlayCallback(AudioStreamInfo streamInfo) {
        // 音频中断状态
        AudioInterrupt audioInterrupt = new AudioInterrupt();
        // 音量管理，输入/输出设备管理，注册音频中断、音频采集中断的回调等
        AudioManager audioManager = new AudioManager();
        audioInterrupt.setStreamInfo(streamInfo);
        audioInterrupt.setInterruptListener((type, hint) -> {
            if (type == AudioInterrupt.INTERRUPT_TYPE_BEGIN && hint == AudioInterrupt.
INTERRUPT_HINT_PAUSE) {
                HiLog.info(LABEL_LOG, "%{public}s", "暂停");
            } else if (type == AudioInterrupt.INTERRUPT_TYPE_BEGIN && hint == AudioInterrupt.
INTERRUPT_HINT_STOP) {
                HiLog.info(LABEL_LOG, "%{public}s", "停止");
            } else if (type == AudioInterrupt.INTERRUPT_TYPE_END && (hint == AudioInterrupt.
INTERRUPT_HINT_RESUME)) {
                HiLog.info(LABEL_LOG, "%{public}s", "重置");
            } else {
                HiLog.info(LABEL_LOG, "%{public}s", "未知");
            }
        });
```

```
    // 激活音频中断状态检测
    audioManager.activateAudioInterrupt(audioInterrupt);
}
```

解码数据源并播放。将要播放的音频数据读取为 byte 流或 short 流，对于选择 MODE_STREAM 模式的 PlayMode，需要循环调用 write(ByteBuffer data, int size)进行数据写入。对于选择 MODE_STATIC 模式的 PlayMode，只能通过调用一次 write(ByteBuffer data, int size)将要播放的音频数据全部写入，因此该模式限制在文件规格较小的音频数据播放场景下才能使用。音量管理 AudioManager 提供的都是独立的功能，一般作为音频播放和音频采集的功能补充来使用，调用 Codec.createDecoder()创建解码器，调用 start()播放已解码的音频。

程序清单：**chapter4/slice/AudioPlayerSlice.java**

```
private void play() {
    if (isPlaying) {
        // 若正在播放，则暂停播放，并更新播放状态
        audioRenderer.pause();
        isPlaying = false;
        playButton.setText("播放");
    } else {
// 若没有在播放，则开始播放，并更新播放状态
        audioRenderer.start();
        decoderAudio();
        isPlaying = true;
        playButton.setText("暂停");
    }
}

// 音频解码
private void decoderAudio() {
    if (codec == null) {
// 创建解码器
        codec = Codec.createDecoder();
    } else {
        codec.stop();
    }
    // 解码
    Source source = new Source(getFilesDir() + "/audioSample.mp3");
// 设置解码源
    codec.setSource(source, null);
// 注册解码监听
    codec.registerCodecListener(new Codec.ICodecListener() {
        @Override
        public void onReadBuffer(ByteBuffer outputBuffer, BufferInfo bufferInfo, int
trackId) {
// 写入解码数据
            audioRenderer.write(outputBuffer, bufferInfo.size);
        }

        @Override
        public void onError(int errorCode, int act, int trackId) {
            HiLog.error(LABEL_LOG, "%{public}s", "解码异常");
        }
    });
    // 开始解码
    codec.start();
}
```

停止播放并释放资源。音频接收器播放的音频数据除了是 ByteBuffer 流外，还可以是 byte 流、short 流、float 流，调用 stop()方法可以停止播放音频流，调用 release()方法释放播放资源。

程序清单：**chapter4/slice/AudioPlayerSlice.java**

```
// 停止播放，更新播放状态
private void stopPlay() {
    audioRenderer.stop();
    isPlaying = false;
    playButton.setText("播放");
}

@Override
protected void onStop() {
    super.onStop();
    // 停止解码
    if (codec != null) {
        codec.stop();
    }
    // 释放播放资源
    if (audioRenderer != null) {
        audioRenderer.release();
    }
}
```

鸿蒙系统还提供了短音播放。短音播放主要负责管理音频资源的加载与播放、tone 音的生成与播放及系统音播放，均由 SoundPlayer 负责。

程序清单：**chapter4/slice/ShortSoundPlayerSlice.java**

```
// 音频资源播放
private void playMusicSound(Component component) {
    // 创建 sound player
    SoundPlayer soundPlayer = new SoundPlayer(AudioManager.AudioVolumeType.STREAM_MUSIC.
getValue());
    // 设置播放源
    soundPlayer.createSound(getFilesDir() + "/sample.mp3");
    // 设置播放监听
    soundPlayer.setOnCreateCompleteListener(this);
}
// tone 音播放
private void playToneSound() {
    // 创建 SoundPlayer
    SoundPlayer toneSoundPlayer = new SoundPlayer();
    // 设置播放任务和音量
    SoundPlayer.AudioVolumes audioVolumes = new SoundPlayer.AudioVolumes();
    toneSoundPlayer.createSound(DTMF_6, TONE_SOUND_DURATION);
    audioVolumes.setCentralVolume(1.0f);
    audioVolumes.setSubwooferVolume(1.0f);
    // 开始播放
    toneSoundPlayer.play();
}
// 系统音播放
private void playSystemSound() {
    // 创建 SoundPlayer
    SoundPlayer systemSoundPlayer = new SoundPlayer(getBundleName());
```

```
    // 指定播放的系统音和音量
    systemSoundPlayer.playSound(KEYPRESS_STANDARD, 1.0f);
}
```

一个功能完善的音频播放应用能够播放本地音频资源或网络音频资源，包括 MP3、M4A、AAC 等主流音频格式音频；能够通过 AudioRecorder 采集现场音频流并保存到本地，并通过 AudioRender 以读取流的方式播放录音且具备快进、快退、暂停、播放、上一曲、下一曲等功能；能够使用 SoundPlayer 播放系统短音；能够使用 AudioManager 设置通知音量、媒体音量和通话音量等。

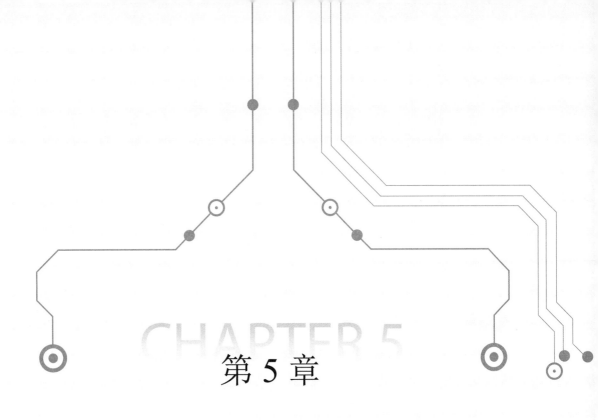

第 5 章

生物识别与图像识别

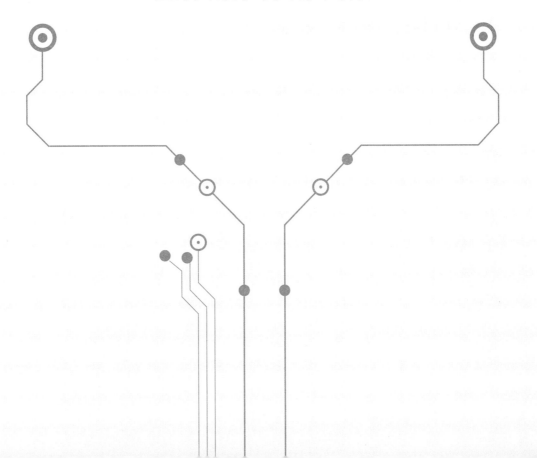

当今信息化时代，如何准确鉴定一个人的身份、保护信息安全，已成为一个必须解决的关键问题。传统的身份认证由于极易伪造和丢失，越来越难以满足社会的需求，目前最为便捷与安全的解决方案是生物识别技术。它不但简洁、快速，而且利用它进行身份的认定更安全、可靠、准确。同时更易于配合计算机和安全、监控、管理系统整合，实现自动化管理。

图像识别是指利用计算机对图像进行处理、分析和理解，以识别各种不同模式的目标和对象的技术，是应用深度学习算法的一种实践应用，是人工智能的重要领域。图像识别问题的数学本质属于模式空间到类别空间的映射问题，不同的识别模型识别效果差异较大。目前，图像识别可以识别超过十万种物体和场景，广泛适用于图像或视频内容分析、拍照识图等业务场景。

5.1 生物特征识别

生物特征识别提供生物特征识别认证能力，可应用于设备解锁、支付、应用登录等身份认证场景。当前生物特征识别能力提供 2D 人脸识别、3D 人脸识别两种人脸识别能力，设备具备哪种识别能力取决于设备的硬件能力和技术实现。3D 人脸识别技术识别率、防伪能力都优于 2D 人脸识别技术，但具有 3D 人脸能力（如 3D 结构光、3D TOF 等）的设备才可以使用 3D 人脸识别技术。

5.1.1 基本知识点讲解与应用场景分析

生物识别是通过计算机与光学、声学、生物传感器和生物统计学原理等高科技手段密切结合，利用人体固有的生理特性（如指纹、脸相、虹膜等）和行为特征（如笔迹、声音、步态等）来进行个人身份的鉴定。生物识别比传统的身份鉴定方法更具安全、保密和方便性。生物特征识别技术具有不易遗忘、防伪性能好、不易伪造或被盗、随身"携带"和随时随地可用等优点。

目前已被用于生物识别的生物特征有手形、指纹、脸形、虹膜、视网膜、脉搏、耳廓等，行为特征有签字、声音、按键力度等。

当前版本提供的生物特征识别能力只包含人脸识别，人脸识别是基于人的脸部特征信息进行身份识别的一种生物特征识别技术，用摄像机或摄像头采集含有人脸的图像或视频流，并自动在图像中检测和跟踪人脸，进而对检测到的人脸进行脸部识别，通常也叫做人像识别、面部识别、人脸认证。

人脸识别会在摄像头和 TEE(Trusted Execution Environment)之间建立安全通道，人脸图像信息通过安全通道传递到 TEE 中，由于人脸图像信息从 REE(Rich Execution Environment)侧无法获取，从而避免了恶意软件从 REE 侧进行攻击。对人脸图像采集、特征提取、活体检测、特征比对等的处理完全在 TEE 中，基于 TrustZone 进行安全隔离，外部的人脸框架只负责人脸的认证发起和处理认证结果等，不涉及人脸数据本身。

人脸特征数据通过 TEE 的安全存储区进行存储，采用高强度的密码算法对人脸特征数据进行加密和完整性保护，外部无法获取到加密人脸特征数据的密钥，保证用户的人脸特征数据不会泄露。本能力采集和存储的人脸特征数据不会在用户未授权的情况下被传出 TEE，这意味着，用户未授权时，无论是系统应用还是三方应用都无法获得人脸特征数据，也无法将人脸特征数据传送或备份到任何外部存储介质。

人脸识别目前主要有三种应用模式。

- 人脸识别监控，即将需要重点关注的人员照片存放在系统中，当此类人员出现在监控设备覆盖的范围中时系统将报警提示。此种模式主要应用在奥运通道安检、地铁等需要实时预警的地点。

- 人脸识别比对检索，即利用特定对象的照片与已知人员照片库进行比对，进而确定其身份信息。能够解决传统人工方式工作量巨大、速度慢、效率低等问题，可应用在网络照片检索、身份识别等环境。此模式适合于机场等人员流动大的公众场所，但需要大型数据库的支持。

- 身份确认，即确认监控设备和照片中的人是否是同一人。此模式可广泛应用于需要身份认证的场所，如自助通关、银行金库、门禁及需要实行实名制管理的业务，如银行业务等

当前系统提供的生物特征识别能力有一定的约束和限制：只包含人脸识别，且只支持本地认证，不提供认证界面；要求设备上具备摄像器件，且人脸图像像素大于 100*100；要求设备上具有 TEE 安全环境，人脸特征信息高强度加密保存在 TEE 中；对于面部特征相似的人、面部特征不断发育的儿童，人脸特征匹配率有所不同。

▶▶ 5.1.2 生物特征识别开发流程与架构分析

当前鸿蒙系统提供的生物特征识别支持 2D 人脸识别、3D 人脸识别，可应用于设备解锁、应用登录、支付等身份认证场景。

BiometricAuthentication 类提供了生物认证的相关方法，包括检测认证能力、认证和取消认证等，用户可以通过人脸等生物特征信息进行认证操作。在执行认证前，需要检查设备是否支持该认证能力，具体指认证类型、安全级别和是否本地认证。如果不支持，需要考虑使用其他认证能力。

人脸识别主要包括四个组成部分，分别为：人脸图像采集及检测、人脸图像预处理、人脸图像特征提取，以及人脸图像匹配与识别。生物特征识别权限属于敏感权限，开发之前需要在 config.json 应用权限配置文件中添加 ohos.permission.ACCESS_BIOMETRIC 的权限声明。如果识别过程中使用自定义相机，还需要添加相加权限和内存读写权限的申请。

在初始化时需要获取 BiometricAuthentication 的单例对象，通过该对象检测设备是否具有生物识别能力，检测时需要指定生物特征识别类型为人脸识别类型（BiometricAuthentication. AuthType. AUTH_TYPE_BIOMETRIC_FACE_ONLY）。若 2D 人脸识别建议使用 SECURE_LEVEL_S2，3D 人脸识别建议使用 SECURE_LEVEL_S3，同时需指明为本地识别。若需要关联认证结果的

Signature 对象、Cipher 对象或 Mac 对象，可以进行设置，若不需要则不设置。

程序清单：**chapter5/slice/FaceAbilitySlice.java**

```
// 初始化并认证
private synchronized void initFacRecognition(Component component) {
    try {
        // 获取 BiometricAuthentication 的单例对象
        biometricAuthentication =
        BiometricAuthentication.getInstance(getAbility());
        // 检测设备是否具有人脸识别能力
        // 2D 人脸识别建议使用 SECURE_LEVEL_S2
// 3D 人脸识别建议使用 SECURE_LEVEL_S3
        int availability = biometricAuthentication
        .checkAuthenticationAvailability(
BiometricAuthentication.AuthType.AUTH_TYPE_BIOMETRIC_FACE_ONLY,
                BiometricAuthentication.SecureLevel.SECURE_LEVEL_S2,
                    true);
        // 定义一个 Signature 对象 sign
//          biometricAuthentication.setSecureObjectSignature(sign);
        // 定义一个 Cipher 对象 cipher
//          biometricAuthentication.setSecureObjectCipher(cipher);
        // 定义一个 Mac 对象 mac
//          biometricAuthentication.setSecureObjectMac(mac);
        if (availability == 0) {
            // 开始认证
            execAuthentication();
        } else if (availability == BA_CHECK_NOT_ENROLLED) {
            result = "请先设置人脸识别图片";
        } else {
            result = "高设备不支持人脸识别";
        }

    } catch (IllegalAccessException e) {
        result = "人脸识别错误";
    }
    handler.sendEvent(EVENT_MESSAGE_FAIL);
}
```

在新线程中执行认证操作，避免阻塞其他操作。本地认证需要提前录入照片以作匹配，否则无法认证。认证过程中调用 getAuthenticationTips()获取认证提示信息，调用 cancelAuthenticationAction()取消认证。

程序清单：**chapter5/slice/FaceAbilitySlice.java**

```
// 开始生物识别
private void execAuthentication() {
    // 在新线程中执行认证操作，避免阻塞其他操作
    ThreadPoolUtil.submit(() -> {
        // 2D 人脸认证
        int authenticationAction = biometricAuthentication.execAuthentication Action(
                BiometricAuthentication.AuthType.AUTH_TYPE_BIOMETRIC_FACE_ONLY,
                BiometricAuthentication.SecureLevel.SECURE_LEVEL_S2, true, false, null);
        if (authenticationAction == 0) {
            result = "认证通过";
            handler.sendEvent(EVENT_MESSAGE_SUCCESS);
            // 认证成功后获取已设置的 Signature 对象、Cipher 对象或 Mac 对象，如果未设置过 Cipher 对象，
则返回 null
```

```
                Signature sign = biometricAuthentication.getSecureObjectSignature();
                Cipher cipher = biometricAuthentication.getSecureObjectCipher();
                Mac mac = biometricAuthentication.getSecureObjectMac();
            } else {
                result = "认证失败，生物特征不匹配";
                handler.sendEvent(EVENT_MESSAGE_FAIL);
            }

            // 获得认证过程中的提示信息
            BiometricAuthentication.AuthenticationTips authenticationTips=biometricAuthentication.
getAuthenticationTips();
            LogUtils.info("人脸识别", authenticationTips.tipInfo);
        });
    }

    // 取消认证
    private void cancelRecognition(Component component) {
        if (biometricAuthentication != null) {
            int resultCode = biometricAuthentication.cancelAuthenticationAction();
            if (resultCode == 0) {
                resultText.setText("已取消认证");
            } else {
                resultText.setText("取消认证失败: " + resultCode);
            }
        }
    }
```

认证成功后可获取已设置的 Signature 对象、Cipher 对象或 Mac 对象；若未设置过，则返回 null。

▶▶ 5.1.3　人脸识别行为规范

人脸识别产品已广泛应用于金融、司法、军队、公安、边检、政府、航天、电力、教育、医疗等众多领域。随着技术的进一步成熟和社会认同度的提高，人脸识别技术将应用在更多的领域。

人脸识别技术在诸多领域发挥着巨大作用的同时，也存在被滥用的情况。最高人民法院发布司法解释，对人脸识别进行规范。2021 年 8 月 20 日，十三届全国人大常委会第三十次会议表决通过《中华人民共和国个人信息保护法》，自 2021 年 11 月 1 日起施行。针对滥用人脸识别技术问题，本法要求，在公共场所安装图像采集、个人身份识别设备，应设置显著的提示标识；所收集的个人图像、身份识别信息只能用于维护公共安全的目的。2021 年 11 月 14 日，国家网信办公布《网络数据安全管理条例（征求意见稿）》，并向社会公开征求意见。征求意见稿提出，数据处理者利用生物特征进行个人身份认证的，应当对必要性、安全性进行风险评估，不得将人脸、步态、指纹、虹膜、声纹等生物特征作为唯一的个人身份认证方式，以强制个人同意收集其个人生物特征信息。

2021 年 7 月 28 日最高人民法院发布了《最高人民法院关于审理使用人脸识别技术处理个人信息相关民事案件适用法律若干问题的规定》，该规定针对赔偿的范围有了明确的界定。主要包括制止侵权行为的合理开支、财产损失两部分。合理开支明确包含对侵权行为进行调查、取证的合理费用、合理的律师费用。即无须双方约定上述费用，法院可依据该规定第八条直接向对方主张合理的律师费用。这意味着提起诉讼的成本减少，有助于在遇到不法侵权时，受侵害方积极用法律武器维护自身合法权益。

5.2 文字识别

通用文字识别的核心技术是光学字符识别（Optical Character Recognition，OCR）。OCR 是一种通过拍照、扫描等光学输入方式，把各种票据、卡证、表格、报刊、书籍等印刷品文字转化为图像信息，再利用文字识别技术将图像信息转化为计算机等设备可以使用的字符信息的技术。

当前的文字识别的约束与限制有：支持处理的图片格式包括 JPEG、JPG、PNG；通用文字识别目前支持的语言有中文、英文、日语、韩语、俄语、意大利语、西班牙语、葡萄牙语、德语，以及法语（将来会增加更多语种）；目前支持文档印刷体识别，不支持手写字体识别；为保证较理想的识别结果，调用通用文字识别功能时，应尽可能保证输入图像具有合适的成像质量（建议 720p 以上）和高宽比例（建议 2:1 以下，接近手机屏幕高宽比例为宜）。当输入图像为非建议图片尺寸时，文字识别的准确度可能会受到影响；为保证较理想的识别结果，建议文本与拍摄角度夹角在正负 30° 范围内。

▶▶ 5.2.1 通用文字识别

通用文字识别适用于多种场景：可以进行文档翻拍、街景翻拍等图片来源的文字检测和识别，也可以集成于其他应用中，提供文字检测、识别的功能，并根据识别结果提供翻译、搜索等相关服务；可以处理来自相机、图库等多种来源的图像数据，提供了一个自动检测文本、识别图像中文本位置及文本内容功能的开放接口；能在一定程度上支持文本倾斜、拍摄角度倾斜、复杂光照条件及复杂文本背景等场景的文字识别。

调用 VisionManager.init(Context context, ConnectionCallback connectionCallback)，将此工程的 context 和已经定义的 connectionCallback 回调作为入参，建立与能力引擎的连接。context 应为 ohos.aafwk.ability.Ability 或 ohos.aafwk.ability.AbilitySlice 的实例或子类实例。在收到 onServiceConnect 回调连接服务成功后，实例化 ITextDetector 接口，将此工程的 context 作为入参，同时实例化 VisionImage 对象 image，并传入待检测图片 pixelMap。

程序清单：**chapter5/utils/WordRecognition.java**

```
/**
 * 文字识别
 *
 * @param context context
 * @param resId   resId
 */
public void wordRecognition(Context context, int resId) {
```

```
        mediaId = resId;
        // 实例化 ITextDetector 接口
        textDetector = VisionManager.getTextDetector(context);
        // 实例化 VisionImage 对象 image, 并传入待检测图片 pixelMap
        pixelMap = getPixelMap(resId);
        VisionImage image = VisionImage.fromPixelMap(pixelMap);
        // 定义 VisionCallback<Text>回调, 异步模式下用到
        VisionCallback<Text> visionCallback = getVisionCallback();
        // 定义 ConnectionCallback 回调, 实现连接能力引擎成功与否后的操作
        ConnectionCallback connectionCallback= getConnectionCallback(image, visionCallback);
        // 建立与能力引擎的连接
        VisionManager.init(context, connectionCallback);
}

// 读取资源图片
private PixelMap getPixelMap(int resId) {
        // 获取资源图片
        ResourceManager manager = slice.getResourceManager();
        byte[] data = new byte[0];
        try {
            Resource resource = manager.getResource(resId);
            // 获取资源图片数据
            data = readBytes(resource);
            resource.close();
        } catch (IOException | NotExistException e) {
            LogUtil.error("获取 pixelMap 失败, ", e.getLocalizedMessage());
        }
        // 初始化 pixelMap
        ImageSource.SourceOptions srcOpts = new ImageSource.SourceOptions();
        srcOpts.formatHint = "image/jpg";
        ImageSource imageSource;
        // 根据路径创建数据源
        imageSource = ImageSource.create(data, srcOpts);
        // 解码配置
        ImageSource.DecodingOptions decodingOpts = new ImageSource.Decoding- Options();
        // 缩放
        decodingOpts.desiredSize = new Size(0, 0);
        // 裁剪
        decodingOpts.desiredRegion = new Rect(0, 0, 0, 0);
        // 格式
        decodingOpts.desiredPixelFormat = PixelFormat.ARGB_8888;
        // 将读取的资源图片数据转为 pixelMap
        pixelMap = imageSource.createPixelmap(decodingOpts);
        return pixelMap;
}
// 读取图像
private static byte[] readBytes(Resource resource) {
        // 缓存池大小
        final int bufferSize = 1024;
        // 数据结尾标识
        final int ioEnd = -1;
        // 字节数组输出流
        ByteArrayOutputStream output = new ByteArrayOutputStream();
        byte[] buffers = new byte[bufferSize];
        byte[] results = new byte[0];
        while (true) {
            try {
                // 循环读取数据
                int readLen = resource.read(buffers, 0, bufferSize);
```

```
                    if (readLen == ioEnd) {
                        results = output.toByteArray();
                        break;
                    }
                    // 输出流写入数据
                    output.write(buffers, 0, readLen);
                } catch (IOException e) {
                    LogUtil.error("获取 pixelMap 失败,", e.toString());
                    break;
                } finally {
                    try {
                        // 关闭输出流
                        output.close();
                    } catch (IOException e) {
                        LogUtil.error("获取 pixelMap 失败,", e.toString());
                    }
                }
            }
            return results;
        }
```

若识别模式为异步，则需定义识别结果异步回调。在异步模式下，该类的 onResult(Text text) 用于获得文字识别结果 Text；onError(int index)用于处理错误返回码；onProcessing(float value)用于返回处理进度，目前没有实现此接口的功能。同步与异步模式的区别在于 detect(VisionImage var1, Text var2, VisionCallback<Text> var3)的最后一个参数 VisionCallback<Text>是否为空。若非空则为异步模式。此时会忽略自定义的 Text 输入（效果与传入 null 相同），接口调用结果一律从 VisionCallback<Text>获得，自定义的 Text 输入不做更新。

程序清单：chapter5/utils/WordRecognition.java

```
// 文字识别结果回调
private VisionCallback<Text> getVisionCallback() {
    return new VisionCallback<Text>() {
        @Override
        public void onResult(Text text) {
            // 对正确获得的文字识别结果进行处理
            sendResult(text.getValue());
        }

        @Override
        public void onError(int index) {
            // 处理错误返回码
        }

        @Override
        public void onProcessing(float value) {
            // 返回处理进度
        }
    };
}
```

定义 ConnectionCallback 回调，实现连接能力引擎成功与否后的操作。通过 TextConfiguration 配置 textDetector 运行参数，可选择识别场景、语言类型、调用模式等。跨进程模式（MODE_OUT）下，调用方与能力引擎处于不同进程；同进程模式（MODE_IN）下，能力引擎在调用方进程中实例化，调用方通过反射的方式调用引擎中的通用文字识别能力。实例化 Text 对象 text，该对象在同步模式下用于存放调用 textDetector.detect(VisionImage var1, Text var2, VisionCallback<Text> var3)的结果返回码及文字识别结果。

程序清单：chapter5/utils/WordRecognition.java

```java
/**
 * 引擎连接成功回调
 * @param image    被识别图片
 * @param visionCallback    识别结果回调
 * @return
 */
private ConnectionCallback getConnectionCallback(VisionImage image, VisionCallback<Text>
visionCallback) {
    return new ConnectionCallback() {
        @Override
        public void onServiceConnect() {
            // 实例化 Text 对象 text
            Text text = new Text();
            // 通过 TextConfiguration 配置 textDetector()方法的运行参数
            TextConfiguration.Builder builder = new TextConfiguration. Builder();
            // 设置进程模式为同进程调用
            builder.setProcessMode(VisionConfiguration.MODE_IN);
            // 设置 OCR 引擎类型为自然场景 OCR
            builder.setDetectType(TextDetectType.TYPE_TEXT_DETECT_FOCUS_SHOOT);
            // AUTO 模式为不指定语种，会进行语种检测操作
            builder.setLanguage(TextConfiguration.AUTO);
            TextConfiguration config = builder.build();
            // 文字识别配置
            textDetector.setVisionConfiguration(config);
            // 调用 ITextDetector 的 detect()方法，image 为被识别图片
            if (!IS_ASYNC) {
                // 同步
                result = textDetector.detect(image, text, null);
                sendResult(text.getValue());
            } else {
                // 异步
                result = textDetector.detect(image, null, visionCallback);
            }
        }

        @Override
        public void onServiceDisconnect() {
            // 释放
            if ((!IS_ASYNC && (result == 0)) || (IS_ASYNC && (result == IS_ASYNC_CODE))) {
                textDetector.release();
            }
            if (pixelMap != null) {
// 释放图像
                pixelMap.release();
                pixelMap = null;
            }
// 销毁文字识别
            VisionManager.destroy();
        }
    };
}
```

在调用 ITextDetector 的 detect(VisionImage var1, Text var2, VisionCallback<Text> var3)识别文字时，若第三个参数为 null 则为同步模式，同步模式调用完成时，该函数立即返回结果码；若第三个参数不为 null 则为异步模式，异步模式调用请求发送成功时，该函数返回结果码 700。如果返回其他的结果码，说明异步调用请求不成功，需要先处理错误，此时回调函数不会被调用。如果异步模式调用请求发送成功，则 OCR 完成后，相应的回调函数会被自动调用。如果 visionCallback 的 onResult(Text text)回调被调用，说明 OCR 检测识别成功，相当于同步模式结果码为 0 的情况。如果 visionCallback 的 onError(int index)被调用，则说明 OCR 发生了错误，具体的调用结果码将由 onError(int index)的参数接收。

程序清单：**chapter5/utils/WordRecognition.java**

```java
// 组装图片中文字识别结果并发送到主线程
public void sendResult(String value) {
    if (textDetector != null) {
        // 释放 textDetector
        textDetector.release();
    }
    if (pixelMap != null) {
        // 释放 pixelMap
        pixelMap.release();
        pixelMap = null;
        // 销毁文字识别
        VisionManager.destroy();
    }
    if (value != null) {
        // 保存识别结果
        maps.put(mediaId, value);
    }
    if (maps.size() == pictureLists.length) {
        // 若识别完成，发送识别结果
        InnerEvent event = InnerEvent.get(1, 0, maps);
        handle.sendEvent(event);
    } else {
        // 继续识别
        wordRecognition(slice, pictureLists[index]);
        index++;
    }
}
```

程序清单：**chapter5/slice/WordAbilitySlice.java**

```java
// 通用文字识别
private void wordRecognition() {
    initHandler();
    WordRecognition wordRecognition = new WordRecognition();
    // slice 为当前上下文，pictureLists 识别图片列表，myEventHandle 处理消息
    wordRecognition.setParams(slice, pictureLists, myEventHandle);
}
```

▶▶ 5.2.2 分词

随着信息技术的发展，网络中的信息量成几何级增长，逐步成为当今社会的主要特征。准确

提取文本关键信息是搜索引擎等领域的技术基础，而分词作为文本信息提取的第一步则尤为重要。分词作为自然语言处理领域的基础研究，衍生出各类不同的文本处理相关应用。

分词模块提供了文本自动分词的接口，对于一段输入文本，可以自动进行分词，同时提供不同的分词粒度。分词相关接口可以应用于搜索引擎开发。对于搜索引擎而言，最重要的是如何把全网搜索的结果进行筛选，并按相关程度进行排序。分词的准确与否，常常直接影响到搜索结果的相关度排序。分词相关接口可以应用于用户选择文本的场景。原始文本只能按字选择，如果使用分词，用户选中文本时可以按词选择。

分词当前只支持中文语境，分词文本限制在 500 个字符以内，超过字符数限制将返回参数错误。文本需要为 UTF-8 格式，格式错误不会报错，但分析结果会不准确。分词 Engine 支持多用户同时接入，但是不支持同一用户并发调用同一特性。若同一个特性被同一进程同一时间多次调用，则返回系统忙错误；不同进程调用同一特性，则同一时间只能处理一个进程业务，其他进程进入队列排队。

程序清单：chapter5/utils/WordSegment.java

```java
/**
 * 分词方法
 *
 * @param context 上下文对象
 * @param requestData 输入的关键词
 * @param myEventHandle MyEventHandle 对象
 *
 */
public void wordSegment(Context context,String requestData,WordAbilitySlice. MyEventHandle
myEventHandle) {
    slice = context;
    handle = myEventHandle;
    // 使用 NluClient 静态类进行初始化，通过异步方式获取服务的连接
    NluClient.getInstance().init(context, resultCode -> {
        // 初始化成功回调，在服务初始化成功调用该函数
        if (!IS_ASYNC) {
            // 分词同步方法
            ResponseResult responseResult =
         NluClient.getInstance().getWordSegment(requestData,
                NluRequestType.REQUEST_TYPE_LOCAL);
            // 发送结果
            sendResult(responseResult.getResponseResult());
            // 解绑服务
            release();
        } else {
            // 分词异步方法
            NluClient.getInstance().getWordSegment(requestData,
                NluRequestType.REQUEST_TYPE_LOCAL, asyncResult -> {
                    // 发送结果
                    sendResult(asyncResult.getResponseResult());
                    // 解绑服务
                    release();
                });
        }
    }, true);
}
```

```
    // 发送结果
    private void sendResult(String result) {
        // 分词识别结果
        List<String> lists = null;
        // 将 result 中分词结果转换成 list
        if (result.contains("\"message\":\"success\"")) {
            String words = result.substring(result.indexOf(WORDS) + STEP,
                    result.lastIndexOf("]")).replaceAll("\"", "");
            if ((words == null) || ("".equals(words))) {
                // 未识别到分词结果，返回"没有该关键词"
                lists = new ArrayList<>(1);
                lists.add("无该关键词");
            } else {
                lists = Arrays.asList(words.split(","));
            }
        }
        InnerEvent event = InnerEvent.get(TWO, ZERO, lists);
        handle.sendEvent(event);
    }
    // 释放销毁
    private void release() {
        NluClient.getInstance().destroy(slice);
    }
```

使用 NluClient 静态类进行初始化时，其中 context 代表应用上下文信息，应为 ohos.aafwk. ability.Ability 或 ohos.aafwk.ability.AbilitySlice 的实例或子类实例；listener 是初始化结果的回调，可以传 null；isLoadModel 表示是否加载模型，如果传 true，则在初始化时加载模型，否则在初始化时不加载模型。

使用时先对所有备选图片进行通用文字识别，提取其中的文字，然后根据用户输入的关键词进行匹配，最后将匹配结果发送给主线程，主线程将匹配的图片显示在用户界面中。

程序清单：**chapter5/slice/WordAbilitySlice.java**

```
@Override
protected void onStart(Intent intent) {
    super.onStart(intent);
    ...
    // 设置需要分词的语句
    Component textField = findComponentById(ResourceTable.Id_word_seg_text);
    // 单击按钮进行文字识别
    Component componentSearch = findComponentById(ResourceTable.Id_button_ search);
    if (componentSearch instanceof Button) {
        button = (Button) componentSearch;
        // 单击事件
        button.setClickedListener(listener -> {
            if (textField.getText() == null || "".equals(textField. getText())) {
                WidgetHelper.showTips(this, "请输入关键词");
            }
            // 分词提取
            wordSegment();
            // 清空按钮焦点
            WindowUtil.clearFocus(button);
        });
    }
}
// 分词
```

```
private void wordSegment() {
    // 组装关键词，作为分词对象
    String requestData = "{\"text\":" + textField.getText()+",\"type\":0}";
    initHandler();
    new WordSegment().wordSegment(slice, requestData, myEventHandle);
}

public class MyEventHandle extends EventHandler {
    MyEventHandle(EventRunner runner) throws IllegalArgumentException {
        super(runner);
    }

    @Override
    protected void processEvent(InnerEvent event) {
        super.processEvent(event);
        int eventId = event.eventId;
        ...
        if (eventId == TWO) {
            // 分词
            if (event.object instanceof List) {
                Optional<List<String>>optionalStringList = TypeUtil.castList (event.object,
String.class);
                if (optionalStringList.isPresent() && optionalStringList.get(). size()→ ZERO
                    && (!"无该关键词".equals(optionalStringList.get().get (ZERO)))) {
                    List<String> lists = optionalStringList.get();
                    matchImage(lists);
                }
            }
        }
    }
}

// 匹配图片
private void matchImage(List<String> list) {
    Set<Integer> matchSets = new HashSet<>();
    for (String str: list) {
        for (Integer key : imageInfoMap.keySet()) {
            if (imageInfoMap.get(key).contains(str)) {
                matchSets.add(key);
            }
        }
    }

    // 获得匹配的图片
    int[] matchPictures = new int[matchSets.size()];
    int index = 0;
    for (int match: matchSets) {
        matchPictures[index] = match;
        index++;
    }
    // 展示图片
    setSelectPicture(matchPictures, LIST_CONTAINER_ID_MATCH);
}
```

▶▶ 5.2.3   关键字提取

关键字提取可以在大量信息中提取出文本想要表达的核心内容，可以是具有特定意义的实体，如人名、地点、电影等，也可以是一些基础但是在文本中很关键的词汇。

程序清单：**chapter5/slice/KeywordExtractionAbilitySlice.java**

```java
@Override
public void onStart(Intent intent) {
    super.onStart(intent);
    setUIContent(ResourceTable.Layout_ability_keyword_extraction);
    setTitle("关键字提取");

    initEngine();
    initComponents();
}
// 初始化引擎
private void initEngine() {
    NluClient.getInstance().init(this, result -> initEngineResult = true, true);
}

// 组件初始化
private void initComponents() {
    inputText = findComponentById(ResourceTable.Id_input_text);
    outText = findComponentById(ResourceTable.Id_out_text);
    Component startButton = findComponentById(ResourceTable.Id_start_parse);
    startButton.setClickedListener(this::start);
    inputText.setText("上海今天的天气真好");
}
// 提取关键字
private void start(Component component) {
    Map<String, Object> map = new HashMap<>();
    // 需要提取的关键字个数
    map.put("number", "2");
    // 被提取的内容
    map.put("body", inputText.getText());
    // 将 map 转为 json
    String requestJson = ZSONObject.toZSONString(map);
    if (initEngineResult) {
        // 关键字提取
        ResponseResult responseResult = NluClient.getInstance()
            .getKeywords(requestJson, NluRequestType.REQUEST_TYPE_LOCAL);
        if (responseResult != null) {
            String result = responseResult.getResponseResult();
            outText.setText("结果:" + System.lineSeparator() + result);
        }
    }
}
// 解绑服务
@Override
protected void onStop() {
    super.onStop();
    NluClient.getInstance().destroy(this);
}
```

当关键字提取模式为异步时，在调用 getKeywords()API 提取关键字时需要传入 OnResultListener <ResponseResult>作为异步结果回调。使用结束调用 destroy()释放进程资源，如果持续使用，建议在进程结束时释放，释放后需要重新初始化引擎才能再次使用。

当前关键字提取只支持中文语境。关键字提取标题文本限制在 100 个字符以内，正文文本限制在 5000 个字符以内，也支持关键词提取，关键词提取字数小于等于 20。文本为 UTF-8 格式，格式错误不会报错，但分析结果会不正确。Engine 支持多用户同时接入，但是不支持同一用户并发调用同一个特性。如同一个特性被同一进程同一时间多次调用，则返回系统忙错误；不同进程调用同一特性，则同一时间只有一个进程业务在处理，其他进程进入队列排队。

5.3 多媒体识别

鸿蒙系统为应用提供了丰富的 AI 能力，除了生物特征识别和文字识别外，还有二维码的生成与识别、实物识别、语音播报与语音识别等。

▶▶5.3.1 二维码的生成与识别功能开发

码生成能够根据开发者给定的字符串信息和二维码图片尺寸，返回相应的二维码图片字节流。调用方可以通过二维码字节流生成二维码图片。通过 IBarcodeDetector 类生成二维码图片字节数组，调用 VisionManager.init(Context context, ConnectionCallback connectionCallback)，建立与能力引擎的连接。定义 ConnectionCallback 回调，能力引擎连接成功会触发 onServiceConnect()。在此方法中实例化 IBarcodeDetector 接口。

程序清单：**chapter5/core/GenerateCore.java**

```java
// 生成二维码字节流类
private IBarcodeDetector barcodeDetector;
// 初始化码生成 IBarcodeDetector，建立能力引擎连接
private void initManager(Context context) {
    ConnectionCallback connectionCallback =
            new ConnectionCallback() {
                @Override
                public void onServiceConnect() {
                    // 实例化 IBarcodeDetector 接口
                    barcodeDetector = VisionManager.getBarcodeDetector(context);
                }

                @Override
                public void onServiceDisconnect() {
                }
            };
    // 初始化
    VisionManager.init(context, connectionCallback);
}
```

定义码生成字符串的内容 content，码生成图像的尺寸 size。调用 IBarcodeDetector 的 detect (String var1, byte[] var2, int var3, int var4)，生成二维码图片字节数组。

程序清单：**chapter5/core/GenerateCore.java**

```java
/**
 * 生成二维码字节流
 *
 * @param content 生成的内容
```

```
 * @param size      生成的大小
 * @return 二维码字节流
 */
private byte[] generateQR(String content, int size) {
    // int 占用 4 个字节
    byte[] byteArray = new byte[size * size * BYTE_SIZE];
    String val = content;
    try {
        // 解决中文不能识别的问题
        val = new String(content.getBytes("UTF-8"), "ISO8859-1");
    } catch (UnsupportedEncodingException e) {
        QRCodeUtil.error("error");
    }
    while (barcodeDetector==null){
    }
    // 生成二维码字节流
    barcodeDetector.detect(val, byteArray, size, size);
    return byteArray;
}
```

调用 ImageSource.create(byte[] data, ImageSource.SourceOptions opts)创建图像源 ImageSource 对象，data 为生成的二维码字节数组，opts 为解码参数。然后调用 ImageSource 的 createPixelmap (ImageSource.DecodingOptions opts)获取 PixelMap 图像对象。

程序清单：**chapter5/core/GenerateCore.java**

```
/**
 * 生成普通二维码位图.
 *
 * @param content 生成的内容
 * @param size      生成的大小
 * @return 二维码图像
 */
public PixelMap generateCommonQRCode(String content, int size) {
    byte[] data = generateQR(content, size);
    // 从字节数组创建图像源
    ImageSource source = ImageSource.create(data, null);
    // PixelMap 位图解码配置
    ImageSource.DecodingOptions opts = new ImageSource.DecodingOptions();
    // 配置 PixelMap 位图为可编辑状态
    opts.editable = true;
    // 从图像数据源解码并创建 PixelMap 图像
    PixelMap pixelMap = source.createPixelmap(opts);
    return pixelMap;
}
```

若是想要生成不同颜色的二维码，需要先调用 PixelMap 的 getImageInfo()获取位图的大小，并循环遍历每个像素点；然后调用 PixelMap 的 readPixel(Position pos)读取指定位置的像素值，Position 描述为图像坐标；最后定义需要更改颜色的变量，然后调用 PixelMap 的 writePixel (Position pos, int color)方法向指定位置写入数据。

程序清单：**chapter5/core/GenerateCore.java**

```
/**
 * 生成不同颜色二维码位图
 *
```

```
 *  @param content 生成的内容
 *  @param size    生成的大小
 *  @param color   生成的颜色
 *  @return 二维码图像
 */
public PixelMap generateColorQRCode(String content, int size, int color) {
    // 获取二维码位图
    PixelMap pixelMap = generateCommonQRCode(content, size);
    // 改变颜色
    modifyPixelMapColor(pixelMap, color);
    return pixelMap;
}
/**
 * 修改对应位图像素点的值
 *
 * @param pixelMap 修改的位图
 * @param color    修改的颜色
 */
private void modifyPixelMapColor(PixelMap pixelMap, int color) {
    Size size = pixelMap.getImageInfo().size;
    for (int i = 0; i < size.width; i++) {
        for (int j = 0; j < size.height; j++) {
            // 读取指定位置像素
            int rawColor = pixelMap.readPixel(new Position(i, j));
            // DEFAULT_CODE_COLOR 默认生成颜色值为黑色
            if (rawColor == DEFAULT_CODE_COLOR) {
                // 在指定位置写入像素
                pixelMap.writePixel(new Position(i, j), color);
            }
        }
    }
}
```

如果想要生成带有 logo 图标的二维码，需要先调用 getResourceManager().getResource()读取 "resources/base/media/" 目录下的资源图片，得到该资源图片的 PixelMap 对象；然后获取二维码 PixelMap 图像的大小，将 logo 的 PixelMap 图像缩小为 0.14（RATIO，变量定义）；最后使用 Canvas 在二维码 PixelMap 图像的中间绘制 logo 的 PixelMap 图像。

程序清单：**chapter5/core/GenerateCore.java**

```
/**
 * 生成 logo 图标二维码位图
 *
 * @param content   生成的内容
 * @param size      生成的大小
 * @param logoMap   logo 图标位图
 * @return 二维码图像
 */
public PixelMap generateLogoQRCode(String content, int size, PixelMap logoMap) {
    // 获取二维码位图
    PixelMap pixelMap = generateCommonQRCode(content, size);
    updateLogoImage(pixelMap, logoMap);
    return pixelMap;
}

/**
 * 将 logo 位图贴在二维码位图中间
 *
```

```
 * @param pixelMap      修改的位图
 * @param logoMap  logo 位图
 */
private void updateLogoImage(PixelMap pixelMap, PixelMap logoMap) {
    // 获取 logo 图标位图大小和二维码位图大小
    Size size = pixelMap.getImageInfo().size;
    PixelMap.InitializationOptions opts =
            new PixelMap.InitializationOptions();
    // 缩放 logo 位图为二维码位图的 0.14 RATIO
    opts.size = new Size((int) (size.width * RATIO),
            (int) (size.height * RATIO));
    PixelMap logoPixelMap = PixelMap.create(logoMap, opts);
    Size logoSize = logoPixelMap.getImageInfo().size;
    // 在二维码位图的中间生成 logo 图标的位图
    Canvas canvas = new Canvas(new Texture(pixelMap));
    Paint paint = new Paint();
    int centerX = size.width / NUMBER2 - logoSize.width / NUMBER2;
    int centerY = size.height / NUMBER2 - logoSize.height / NUMBER2;
    canvas.drawPixelMapHolder(new PixelMapHolder(logoPixelMap), centerX, centerY, paint);
}
```

二维码识别是将图片转换为 PixelMap 对象，引入第三方库文件完成二维码识别功能，在 libs 文件夹下引入两个.so 文件（libiconv.so、libzbarjni.so）和一个.jar 包文件（zbar.jar）。引入完成后在 entry 级下的 build.gradle 的依赖中添加 implementation fileTree(dir: 'libs', include: ['*.jar', '*.har'])或单独添加文件依赖，最后 Sync Now，将需要识别图片的 PixelMap 对象数据载入到 net.sourceforge.zbar.Image 对象中。

程序清单：**chapter5/core/ScannerCore.java**

```
/**
 * 处理图像识别结果
 *
 * @param pixelMap        识别的位图
 * @param scanBoxAreaRect 识别的矩阵区域
 * @return 识别的 Image 对象
 */
private Image processImage(PixelMap pixelMap, Rect scanBoxAreaRect) {
    // 图片尺寸
    int pWidth = pixelMap.getImageInfo().size.width;
    int pHeight = pixelMap.getImageInfo().size.height;
    // 初始化装载图像 Image 对象
    Image barcode;
    int[] pix;
    if (scanBoxAreaRect == null) {
        // 宽高、格式
        barcode = new Image(pWidth, pHeight, "RGB4");
        pix = new int[pWidth * pHeight];
        // 将位图数据写入到 Image 中
        pixelMap.readPixels(pix, 0, pWidth,
                new ohos.media.image.common.Rect(0, 0, pWidth, pHeight));
    } else {
        int scanWidth = scanBoxAreaRect.getWidth();
        int scanHeight = scanBoxAreaRect.getHeight();
        barcode = new Image(scanWidth, scanHeight, "RGB4");
        pix = new int[scanWidth * scanHeight];
        // 将位图数据写入到 Image 中
        pixelMap.readPixels(pix, 0, scanWidth,
```

```
            new ohos.media.image.common.Rect(scanBoxAreaRect.left,
                scanBoxAreaRect.top, scanWidth, scanHeight));
    }
    barcode.setData(pix);
    return barcode.convert("Y800");
}
```

初始化二维码识别器 ImageScanner 对象，配置解析码支持的格式。

程序清单：chapter5/core/ScannerCore.java

```
/**
 * 初始化识别核心类
 */
private void initImageScanner() {
    mScanner = new ImageScanner();
    mScanner.setConfig(0, Config.X_DENSITY, CONFIG_SIZE);
    mScanner.setConfig(0, Config.Y_DENSITY, CONFIG_SIZE);
    mScanner.setConfig(Symbol.NONE, Config.ENABLE, 0);
    mScanner.setConfig(Symbol.PARTIAL, Config.ENABLE, 1);
    mScanner.setConfig(Symbol.EAN8, Config.ENABLE, 1);
    mScanner.setConfig(Symbol.UPCE, Config.ENABLE, 1);
    mScanner.setConfig(Symbol.ISBN10, Config.ENABLE, 1);
    mScanner.setConfig(Symbol.UPCA, Config.ENABLE, 1);
    mScanner.setConfig(Symbol.EAN13, Config.ENABLE, 1);
    mScanner.setConfig(Symbol.ISBN13, Config.ENABLE, 1);
    mScanner.setConfig(Symbol.I25, Config.ENABLE, 1);
    mScanner.setConfig(Symbol.DATABAR, Config.ENABLE, 1);
    mScanner.setConfig(Symbol.DATABAR_EXP, Config.ENABLE, 1);
    mScanner.setConfig(Symbol.CODABAR, Config.ENABLE, 1);
    mScanner.setConfig(Symbol.CODE39, Config.ENABLE, 1);
    mScanner.setConfig(Symbol.PDF417, Config.ENABLE, 1);
    mScanner.setConfig(Symbol.QRCODE, Config.ENABLE, 1);
    mScanner.setConfig(Symbol.CODE93, Config.ENABLE, 1);
    mScanner.setConfig(Symbol.CODE128, Config.ENABLE, 1);
}
```

通过调用 ImageScanner 对象的 scanImage(Image var1)对图像对象 Image 进行处理，并调用 getResults()得到二维码识别的结果。

程序清单：chapter5/core/ScannerCore.java

```
/**
 * 核心处理
 *
 * @param barcode 包装处理数据
 * @return 识别结果
 */
private String processData(Image barcode) {
    String symData = null;
    if (mScanner.scanImage(barcode) == 0) {
        return symData;
    }
    for (Symbol symbol : mScanner.getResults()) {
        // 未能识别的格式继续遍历
        if (symbol.getType() == Symbol.NONE) {
            continue;
        }
        symData = new String(symbol.getDataBytes(), StandardCharsets.UTF_8);
```

```
    // 空数据继续遍历
    if (QRCodeUtil.isEmpty(symData)) {
        continue;
    }
    return symData;
}
return symData;
}
```

二维码识别时先调用 initImageScanner()进行识别功能初始化，可将初始化方法放入构造函数中，再调用 processImage(PixelMap pixelMap, Rect scanBoxAreaRect)处理需要识别的二维码图像，最后调用 processData(Image barcode)处理图像中的数据获取最终识别结果。

▶▶ 5.3.2 实体识别实现单击视频中的人物显示相关信息

实体识别能够从自然语言中提取出具有特定意义的实体，并在此基础上完成搜索等一系列相关操作及功能。实体识别覆盖范围大，能够满足日常开发中对实体识别的需求，让应用体验更好。识别准确率高，能够准确地提取到实体信息，对应用基于信息的后续服务形成关键影响。

实体识别提供识别文本中具有特定意义实体的能力，包含电影、电视剧、综艺、动漫、单曲、专辑、图书、火车车次、航班号、球队、人名、快递单号、电话号码、url、邮箱、联赛、时间、地点（包含酒店、餐馆、景点、学校、道路、省、市、县、区、镇等）、验证码，实体识别开发步骤如下。

1）使用 NluClient 静态类进行初始化，通过异步方式获取服务的连接。

程序清单：**chapter5/slice/EntityIdentificationAbilitySlice.java**

```
// 初始化成功状态
private boolean initEngineResult;
private void initEngine() {
    // 初始化成功回调，在服务初始化成功调用该函数
    NluClient.getInstance().init(this, result -> initEngineResult = true, true);
}
```

2）调用实体识别接口，获取分析结果。

程序清单：**chapter5/slice/EntityIdentificationAbilitySlice.java**

```
// 同步
private void start(Component component) {
    Map<String, Object> map = new HashMap<>();
    // 实体识别数据
    map.put("text", inputText.getText());
    // module 为可选参数，如果不设置该参数，则默认分析所有实体
    map.put("module", "movie");
    String requestJson = ZSONObject.toZSONString(map);
    if (initEngineResult) {
        // 返回结果
        ResponseResult responseResult = NluClient.getInstance()
            .getEntity(requestJson, NluRequestType.REQUEST_TYPE_LOCAL);
        if (responseResult != null) {
            String result = responseResult.getResponseResult();
```

```
                    outText.setText("结果:" + System.lineSeparator() + result);
            }
        }
    }
```

如果采用异步方式进行实体识别，则需要在识别中添加结果回调。

程序清单：**chapter5/slice/EntityIdentificationAbilitySlice.java**

```java
// 异步
private void startAsync(Component component){
    Map<String, Object> map = new HashMap<>();
    // 实体识别数据
    map.put("text", inputText.getText());
    // module 为可选参数，如果不设置该参数，则默认分析所有实体
    map.put("module", "movie");
    // 待分析文本
    String requestJson = ZSONObject.toZSONString(map);
    if (initEngineResult) {
        // 调用接口
        NluClient.getInstance().getEntity(requestJson,NluRequestType.REQUEST_TYPE_LOCAL,respResult->{
            // 异步返回
            if (null != respResult && NluError.SUCCESS_RESULT == respResult. getCode()) {
                // 获取接口返回结果，参考接口文档返回使用
                String result = respResult.getResponseResult();
                outText.setText("结果:" + System.lineSeparator() + result);
            }
        });
    }
}
```

若出现识别完毕或用户退出等状态，需要销毁 NLU 服务。

程序清单：**chapter5/slice/EntityIdentificationAbilitySlice.java**

```java
@Override
protected void onStop() {
    super.onStop();
    // 销毁
    NluClient.getInstance().destroy(this);
}
```

实体识别当前只支持中文环境，识别文本需要限制在 500 字以内，文本格式必须为 UTF-8，同一时间只能处理一个进程的业务，多于一个则进入队列排队，不支持并发调用。

▶▶5.3.3　语音识别实现实时字幕与语音播报功能

语音识别技术，也称为自动语音识别（Automatic Speech Recognition, ASR），可以基于机器识别和理解将语音信号转变为文本或命令。语音识别功能提供面向移动终端的语音识别能力。它基于华为智慧引擎（HUAWEI HiAI Engine）中的语音识别引擎，向开发者提供人工智能应用层 API。该技术可以将语音文件、实时语音数据流转换为汉字序列，准确率达到 90%以上（本地识别 95%）。

语音识别支持开发具有语音识别需求的第三方应用，如语音输入法、语音搜索、实时字幕、游戏娱乐、社交聊天、人机交互（如驾驶模式）等场景。音频文件可以是实时录音文件，

也可以是提前准备的音频文件，这里以提前准备好的音频文件为例。

程序清单：**chapter5/slice/SpeechRecognitionAbilitySlice.java**

```java
private void initData() {
    // 语音识别源文件
    wavCachePath = new File(getFilesDir(), "asr_test.wav").getPath();
    // 写入文件
    writeToDisk(RAW_AUDIO_WAV, wavCachePath);
}

/**
 * 写入文件到磁盘
 * @param rawFilePathString     源文件路径
 * @param targetFilePath        目标文件路径
 */
private void writeToDisk(String rawFilePathString, String targetFilePath) {
    // 获取文件
    File file = new File(targetFilePath);
    if (file.exists()) {
        return;
    }
    RawFileEntry rawFileEntry = getResourceManager().getRawFileEntry(rawFilePathString);
    // 读取源文件
    try (FileOutputStream output = new FileOutputStream(new File(target-FilePath))) {
        Resource resource = rawFileEntry.openRawFile();
        byte[] cache = new byte[1024];
        int len = resource.read(cache);
        while (len != -1) {
            output.write(cache, 0, len);
            len = resource.read(cache);
        }
    } catch (IOException e) {
        LogUtil.error(TAG, "写入异常");
    }
}
```

创建一个 AsrClient 对象，创建 AsrIntent 对象设置引擎参数，若不设置则使用默认参数。初始化 ASR 服务，创建 AsrListener 对象实现语音识别监听。

程序清单：**chapter5/slice/SpeechRecognitionAbilitySlice.java**

```java
//语音识别引擎初始化
private void initAIEngine() {
    // 创建一个 AsrClient 对象
    asrClient = AsrClient.createAsrClient(this).orElse(null);
    if (asrClient != null) {
        AsrIntent asrIntent = new AsrIntent();// 设置引擎参数
        // 设置后置的端点检测（VAD）时间
        asrIntent.setVadEndWaitMs(2000);
        // 设置前置的端点检测（VAD）时间
        asrIntent.setVadFrontWaitMs(4800);
        // 设置语音识别的超时时间
        asrIntent.setTimeoutThresholdMs(20000);
        // 设置音频文件格式
    asrIntent.setAudioSourceType(AsrIntent.AsrAudioSrcType.ASR_SRC_TYPE_PCM);
        // 初始化 ASR 服务
        asrClient.init(asrIntent, asrListener);
    }
```

```
}
private final AsrListener asrListener = new AsrListener() {
    // ASR 引擎初始化结束后，ASR 的服务端会调用此回调接口处理初始化结果数据
    @Override
    public void onInit(PacMap pacMap) {
        result = pacMap.getString(AsrResultKey.RESULTS_RECOGNITION);
        handler.sendEvent(EVENT_MSG_INIT);
    }
    // ASR 引擎检测到用户开始说话时，ASR 服务端调用此回调接口
    @Override
    public void onBeginningOfSpeech() { }
    // ASR 引擎检测到音频输入的语音能量变化时，ASR 服务端调用此回调接口处理语音能量
    @Override
    public void onRmsChanged(float value) {
        LogUtil.info(TAG, "onRmsChanged :" + value);
    }
    // ASR 引擎每次接收到新输入的音频流时，会调用此回调接口处理接收到的语音流数据
    @Override
    public void onBufferReceived(byte[] bytes) {
        LogUtil.info(TAG, "onBufferReceived :" + new String(bytes));
    }
    // ASR 引擎检测到用户说话停止时，调用此回调接口
    @Override
    public void onEndOfSpeech() {}
    // ASR 语音识别过程中出现错误时，调用此回调接口
    @Override
    public void onError(int errorCode) {
        result = "错误码 :" + errorCode;
        handler.sendEvent(EVENT_MSG_ERROR);
    }
    // ASR 引擎完成语音识别，调用此回调返回和处理完整的识别结果
    @Override
    public void onResults(PacMap pacMap) {
        result = pacMap.getString(AsrResultKey.RESULTS_RECOGNITION);
        handler.sendEvent(EVENT_MSG_PARSE_END);
    }
    // ASR 引擎语音识别过程中，当部分识别结果可以获取到时，调用此回调处理中间过程的识别结果
    @Override
    public void onIntermediateResults(PacMap pacMap) {
        result = pacMap.getString(AsrResultKey.RESULTS_RECOGNITION);
        handler.sendEvent(EVENT_MSG_PARSE_END);
    }
    // ASR 引擎识别结束时，调用此回调接口
    //但如果识别音频过程中被 AsrClient 类中的 stopListening() 或 cancel() 方法打断，则不会调用此回调接口
    @Override
    public void onEnd() { }
    // ASR 引擎检测到某些事件时，调用此接口上报事件给调用者
    @Override
    public void onEvent(int i, PacMap pacMap) {}
    // 在音频开始时，ASR 引擎服务端调用此回调接口
    @Override
    public void onAudioStart() {
        handler.sendEvent(EVENT_MSG_PARSE_START);
    }
    // 在音频结束时，ASR 引擎服务端调用此回调接口
    @Override
    public void onAudioEnd() {}
};
```

分段写入音频文件,开始语音识别。调用 startListening(AsrIntent asrIntent)或 writePcm(byte[] bytes, int length)开始识别,建议放在 AsrListener 对象中 onInit()方法内调用,保证初始化引擎成功之后再调用识别接口。如果希望识别音频文件,则不需要调用 writePcm(byte[] bytes, int length)。

程序清单:chapter5/slice/SpeechRecognitionAbilitySlice.java

```java
//开始听取和识别语音
private void start(Component component) {
    asrClient.startListening(new AsrIntent());
    File file = new File(wavCachePath);
    if (!file.exists()) {
        return;
    }
    int initialSize = new Long(file.length()).intValue();
    // 读取源数据
    try (ByteArrayOutputStream bos = new ByteArrayOutputStream(initialSize);
         BufferedInputStream in = new BufferedInputStream(new FileInputStream (file))) {
        byte[] buffer = new byte[VALID_LENGTH];
        int len;
        while (true) {
            len = in.read(buffer, 0, VALID_LENGTH);
            if (len == -1) {
                break;
            }
            bos.reset();
            bos.write(buffer, 0, len);
            // 写入 PCM 数据流,进行语音识别
            asrClient.writePcm(bos.toByteArray(), VALID_LENGTH);
        }
    } catch (IOException e) {
        LogUtil.error(TAG, "读写异常 ");
    }
}
```

解析识别结果。结果封装在 JSON 格式的数据中,创建对应格式的解析类 AsrBean 解析结果。

程序清单:chapter5/slice/SpeechRecognitionAbilitySlice.java

```java
// 识别结果数据解析
private void parseJson() {
    try {
        // 数据解析
        AsrBean asrBean = ZSONObject.stringToClass(result, AsrBean.class);
        if (asrBean != null && asrBean.getResult().size()→ 0) {
            AsrBean.Result resultContent = asrBean.getResult().get(0);
            outText.setText("结果:" + System.lineSeparator() + resultContent. getWord());
        }
    } catch (ZSONException e) {
        LogUtil.error(TAG, "json 数据解析异常");
    }
}
// 语音识别结果数据包装类
class AsrBean {
    private List<Result> result;
    private String resultType;
```

```
    ...
    public static class Result {
        private double confidence;
        private String ori_word;
        private String pinyin;
        private String word;
        ...
    }
}
```

语音识别完成或用户退出时，调用 stopListening()停止语音识别，此时已经获取到的语音会完成识别，未获取到的语音将不再识别。一般在默认场景下，无须调用此方法去停止识别，因为语音识别会自动地决策语音是否已经完成，然后自动地停止识别。然而，也可以调用此方法来直接在某刻手动地停止识别。调用此方法前，需要先调用 init(AsrIntent, AsrListener)来初始化 ASR 引擎服务。若取消语音识别，即使已获取的语音也不再识别，调用 cancel()可取消语音识别，调用该方法的前提是 ASR 引擎服务已被初始化。所有语音识别任务完成后，调用 destroy() 取消所有 ASR 任务，销毁 ASR 引擎服务。调用此方法后，无法再使用 ASR 服务。如果需要重新使用 ASR 服务，需要重新调用 createAsrClient(Context)来创建 AsrClient 实例。

程序清单：chapter5/slice/SpeechRecognitionAbilitySlice.java

```
// 释放
private void release() {
    if (asrClient != null) {
        // 停止识别
        asrClient.stopListening();
        // 取消识别
        asrClient.cancel();
        // 取消所有 ASR 任务，销毁 ASR 引擎服务，释放引擎
        asrClient.destroy();
    }
}
```

当前版本的语音识别支持的输入格式只有 wav 和 pcm，语音只支持普通话，输入时长不能超过 20s，采样率 16000Hz，单声道，引擎的使用必须初始化和释放处理，且调用必须在 UI 的主线程中进行。HUAWEI HiAI Engine 不支持同一应用使用多线程调用同一接口，这样会使某一线程 release 后，卸载模型，导致正在运行的另一些线程出错。故多线程执行同一功能达不到并行的效果。但是引擎支持使用多线程调用不同接口，如开启两个线程同时使用文档矫正和 ASR 接口。

语音播报（Text to Speech，TTS）基于华为智慧引擎（HUAWEI HiAI Engine）中的语音播报引擎，向开发者提供人工智能应用层 API。该技术提供将文本转换为语音并进行播报的能力。该功能常用于实时语音交互和超长文本播报，首先需要创建 TtsListener 对象，对语音播报的各个状态进行监听。

程序清单：chapter5/slice/TextToSpeechAbilitySlice.java

```
// TTS 回调
private final TtsListener ttsListener = new TtsListener() {
    // TTS 各种状态回调，客户端创建成功、失败，销毁成功、失败，方法执行成功、失败等
```

```
    @Override
    public void onEvent(int eventType, PacMap pacMap) {
        if (eventType == TtsEvent.CREATE_TTS_CLIENT_SUCCESS) {
            LogUtil.info(TAG, "TTS 客户端创建成功");
        }
    }
    …
};
```

创建与 TTS 服务的连接，初始化此连接并设置音量、音调、语速、音色、音频流类型等。

程序清单： **chapter5/slice/TextToSpeechAbilitySlice.java**

```
// 初始化语音播报引擎
private void initTTSEngine() {
    // 创建 TTS 客户端
    ttsClient.create(this, ttsListener);
    // 设置参数。支持设置音量、音调、语速、音色 4 个参数的修改，修改其他值无效，在 init(TtsParams)之后
调用，否则设置不生效
    TtsParams ttsParams = new TtsParams();
    ttsParams.setDeviceId(UUID.randomUUID().toString());
    ttsParams.setSpeed(1);
    ttsParams.setVolume(1);
    // 初始化 TTS 客户端。设置 deviceId、deviceType、语速、音量、音调、音色参数，其中 deviceId 必须设
置，否则初始化失败
    initItsResult = ttsClient.init(ttsParams);
    // 设置音频流类型。目前支持 AudioVolumeType.STREAM_MUSIC 等 9 种音频流类型的设置，可在播报前调用
    ttsClient.setAudioType(AudioManager.AudioVolumeType.STREAM_MUSIC);
    if (initItsResult) {
        Toast.show(getContext(), "InitTTSEngine Succeeded");
    } else {
        handler.sendEvent(EVENT_MSG_INIT, 1000);
    }
}
```

调用 speakText(String text, String utteranceId)合成音频并播报。

程序清单： **chapter5/slice/TextToSpeechAbilitySlice.java**

```
// 合成音频并播报
private void startPlay(Component component) {
    if (initItsResult) {
        // 若正在播报，则停止播报，开始新的播报
        if(ttsClient.isSpeaking()){
            ttsClient.stopSpeak();
        }
        ttsClient.speakText(inputText.getText(), null);
    } else {
        Toast.show(getContext(), "语音播报引擎初始化失败，无法播放");
    }
}
```

传入需播报的文本即可合成音频并播报，支持的最大文本长度为 512 个字符，若文本超长或文本为空将会报错，并将错误结果通过回调 TtsListener 的 onError(String,String)方法传给调用者。utteranceId 为播报请求的唯一标识，若 utteranceId 为空，TTS 引擎将为本次请求随机生成 utteranceId。如果是超长文本，则需调用 speakLongText(String longText, String utteranceId)连续合成并播报超长文本。

程序清单：chapter5/slice/TextToSpeechAbilitySlice.java

```
// 连续合成并播报超长文本
private void startPlayLongText(Component component) {
    // 初始化成功
    if (initItsResult) {
        // // 若正在播报，则停止播报，开始新的播报
        if(ttsClient.isSpeaking()){
            ttsClient.stopSpeak();
        }
        ttsClient.speakText(inputText.getText(), null);
    } else {
        Toast.show(getContext(), "语音播报引擎初始化失败，无法播放");
    }
}
```

超长文本播报最大支持的文本长度为 100000 个字符，若文本超过最大支持长度或文本为空将会报错，并将错误结果通过 TtsListener 的 onError(String,String)方法传给调用者。

程序清单：chapter5/slice/TextToSpeechAbilitySlice.java

```
// 释放资源，销毁客户端
private void release(){
    if(ttsClient != null) {
        if(ttsClient.isSpeaking()){
            ttsClient.stopSpeak();
        }
        // 释放正在使用的 TTS 引擎
        ttsClient.release();
        // 销毁 TTS 客户端
        ttsClient.destroy();
        ttsClient = null;
    }
}
```

当前版本语音播报虽支持超长文本播报，但最大文本长度为 100000 个字符，且语音播报不支持多线程调用。

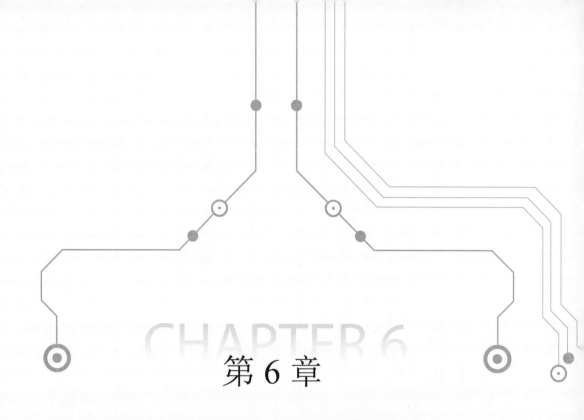

第 6 章

设备管理、数据管理及网络连接

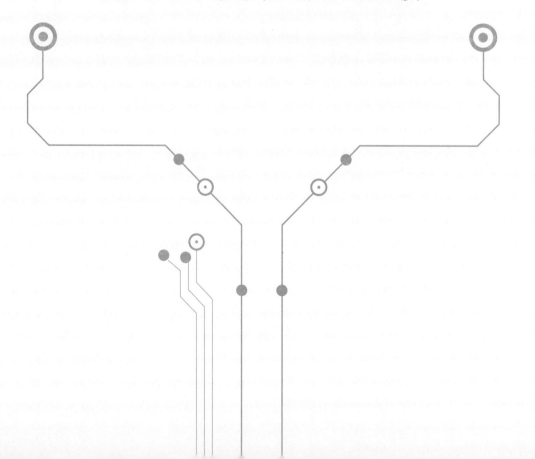

设备管理是以设备为研究对象，提高设备使用效率，合理调配设备资源，主要涉及传感器、控制类小器件、位置、设置项、设备标识符等。

数据管理是利用计算机硬件和软件技术对数据进行有效收集、存储、处理和应用的过程。其目的在于充分有效地发挥数据的作用。实现数据有效管理的关键是数据组织。鸿蒙系统为开发者提供了多种数据库供使用：关系型数据库、对象关系映射数据库、轻量级数据库等。

网络连接是指网络在应用级的互联。它是一对同构或异构的端系统，通过由多个网络或中间系统提供的持续通路来进行连接，目的是实现系统之间端到端的通信。在鸿蒙系统中的网络连接主要涉及 NFC、蓝牙、WLAN、网络管理和电话服务。

6.1 蓝牙与 NFC 智能感应

蓝牙和 NFC 现在都已经得到广泛的应用，原理上都是无线电传输技术，本质上却不相同。蓝牙是一种近距离、低功耗的无线通信标准，采用分散式网络结构，以及快跳频和短包技术，支持一对一或一对多通信，速率相对 NFC 较快，兼容性广，开放性强，便于携带；NFC 是一种短距离高频的无线通信技术，允许设备之间进行短距离（10cm 内）非接触式点对点传输交换数据，无须配对，近场使用，最实用的是卡模式，可代替公交卡、门禁卡、银行卡等具有 IC 芯片的所有卡类。

6.1.1 使用 NFC 开发电梯卡模拟功能

卡模拟功能是设备可以模拟卡片，替代卡片完成对应操作，如模拟门禁卡、公交卡等，通过 NfcController 类的方法 isNfcAvailable() 来确认设备是否支持 NFC 功能。如果设备支持 NFC 功能，可通过 isNfcOpen() 来查询 NFC 的开关状态。

程序清单：**chapter6/slice/NFCAbilitySlice.java**

```
// 查询本机是否支持 NFC
private void getSupportNFC() {
    // 获取 NFC 控制对象
    nfcController = NfcController.getInstance(getContext());
    // 该设备是否支持 NFC
    isAvailable = nfcController.isNfcAvailable();
    if (isAvailable) {
        // 调用查询 NFC 是否打开接口，返回值为 NFC 是否是打开的状态
        boolean isOpen = nfcController.isNfcOpen();
        getSupportCardEmulation();
    } else {
        Toast.show(getContext(),"该设备不支持 NFC");
    }
}
```

查询是否支持指定安全单元的卡模拟功能，安全单元包括 HCE（Host Card Emulation）、ESE（Embedded Secure Element）和 SIM（Subscriber Identity Module）卡。申请 NFC 卡模式

ohos.permission.NFC_CARD_EMULATION 权限。打开或关闭指定技术类型的卡模拟，并查询卡模拟状态。获取 NFC 信息，包括当前激活的安全单元、Hisee 上电状态、是否支持 RSSI（Received Signal Strength Indication）查询等。根据 NFC 服务的类型获取刷卡时选择服务的方式，包括支付（Payment）类型和非支付（Other）类型。动态设置和注销前台优先应用。NFC 应用的应用标识（Application Identifier，AID）相关操作包括注册和删除应用的 AID、查询应用是否是指定 AID 的默认应用、获取应用的 AID 等。

程序清单：chapter6/slice/NFCAbilitySlice.java

```java
// 查询是否支持卡模拟功能，开关卡模拟及查询卡模拟状态
private void getSupportCardEmulation() {
    // 查询是否支持卡模拟功能
    // 获取卡模拟控制对象
    CardEmulation cardEmulation = CardEmulation.getInstance(nfcController);
    // 查询是否支持 HCE、UICC、ESE 卡模拟，返回值表示是否支持对应安全单元的卡模拟
    boolean isSupportedHce = cardEmulation.isSupported(CardEmulation.FEATURE_HCE);
    boolean isSupportedUicc = cardEmulation.isSupported(CardEmulation.FEATURE_UICC);
    boolean isSupportedEse = cardEmulation.isSupported(CardEmulation.FEATURE_ESE);
    // 开关卡模拟及查询卡模拟状态
    // 打开卡模拟
    cardEmulation.setListenMode(CardEmulation.ENABLE_MODE_ALL);
    // 调用查询卡模拟开关状态的接口，返回值为卡模拟是否是打开的状态
    boolean isEnabled = cardEmulation.isListenModeEnabled();
    // 关闭卡模拟
    cardEmulation.setListenMode(CardEmulation.DISABLE_MODE_A_B);
    // 再次调用查询卡模拟开关状态的接口，返回值为卡模拟是否是打开的状态
    isEnabled = cardEmulation.isListenModeEnabled();
    // 获取 NFC 信息
    // 查询本机当前使能的安全单元类型 ENABLED_SE_TYPE_ESE
    String seType = cardEmulation.getNfcInfo(CardEmulation.KEY_ENABLED_ SE_TYPE);
    // 查询 Hisee 上电状态
    String hiseeState = cardEmulation.getNfcInfo(CardEmulation.KEY_HISEE_ READY);
    // 查询是否支持 RSSI 的查询
    String rssiAbility = cardEmulation.getNfcInfo(CardEmulation.KEY_RSSI_ SUPPORTED);
    // 根据 NFC 服务的类型获取刷卡时选择服务的方式
    // 获取选择服务的方式 SELECTION_TYPE_PREFER_DEFAULT
    int result = cardEmulation.getSelectionType(CardEmulation.CATEGORY_ PAYMENT);
    // SELECTION_TYPE_ASK_IF_CONFLICT
    result = cardEmulation.getSelectionType(CardEmulation.CATEGORY_OTHER);
    // 动态设置和注销前台优先应用
    // 获取 NFC 控制对象
    // 动态设置前台优先应用
    Ability ability = new Ability();
    cardEmulation.registerForegroundPreferred(ability, new ElementName());
    // 注销前台优先应用
    cardEmulation.unregisterForegroundPreferred(ability);
    // NFC 应用的 AID 相关操作
    // 动态注册 AID
    // 给应用注册指定类型的 AID
    List<String> aids = new ArrayList<>();
    aids.add(0, "A0028321901280");
    aids.add(1, "A0028321901281");
    ElementName element = new ElementName();
    try {
        cardEmulation.registerAids(element, CardEmulation.CATEGORY_PAYMENT, aids);
    } catch (IllegalArgumentException e) {
```

```
        LogUtil.error(TAG, "IllegalArgumentException when registerAids");
    }
    // 删除应用的指定类型的 AID
    cardEmulation.removeAids(element, CardEmulation.CATEGORY_PAYMENT);
    cardEmulation.removeAids(element, CardEmulation.CATEGORY_OTHER);
    // AID 查询
    // 判断应用是否是指定 AID 的默认处理应用
    String aid = "A0028321901280";
    cardEmulation.isDefaultForAid(element, aid);
    // 获取应用中指定类型的 AID 列表
    try {
        cardEmulation.getAids(element, CardEmulation.CATEGORY_PAYMENT);
    } catch (IllegalArgumentException e) {
        LogUtil.error(TAG, "IllegalArgumentException when getAids");
    }
}
```

开发者可以静态注册 AID，需要在配置文件 config.json 注册 HCE 服务；在配置文件的 module 中，添加 metaData 对象，并配置 customizeData；注册时使用 paymentAid 字段静态注册支付类型的 AID，使用 otherAid 字段静态注册其他类型的 AID，多个支付类型的 AID 使用 '|' 符号隔开。通过应用的服务继承 HostService，实现 HCE 卡模拟功能。实现抽象方法 handleRemoteCommand(byte[] cmd, IntentParams params)和 disabledCallback()，完成协议并实现自定义功能。

程序清单：chapter6/slice/NFCAbilitySlice.java

```java
// HCE 应用的服务继承 HostService，实现 HCE 卡模拟功能
class AppService extends HostService {
    private final byte[] SELECT_PPSE = {};
    ...
    // 协议匹配
    @Override
    public byte[] handleRemoteCommand(byte[] cmd, IntentParams params) {
        LogUtil.info(TAG, "handleRemoteCommand");
        if (Arrays.equals(SELECT_PPSE, cmd)) {
            LogUtil.info(TAG, "Matched PPSE select");
            return PPSE_RESP;
        } else if (Arrays.equals(SELECT_MASTERCARD, cmd)) {
            LogUtil.info(TAG, "Matched Mastercard select");
            return SELECT_MASTERCARD_RESP;
        } else if (Arrays.equals(GET_PROC_OPT, cmd)) {
            LogUtil.info(TAG, "Matched get processing options");
            return GET_PROC_OPT_RESP;
        } else if (Arrays.equals(READ_REC, cmd)) {
            LogUtil.info(TAG, "Matched read rec");
            return READ_REC_RESP;
        } else if (cmd.length>= 5 && cmd[0] == (byte) 0x80 && cmd[1] == (byte) 0x2a &&
cmd[2] == (byte) 0x8e && cmd[3] == (byte) 0x80 && cmd[4] == 0x0f) {
            return COMPUTE_CHECKSUM_RESP;
        } else {
            return new byte[]{(byte) 0x90, 0x00};
        }
    }

    @Override
    public void disabledCallback(int errCode) {
```

```
        // 应用自定义接口实现
    }

    // 应用自定义功能
}
```

▶▶ 6.1.2 实现对本机蓝牙的管理功能

蓝牙本机管理主要是针对蓝牙本机的基本操作，包括打开和关闭蓝牙、设置和获取本机蓝牙名称、扫描和取消扫描周边蓝牙设备、获取本机蓝牙 profile 对其他设备的连接状态、获取本机蓝牙已配对的蓝牙设备列表。

若需要发现周围蓝牙设备，需申请蓝牙发现权限和蓝牙定位权限 ohos.permission.DISCOVER_BLUETOOTH、ohos.permission.LOCATION；若需要使用蓝牙，则需申请蓝牙使用权限 ohos.permission.USE_BLUETOOTH；若需要管理蓝牙设备，则需申请蓝牙管理权限 ohos.permission.MANAGE_BLUETOOTH。除了在 config.json 中申请外，使用时还需动态申请。

程序清单：**chapter6/bluetooth/BluetoothManager.java**

```java
    // 权限检测
    private boolean hasPermission() {
        return bluetoothContext.verifySelfPermission(Constants.PERM_LOCATION) == IBundleManager.
PERMISSION_GRANTED;
    }
    // 权限申请
    private void requestPermission() {
        if (bluetoothContext.canRequestPermission(Constants.PERM_LOCATION)) {
            bluetoothContext.requestPermissionsFromUser(new String[] {Constants.PERM_LOCATION},
                Constants.USER_REQUEST_LOCATION_SCAN);
        }
    }
```

调用 BluetoothHost 的 getDefaultHost(Context context)获取 BluetoothHost 实例，管理本机蓝牙操作；然后，调用 enableBt()，打开蓝牙；最后，调用 getBtState()，查询蓝牙是否打开。

程序清单：**chapter6/bluetooth/BluetoothManager.java**

```java
    /**
     * 获取 BluetoothHost 实例，管理本机蓝牙操作
     * @param eventListener 蓝牙事件监听
     */
    public void initializeBluetooth(BluetoothEventListener eventListener) {
        bluetoothEventListener = eventListener;
        // 获取蓝牙
        btHost = BluetoothHost.getDefaultHost(bluetoothContext);
    }
    // 获取当前蓝牙状态
    public int getBluetoothStatus() {
        // 获取当前蓝牙状态
        return btHost.getBtState();
    }
    // 打开蓝牙
    public void enableBluetooth() {
        // 若蓝牙处于关闭状态则打开蓝牙
        if (btHost.getBtState() == STATE_OFF || btHost.getBtState() == STATE_ TURNING_OFF) {
```

```
        // 打开蓝牙
        btHost.enableBt();
    }
    // 更新蓝牙状态
 bluetoothEventListener
            .notifyBluetoothStatusChanged(btHost.getBtState());
}
// 关闭蓝牙
public void disableBluetooth() {
    // 若蓝牙处于开启状态则关闭蓝牙
    if (btHost.getBtState() == STATE_ON
            || btHost.getBtState() == STATE_TURNING_ON) {
btHost.disableBt();// 关闭蓝牙
    }
    // 更新蓝牙状态
    bluetoothEventListener
            .notifyBluetoothStatusChanged(btHost.getBtState());
}
```

开始蓝牙扫描前要先注册广播 BluetoothRemoteDevice.EVENT_DEVICE_ DISCOVERED，然后调用 startBtDiscovery()开始进行外围设备扫描。如果想要获取扫描到的设备，必须在注册广播时实现公共事件订阅 CommonEventSubscribe 的 onReceiveEvent (CommonEventData data)，并接收设备发现的 EVENT_DEVICE_DISCOVERED 广播。

程序清单：**chapter6/bluetooth/BluetoothManager.java**

```
// 开始扫描
public void startBtScan() {
    int btStatus = btHost.getBtState();
    // 蓝牙处于打开状态
    if (btStatus == STATE_ON) {
        // 权限已申请
        if (hasPermission()) {
            // 发现设备
            startBtDiscovery();
        } else {
            // 申请权限
            requestPermission();
        }
    }
}

// 发现周围设备
public void startBtDiscovery() {
    if (!btHost.isBtDiscovering()) {
        // 发现设备
        btHost.startBtDiscovery();
    }
}
// 订阅蓝牙事件
public void subscribeBluetoothEvents() {
    MatchingSkills matchingSkills = new MatchingSkills();
    // 刷新
    matchingSkills.addEvent(BluetoothHost.EVENT_HOST_STATE_UPDATE);
    // 宿主设备开始发现
    matchingSkills.addEvent(BluetoothHost.EVENT_HOST_DISCOVERY_STARTED);
    // 宿主设备发现完成
    matchingSkills.addEvent(BluetoothHost.EVENT_HOST_DISCOVERY_FINISHED);
```

```java
    // 设备发现
matchingSkills.addEvent(BluetoothRemoteDevice.EVENT_DEVICE_DISCOVERED);
    // 配对状态
matchingSkills.addEvent(BluetoothRemoteDevice.EVENT_DEVICE_PAIR_STATE);
    // 接收系统广播
    CommonEventSubscribeInfo subscribeInfo =
                    new CommonEventSubscribeInfo(matchingSkills);
    // 订阅公共事件
    commonEventSubscriber = new CommonEventSubscriber(subscribeInfo) {
        @Override
        public void onReceiveEvent(CommonEventData commonEventData) {
            Intent intent = commonEventData.getIntent();
    // 处理事件
            handleIntent(intent);
        }
    };
    try {
        // 订阅蓝牙事件
        CommonEventManager.subscribeCommonEvent(commonEventSubscriber);
    } catch (RemoteException e) {
        LogUtil.error(TAG, "订阅蓝牙事件异常");
    }
}
```

▶▶ 6.1.3　扫描并连接远端蓝牙设备

当调用 startBtDiscovery() 时，当前设备会扫描周围一定范围内的可用蓝牙设备，每扫到一个设备，当前设备就通过发送公共事件往蓝牙设备列表中添加一个设备，同时对相同的设备使用 Set 进行去重。

*程序清单：**chapter6/bluetooth/BluetoothManager.java***

```java
// 事件处理
private void handleIntent(Intent intent) {
    if (intent == null) {
        return;
    }
    String action = intent.getAction();
    switch (action) {
        case BluetoothHost.EVENT_HOST_STATE_UPDATE:
            // 刷新列表
            handleHostStateUpdate();
            break;
        case BluetoothHost.EVENT_HOST_DISCOVERY_STARTED:
            // 开始发现
            handleDeviceDiscoveryState(true);
            break;
        case BluetoothRemoteDevice.EVENT_DEVICE_DISCOVERED:
            // 发现已配对过的设备
            handleBluetoothDeviceDiscovered(intent);
            break;
        case BluetoothHost.EVENT_HOST_DISCOVERY_FINISHED:
            // 停止发现
            handleDeviceDiscoveryState(false);
            break;
        case BluetoothRemoteDevice.EVENT_DEVICE_PAIR_STATE:
            // 配对
```

```
                handleDevicePairState(intent);
                break;
            default:
                LogUtil.info(TAG, "无法处理该事件 : " + action);
    }
}
private final Set<BluetoothRemoteDevice> availableDevices = new LinkedHashSet<>();
/**
 * 发现周围蓝牙设备并存储设备信息，并通过 LinkedHashSet 对相同设备进行去重
 * @param intent
 */
private void handleBluetoothDeviceDiscovered(Intent intent) {
    BluetoothRemoteDevice btRemoteDevice = intent.getSequenceableParam(
        BluetoothRemoteDevice.REMOTE_DEVICE_PARAM_DEVICE);
    // 若该设备没有在配对
    if (btRemoteDevice.getPairState() != BluetoothRemoteDevice.PAIR_STATE_ PAIRED) {
        // 添加设备
        availableDevices.add(btRemoteDevice);
    }
    bluetoothEventListener.updateAvailableDevices(getAvailableDevices());
}
```

可以调用 getPairedDevices()获取已经配对过的蓝牙设备，已经配对过的设备再次配对无须输入配对信息。

程序清单：**chapter6/bluetooth/BluetoothManager.java**

```
// 获取已配对过的设备列表
public List<BluetoothDevice> getPairedDevices() {
    Set<BluetoothRemoteDevice> pairedDevices = new HashSet<>(btHost.getPairedDevices());
    return getBluetoothDevices(pairedDevices);
}
// 组装蓝牙设备列表
private List<BluetoothDevice> getBluetoothDevices(Set<BluetoothRemoteDevice> remoteDeviceList) {
    List<BluetoothDevice> btDevicesList = new ArrayList<>();
    if (remoteDeviceList != null) {
        // 添加设备信息
        btDevicesList = remoteDeviceList.stream()
          .map(BluetoothDevice::new).collect(Collectors.toList());
    }
    return btDevicesList;
}
```

获取用户选中的远端蓝牙设备名称后，通过调用 getDeviceAddr()获取远端蓝牙设备地址，调用 getPairState()获取选中设备的配对状态，若没有正在配对的设备，则调用 startPair()向选中设备发起配对。

程序清单：**chapter6/bluetooth/BluetoothManager.java**

```
// 开始配对
public void startPair(String pairAddress) {
    // 判断选中设备是否正在配对
    if (bluetoothDevice.getPairState() == BluetoothRemoteDevice.PAIR_STATE_ NONE) {
        Optional<BluetoothRemoteDevice> optBluetoothDevice
                            = getSelectedDevice(pairAddress);
        // 发起配对请求
        optBluetoothDevice.ifPresent(BluetoothRemoteDevice::startPair);
    }
```

```
}
```

蓝牙连接成功后中心设备与外围设备的数据交互需要依靠两端设备的蓝牙协议。

▶▶ 6.1.4　BLE 中心设备与外围设备连接与数据交互

对于一些轻量级的设备若使用蓝牙就必须考虑蓝牙功耗问题，如计步器、心率监视器、灯光控制、智能锁等，所以轻量级设备需要使用低功耗蓝牙 BLE。

中心设备需要进行 BLE 扫描，继承 BleCentralManagerCallback 类实现 scanResultEvent (BleScanResult bleScanResult)和 scanFailedEvent(int event)，用于接收扫描结果。调用 BleCentralManager (BleCentralManagerCallback callback)接口获取中心设备管理对象。获取扫描过滤器，过滤器为空时为不使用过滤器扫描，然后调用 startScan()开始扫描 BLE 设备，在回调中获取扫描到的 BLE 设备。

*程序清单：**chapter6/slice/BLECentralAbilitySlice.java***

```java
// 实现中心设备管理回调
private class HarmonyBleCentralManagerCallback implements BleCentral-ManagerCallback {
    // 扫描结果的回调
    @Override
    public void scanResultEvent(BleScanResult bleScanResult) {
        // 根据扫描结果获取外围设备实例
        if (peripheralDevice == null) {
            // 获取广播数据中的服务 UUID
            List<UUID> uuids = bleScanResult.getServiceUuids();
            // 遍历扫描结果，并更新页面
            for (UUID uuid : uuids) {
                if (SERVICE_UUID.equals(uuid.toString())) {
                    peripheralDevice = bleScanResult.getPeripheralDevice();
                    int length = peripheralDevice.toString().length();
                    String deviceId = peripheralDevice.toString().substring (lengthCUT_LENGTH,
length);
                    updateComponent(deviceText, "设备: " + deviceId);
                }
            }
        }
    }

    // 扫描失败回调
    @Override
    public void scanFailedEvent(int event) {
        updateComponent(deviceText, "设备: 扫描失败，请重新扫描！");
    }
    // 组扫描成功回调
    @Override
    public void groupScanResultsEvent(List<BleScanResult> list) {
        // 使用组扫描时在此对扫描结果进行处理
    }
}
// 获取中心设备管理回调
private HarmonyBleCentralManagerCallback centralManagerCallback = new HarmonyBleCentral
ManagerCallback();
// 获取中心设备管理对象
private BleCentralManager centralManager = new BleCentralManager(this, centralManager
```

```
Callback);
        // 创建扫描过滤器
        private List<BleScanFilter> filters = new ArrayList<>();

        // 开始扫描或停止扫描
        private void startOrStopScan() {
            if (!isScanning) {
                isScanning = true;
                scanButton.setText("停止扫描");
                deviceText.setText("设备: 正在扫描...");
                // 开始扫描带有过滤器的指定 BLE 设备
                centralManager.startScan(filters);
            } else {
                isScanning = false;
                scanButton.setText("开始扫描");
                deviceText.setText("设备: 暂无设备");
                // 停止扫描
                centralManager.stopScan();
            }
        }
```

外围设备需要进行广播，否则中心设备无法发现外围设备。外围设备进行 BLE 广播前需要先继承 advertiseCallback 类实现 startResultEvent(int result) 回调，用于获取广播结果。调用 BleAdvertiser(Context context, BleAdvertiseCallback callback) 获取广播对象，构造广播参数和广播数据。调用 startAdvertising(BleAdvertiseSettings settings, BleAdvertiseData advData, BleAdvertiseData scanResponse) 接口开始 BLE 广播。

程序清单：chapter6/slice/BLEPeripheralAbilitySlice.java

```
// 创建具有指定 UUID 的 GattService 实例
private GattService gattService = new GattService(UUID.fromString (SERVICE_UUID), true);
// 创建第 1 个 GattCharacteristic 实例，用于向中心设备发送数据
private GattCharacteristic notifyCharacteristic =
        new GattCharacteristic(
                UUID.fromString(NOTIFY_CHARACTER_UUID),
                1 | GATT_CHARACTERISTIC_PERMISSIONS,
                GattCharacteristic.PROPERTY_READ
                    | GattCharacteristic.PROPERTY_WRITE
                    | GattCharacteristic.PROPERTY_WRITE_NO_RESPONSE);

// 创建第 2 个 GattCharacteristic 实例，用于接收中心设备发送的数据
private GattCharacteristic writeCharacteristic =
        new GattCharacteristic(
                UUID.fromString(WRITE_CHARACTER_UUID),
                1 | GATT_CHARACTERISTIC_PERMISSIONS,
                GattCharacteristic.PROPERTY_READ
                    | GattCharacteristic.PROPERTY_WRITE
                    | GattCharacteristic.PROPERTY_WRITE_NO_RESPONSE);
// 实现 BLE 广播回调
private class HarmonyBleAdvertiseCallback extends BleAdvertiseCallback {
    // 开始广播回调
    @Override
    public void startResultEvent(int result) {
        if (result == BleAdvertiseCallback.RESULT_SUCC) {
            // 为 GattService 添加一个或多个特征
            gattService.addCharacteristic(notifyCharacteristic);
            gattService.addCharacteristic(writeCharacteristic);
```

```
                    // 删除所有服务
                    blePeripheralManager.clearServices();
                    // 向外围设备管理对象添加 GATT 服务
                    blePeripheralManager.addService(gattService);
                }
            }
        }
        // 创建广播数据，添加服务的 UUID，添加广播数据内容
        private BleAdvertiseData advertiseData = new BleAdvertiseData.Builder()
                .addServiceData(SequenceUuid.uuidFromString(SERVICE_UUID),"12".getBytes(Standard
Charsets. UTF_8))
                .addServiceUuid(SequenceUuid.uuidFromString(SERVICE_UUID))
                .build();

        // 设置广播参数
        private BleAdvertiseSettings advertiseSettings = new BleAdvertiseSettings. Builder()
                .setConnectable(true)// 设置是否可连接广播
                .setInterval(BleAdvertiseSettings.INTERVAL_SLOT_MIN)// 设置广播间隔
                .setTxPower(BleAdvertiseSettings.TX_POWER_MAX)// 设置广播功率
                .build();

        // 获取 BLE 广播回调
        private HarmonyBleAdvertiseCallback advertiseCallback = new HarmonyBleAdvertiseCallback();
        // 获取 BLE 广播对象
        private BleAdvertiser advertiser = new BleAdvertiser(this, advertiseCallback);
        // 初始化单击回调
        private void initClickedListener() {
            advertiseButton.setClickedListener(component -> {
                if (!isAdvertising) {
                    advertiseButton.setText("停止广播");
                    statusText.setText("状态：已广播，等待连接");
                    // 开始 BLE 广播
                    advertiser.startAdvertising(advertiseSettings, advertiseData, null);
                    isAdvertising = true;
                } else {
                    advertiseButton.setText("开始广播");
                    statusText.setText("状态：已停止广播");
                    // 停止 BLE 广播
                    advertiser.stopAdvertising();
                    isAdvertising = false;
                }
            });
        }
```

中心设备调用 startScan()启动 BLE 扫描来获取外围设备，获取到外围设备后，调用 connect (boolean isAutoConnect, BlePeripheraCallback callback)建立与外围 BLE 设备的 GATT 连接，boolean 参数 isAutoConnect 用于设置是否允许设备在可发现距离内自动建立 GATT 连接。启动 GATT 连接后，会触发 connectionStateChangedEvent(int connectionState)回调，根据回调结果判断是否成功连接 GATT。在 GATT 连接成功时，中心设备可以调用 discoverServices()获取外围设备支持的 Services、Characteristics 等特征值，在回调 servicesDiscoveredEvent(int status)中获取外围设备支持的服务和特征值，并根据 UUID 判断是什么服务。根据获取到的服务和特征值，调用 read 和 write 方法可以读取或写入对应特征值数据。

程序清单：**chapter6/slice/BLECentralAbilitySlice.java**

```java
/**
 * 实现外围设备操作回调
 * */
private class HarmonyBlePeripheralCallback extends BlePeripheralCallback {
    // 在外围设备上发现服务的回调
    @Override
    public void servicesDiscoveredEvent(int status) {
        super.servicesDiscoveredEvent(status);
        if (status == BlePeripheralDevice.OPERATION_SUCC) {
            for (GattService service : peripheralDevice.getServices()) {
                checkGattCharacteristic(service);
            }
        }
    }
    private void checkGattCharacteristic(GattService service) {
        for (GattCharacteristic tmpChara : service.getCharacteristics()) {
            if (tmpChara.getUuid().equals(UUID.fromString(NOTIFY_CHARACTER_ UUID))) {
                // 启用特征通知
                peripheralDevice.setNotifyCharacteristic(tmpChara, true);
            }
            if (tmpChara.getUuid().equals(UUID.fromString(WRITE_CHARACTER_ UUID))) {
                // 获取 GattCharacteristic
                writeCharacteristic = tmpChara;
            }
        }
    }
    // 连接状态变更的回调
    @Override
    public void connectionStateChangeEvent(int connectionState) {
        super.connectionStateChangeEvent(connectionState);
        if (connectionState == ProfileBase.STATE_CONNECTED && !isConnected) {
            isConnected = true;
            // 连接成功在外围设备上发现 GATT 服务
            peripheralDevice.discoverServices();
            updateComponent(statusText, "状态：已连接");
        }
    }

    // 特征变更的回调
    @Override
    public void characteristicChangedEvent(GattCharacteristic characteristic) {
        super.characteristicChangedEvent(characteristic);
        // 接收外围设备发送的数据
        updateComponent(dataText, new String(characteristic.getValue()));
    }
}

// 获取外围设备操作回调
private HarmonyBlePeripheralCallback blePeripheralCallback = new HarmonyBlePeripheralCallback();
// 初始化单击回调
private void initClickedListener() {
    scanButton.setClickedListener(component -> startOrStopScan());
    connectButton.setClickedListener(component -> {
        if (peripheralDevice == null) {
            statusText.setText("状态：请先扫描获取设备信息");
            return;
        }
```

```
        if (!isConnected) {
            connectButton.setText("断开连接");
            statusText.setText("状态: 连接中...");
            // 连接到 BLE 外围设备
            peripheralDevice.connect(false, blePeripheralCallback);
        } else {
            isConnected = false;
            connectButton.setText("连接设备");
            statusText.setText("状态: 未连接");
            deviceText.setText("设备: 暂无设备");
            writeCharacteristic.setValue("Disconnect".getBytes(Standard-Charsets.UTF_8));
            peripheralDevice.writeCharacteristic(writeCharacteristic);
            // 断开连接
            peripheralDevice.disconnect();
            peripheralDevice = null;
        }
    });
    // 发送数据
    sendButton.setClickedListener(component -> {
        if (field.getText().isEmpty() || (peripheralDevice == null) ||!isConnected) {
            return;
        }
        // 向外围设备发送数据
writeCharacteristic.setValue(field.getText().getBytes(StandardCharsets.UTF_8));
        peripheralDevice.writeCharacteristic(writeCharacteristic);
    });
}
```

外围设备需要调用 BlePeripheralManager(Context context, BlePeripheralManagerCallback callback, int transport)创建外围设备服务端并开启服务，调用 GattService(UUID uuid, boolean isPrimary)创建服务对象，向外围设备添加服务，从回调 onCharacteristicWriteRequest 中获取中心设备发送来的消息，调用 notifyCharacteristicChanged(BlePeripheralDevice device, GattCharacteristic characteristic, boolean confirm)向中心设备发送通知。

程序清单：chapter6/slice/BLEPeripheralAbilitySlice.java

```
/**
 * 实现外围设备管理回调
 */
private class HarmonyBlePeripheralManagerCallback extends BlePeripheral-ManagerCallback {
    // 连接状态变更的回调
    @Override
    public void connectionStateChangeEvent(
        BlePeripheralDevice device, int interval, int latency, int timeout, int status) {
        if (status == BlePeripheralDevice.OPERATION_SUCC && !isConnected) {
            isConnected = true;
            peripheralDevice = device;
            updateComponent(statusText, "状态: 已连接");
        }
    }
    // 远程 GATT 客户端已请求编写特征的回调
    @Override
    public void receiveCharacteristicWriteEvent(
        BlePeripheralDevice device,
        int transId,
        GattCharacteristic characteristic,
        boolean isPrep,
```

```
            boolean needRsp,
            int offset,
            byte[] value) {
        if (Arrays.equals("Disconnect".getBytes(StandardCharsets.UTF_8),value)) {
            isConnected = false;
            peripheralDevice = null;
            updateComponent(statusText, "状态: 已广播, 等待连接");
            return;
        }
        // 获取中心设备写入的数据
        updateComponent(dataText, new String(value, Charset.defaultCharset()));
    }
    // 向中心设备发送通知回调
    @Override
    public void notificationSentEvent(BlePeripheralDevice device, int status){
        if (status == BlePeripheralDevice.OPERATION_SUCC) {
        }
    }
}

// 获取外围设备管理回调
private HarmonyBlePeripheralManagerCallback peripheralManagerCallback = new HarmonyBle
PeripheralManagerCallback();

// 获取外围设备管理对象
private BlePeripheralManager blePeripheralManager = new BlePeripheralManager(this, peripheral
ManagerCallback, 1);
// 初始化单击回调
private void initClickedListener() {
    sendButton.setClickedListener(component -> {
        if (field.getText().isEmpty() || (blePeripheralManager == null) || !isConnected) {
            return;
        }
        // 向中心设备发送数据
notifyCharacteristic.setValue(field.getText().getBytes(StandardCharsets. UTF_8));
        blePeripheralManager.notifyCharacteristicChanged(peripheralDevice,
notifyCharacteristic, false);
    });
}
```

BLE 外围设备作为服务端，可以接收来自中心设备（客户端）的 GATT 连接请求，应答来自中心设备的特征值内容读取和写入请求，并向中心设备提供数据，从而实现信息交互和消息同步。同时外围设备还可以主动向中心设备发送数据。

BLE 设备间通信对数据大小有限制，一次性传输的数据最大不超过 20 个字节，超过部分将无法传输。

6.2 WLAN 与网络编程

无线局域网（Wireless Local Area Networks，WLAN），是通过无线电、红外光信号或者其他技术发送和接收数据的局域网，用户可以通过 WLAN 实现结点之间无物理连接的网络通信。

常用于用户携带可移动终端的办公、公众环境中。

　　网络编程是通过网络管理模块相关接口，实现数据连接管理、数据网络管理、HTTP 缓存管理等功能。

▶▶ 6.2.1　获取本机 WLAN 状态信息

　　WLAN 基础功能可以获取 WLAN 状态，查询 WLAN 是否打开。发起扫描并获取扫描结果。获取连接态详细信息，包括连接信息、IP 信息等。

　　获取 WLAN 基础功能需提前在 config.json 中申请 ohos.permission.GET_WIFI_INFO、ohos.permission.SET_WIFI_INFO 和 ohos.permission.LOCATION 权限。

　　获取 WLAN 状态，需要调用 WifiDevice 的 getInstance(Context context)获取 WifiDevice 实例，用于管理本机 WLAN 操作。再调用 isWifiActive()查询 WLAN 是否打开。

程序清单：**chapter6/slice/WLANFeatureAbilitySlice.java**

```
// 获取 WLAN 状态
private void getWifiState() {
    // // 获取 WLAN 管理对象
    WifiDevice wifiDevice = WifiDevice.getInstance(this);
    // 获取 WLAN 管理对象。若 WLAN 打开，则返回 true，否则返回 false
    boolean isWifiActive = wifiDevice.isWifiActive();
}
```

　　发起扫描并获取结果，需要先调用 scan()发起扫描，再调用 getScanInfoList()获取扫描结果。

程序清单：**chapter6/slice/WLANFeatureAbilitySlice.java**

```
// 发起扫描并获取结果
private void scanWifi(Component component) {
    // 获取 WLAN 管理对象
    WifiDevice wifiDevice = WifiDevice.getInstance(this);
    // 调用 WLAN 扫描接口
    boolean isScanSuccess = wifiDevice.scan();
    if (!isScanSuccess) {
        HiLog.info(LABEL_LOG, "%{public}s", "扫描失败");
        return;
    }
    // // 调用获取扫描结果
    List<WifiScanInfo> scanInfos = wifiDevice.getScanInfoList();
}
```

　　获取连接态详细信息时需调用 isConnected()获取当前连接状态，调用 getLinkedInfo()获取连接信息，调用 getIpInfo()获取 IP 信息。

程序清单：**chapter6/slice/WLANFeatureAbilitySlice.java**

```
// 获取连接态详情
private void getConnectedStateInfo(Component component) {
    // 获取 WifiDevice 实例
    WifiDevice wifiDevice = WifiDevice.getInstance(this);
    // 调用 WLAN 连接状态接口，确定当前设备是否连接 WLAN
```

```
    boolean isConnected = wifiDevice.isConnected();
    if (!isConnected) {
        new ToastDialog(this).setText("Wifi 未连接").show();
        return;
    }
    // 获取 WLAN 连接信息
    Optional<WifiLinkedInfo> linkedInfo = wifiDevice.getLinkedInfo();
    // 获取连接信息中的 SSID
    String ssid = linkedInfo.get().getSsid();
    // 获取 WLAN 的 IP 信息
    Optional<IpInfo> ipInfo = wifiDevice.getIpInfo();
    // 获取 IP 信息中的 IP 地址与网关
    int ipAddress = ipInfo.get().getIpAddress();
    int gateway = ipInfo.get().getGateway();
}
```

▶▶ 6.2.2　P2P 数据传输

WLAN P2P 功能用于设备与设备之间的点对点数据传输,具体功能有:发现对端设备、建立与移除群组、向对端设备发起连接、获取 P2P 相关信息。首先调用 WifiP2pController 的 getInstance(Context context)获取 P2P 控制器实例,用于管理 P2P 操作,创建 WifiP2pCallback 实现类作为 P2P 回调对象。调用 init(EventRunner eventRunner, WifiP2pCallback callback)初始化 P2P 控制器实例。

程序清单: **chapter6/slice/WLANAP2PAbilitySlice.java**

```
// 初始化管理对象及回调
private void initController() {
    // 获取 P2P 管理对象
    wifiP2pController = WifiP2pController.getInstance(getApplicationContext());
    // 获取 P2P 回调对象
    p2pCallBack = new P2pCallBack();
    // 建立 P2P 回调弱引用
    wifiP2pCallbackWeakReference = new WeakReference<>(p2pCallBack);
    try {
        // 初始化 P2P 管理对象,用于建立 P2P 信使等行为
        wifiP2pController.init(EventRunner.create(true),
                    wifiP2pCallbackWeakReference.get());
    } catch (RemoteException e) {
        e.printStackTrace();
    }
}
// P2P 回调
private class P2pCallBack extends WifiP2pCallback {
    @Override
    public void eventExecFail(int reason) {
        // 发现设备失败回调
        sendHandlerMessage("ExecFail");
    }

    @Override
    public void eventExecOk() {
        // 发现设备成功回调
        sendHandlerMessage("ExecOk");
    }
```

```
    @Override
    public void eventP2pGroup(WifiP2pGroup group) {
        // 群组信息回调
        sendHandlerMessage("P2pGroup: " + group.getGroupName());
    }

    @Override
    public void eventP2pDevice(WifiP2pDevice p2pDevice) {
        // 群组信息回调
        sendHandlerMessage("P2pDevice: " + p2pDevice.getDeviceName());
    }

    @Override
    public void eventP2pDevicesList(List<WifiP2pDevice> devices) {
        // 设备列表回调
        sendHandlerMessage("P2pDevices: " + devices.size());
    }

    @Override
    public void eventP2pNetwork(WifiP2pNetworkInfo networkInfo) {
        // 网络事件回调
        sendHandlerMessage("P2pNetwork: " + networkInfo.getConnState(). toString());
    }

    @Override
    public void eventP2pControllerDisconnected() {
        // 断开回调
        sendHandlerMessage("P2pController Disconnected");
    }
}
```

调用 discoverDevices(WifiP2pCallback callback)搜索附近可用的 P2P 设备，调用 stopDevice-Discovery (WifiP2pCallback callback)停止搜索附近的 P2P 设备。

程序清单：**chapter6/slice/WLANAP2PAbilitySlice.java**

```
// 发现设备 isDiscover, true 代表发现设备, false 代表停止发现
private void discoverDevice(boolean isDiscover) {
    try {
        if (isDiscover) {
            // 发起 P2P 搜索
            wifiP2pController.discoverDevices(
                    wifiP2pCallbackWeakReference.get());
        } else {
            // 停止 P2P 搜索
            wifiP2pController.stopDeviceDiscovery(
                    wifiP2pCallbackWeakReference.get());
        }
    } catch (RemoteException remoteException) {
        remoteException.printStackTrace();
    }
}
```

调用 createGroup(WifiP2pConfig wifiP2pConfig, WifiP2pCallback callback)建立 P2P 群组，调用 removeGroup(WifiP2pCallback callback)移除 P2P 群组。

程序清单：**chapter6/slice/WLANAP2PAbilitySlice.java**

```java
// 创建群组 isCreateGroup, true 代表创建群组, false 代表移除群组
private void createGroup(boolean isCreateGroup) {
    try {
        // 创建用于 P2P 建组需要的配置
        WifiP2pConfig wifiP2pConfig = new WifiP2pConfig("DEFAULT_GROUP_ NAME", "DEFAULT_
PASSPHRASE");
        wifiP2pConfig.setDeviceAddress("02:02:02:02:03:04");
        wifiP2pConfig.setGroupOwnerBand(GO_BAND_AUTO);
        if (isCreateGroup) {
            // 创建 P2P 群组
            wifiP2pController.createGroup(wifiP2pConfig, wifiP2pCallbackWeakReference.get());
        } else {
            // 移除 P2P 群组
            wifiP2pController.removeGroup(wifiP2pCallbackWeakReference.get());
        }
    } catch (RemoteException remoteException) {
        remoteException.printStackTrace();
    }
}
```

调用 requestP2pInfo()查询 P2P 可用设备信息、群组信息、设备信息、网络信息等。根据场景不同，从可用设备信息中选择目标设备。调用 connect 接口发起连接。

程序清单：**chapter6/slice/WLANAP2PAbilitySlice.java**

```java
// 查询 P2P 可用设备信息
private void requestInfo() {
    try {
        // 查询可用 P2P 群组信息
        wifiP2pController.requestP2pInfo(
        WifiP2pController.GROUP_INFO_REQUEST, p2pCallBack);
        // 查询可用 P2P 设备信息
        wifiP2pController.requestP2pInfo(
        WifiP2pController.DEVICE_INFO_REQUEST, p2pCallBack);
        // 查询可用 P2P 网络信息
        wifiP2pController.requestP2pInfo(
        WifiP2pController.NETWORK_INFO_REQUEST, p2pCallBack);
        // 查询可用 P2P 设备列表信息
        wifiP2pController.requestP2pInfo(
                WifiP2pController.DEVICE_LIST_REQUEST, p2pCallBack);
    } catch (RemoteException remoteException) {
        remoteException.printStackTrace();
    }
}

// 连接设备
private void connectDevice(WifiP2pDevice p2pDevice) {
    // 创建用于 P2P 需要的配置
    WifiP2pConfig wifiP2pConfig =
        new WifiP2pConfig("DEFAULT_GROUP_NAME", "DEFAULT_PASSPHRASE");
    // 设置设备地址
    wifiP2pConfig.setDeviceAddress(p2pDevice.getDeviceAddress());
    try {
        // 向指定的设备发起连接
        wifiP2pController.connect(wifiP2pConfig,
                    wifiP2pCallbackWeakReference.get());
    } catch (RemoteException remoteException) {
```

```
            remoteException.printStackTrace();
        }
    }
```

▶▶ 6.2.3 网络数据请求的基本开发

网络数据请求是应用端通过网络传输协议与服务端进行数据交互的过程，在使用相关功能前需要先请求想要的网络权限。若需要获取网络连接信息，需申请 ohos.permission. GET_NETWORK_INFO 权限；若需修改网络连接状态，需申请 ohos.permission.SET_NETWORK_INFO 权限。应用程序进行网络连接的步骤如下。

1）申请 ohos.permission.GET_NETWORK_INFO 权限。

2）调用 NetManager.getInstance(Context context)获取网络管理的实例对象。

3）调用 NetManager.getDefaultNet()获取默认的数据网络。

4）调用 NetHandle.openConnection(URL url, Proxy proxy)打开 URL。

5）通过 URL 链接实例访问网站完成网络数据请求的基本开发。

程序清单：**chapter6/slice/NetRequestAbilitySlice.java**

```java
private void netRequest(Component component) {
    // 获取网络管理的实例对象
    netManager = NetManager.getInstance(null);
    // 查询当前是否有默认可用的数据网络
    if (!netManager.hasDefaultNet()) {
        Toast.show(getContext(),"当前无默认可用的数据网络");
        return;
    }
    ThreadPoolUtil.submit(() -> {
        // 获取当前默认的数据网络句柄
        NetHandle netHandle = netManager.getDefaultNet();
        // 获取当前默认的数据网络状态变化
        netManager.addDefaultNetStatusCallback(callback);
        // 通过 openConnection 来获取 URLConnection
        HttpURLConnection connection = null;
        // 使用字节输出流作为结果输出
        try (ByteArrayOutputStream outputStream =
                new ByteArrayOutputStream()) {
            // 获取请求地址
            String urlString = inputText.getText();
            URL url = new URL(urlString);
            // 使用该网络打开一个 URL 链接,无代理
            URLConnection urlConnection = netHandle
        .openConnection(url, java.net.Proxy.NO_PROXY);
            if (urlConnection instanceof HttpURLConnection) {
                connection = (HttpURLConnection) urlConnection;
            }
            // get 请求
            connection.setRequestMethod("GET");
            connection.connect();
            // 开始流量统计
            trafficDataStatistics(false);
            try (InputStream inputStream = urlConnection.getInputStream()) {
                byte[] cache = new byte[2 * 1024];
                int len = inputStream.read(cache);
```

```
                while (len != -1) {
                    outputStream.write(cache, 0, len);
                    len = inputStream.read(cache);
                }
            } catch (IOException e) {
                // 请求异常
                e.printStackTrace();
            }
            // 请求结果
            String result = new String(outputStream.toByteArray());
            // 在 ui 线程中显示请求结果
            getUITaskDispatcher().asyncDispatch(() -> outText.setText(result));
            // 结束流量统计
            trafficDataStatistics(true);
            // 缓存保存到文件系统
            HttpResponseCache.getInstalled().flush();
        } catch (IOException e) {
            // 请求异常
            e.printStackTrace();
        }
    });
}

// 获取网络状态的变化
private final NetStatusCallback callback = new NetStatusCallback() {
    //…
};
```

调用 DataFlowStatistics 相关方法可对指定应用进行流量统计。

程序清单：chapter6/slice/NetRequestAbilitySlice.java

```
//流量统计 isStart, true 代表开始   false 代表结束
private void trafficDataStatistics(boolean isStart) {
    int uid = 0;
    try {
        uid = getBundleManager().getUidByBundleName(getBundleName(), 0);
    } catch (RemoteException e) {}
    if (isStart) {
        // 获取指定 UID 的下行流量
        rx = DataFlowStatistics.getUidRxBytes(uid);
        // 获取指定 UID 的上行流量
        tx = DataFlowStatistics.getUidTxBytes(uid);
    } else {
        // 统计流量
        rx = DataFlowStatistics.getUidRxBytes(uid) - rx;
        tx = DataFlowStatistics.getUidTxBytes(uid) - tx;
        getUITaskDispatcher().asyncDispatch(() -> statisticsText.setText(
            "流量统计:" + System.lineSeparator() + "上行流量:" + rx + System.lineSeparator()
+ "下行流量:" + tx));
    }
}
```

流量统计中，除了可对应用进行流量统计外，还可以统计蜂窝数据、所有网卡、指定网卡的流量。使用当前数据网络进行 Socket 数据传输，需调用 NetManager.getInstance (Context context)获取网络管理的实例对象，再调用 NetManager.getDefaultNet()获取默认的数据网络，然后调用 NetHandle.bindSocket(DatagramSocket socket)绑定网络，本书也提供了使用 Demo，完整

源码读者可查看 chapter6/slice/SocketClientAbilitySlice.java。

6.3 传感器与设备基本信息

HarmonyOS 传感器是应用访问底层硬件传感器的一种设备抽象概念。开发者根据传感器提供的 Sensor API，可以查询设备上的传感器，订阅传感器的数据，并根据传感器数据定制相应的算法，开发各类应用，如指南针、运动健康、游戏等。

设备基本信息通常位于设备设置中。手机设备基本信息项分为 TTS（Text To Speech）、Wireless、Network、Input、Sound、Display、Date、Call、General 9 类，应用程序可以根据自身拥有的权限对其进行操作。

▶▶ 6.3.1 传感器类型及基本开发流程概述

根据传感器的用途，可以将传感器分为六大类：运动类传感器、环境类传感器、方向类传感器、光线类传感器、健康类传感器、其他类传感器（如霍尔传感器），每一大类传感器包含不同类型的传感器，某种类型的传感器可能是单一的物理传感器，也可能是由多个物理传感器复合而成。

根据传感器的种类，HarmonyOS 传感器涉及的传感器细分大概有三十多种，常见的有：方向传感器、重力和陀螺仪传感器、接近光传感器、气压计传感器、环境光传感器、霍尔传感器等。

HarmonyOS 传感器包含如下四个模块：Sensor API、Sensor Framework、Sensor Service、HD_IDL 层。

- Sensor API：提供传感器的基础 API，主要包含查询传感器的列表、订阅/取消传感器的数据、执行控制命令等，简化应用开发。
- Sensor Framework：主要实现传感器的订阅管理，数据通道的创建、销毁、订阅与取消订阅，实现与 SensorService 的通信。
- Sensor Service：主要实现 HD_IDL 层数据接收、解析、分发，前后台的策略管控，对该设备 Sensor 的管理，Sensor 权限管控等。
- HD_IDL 层：对不同的 FIFO、频率进行策略选择，以及对不同设备的适配。

针对某些传感器，开发者需要请求相应的权限才能获取到相应传感器的数据。传感器数据订阅和取消订阅接口成对调用，当不再需要订阅传感器数据时，开发者需要调用取消订阅接口进行资源释放。以指南针为例演示常规的使用方法，开发步骤如下。

1）创建 CategoryOrientationAgent 对象，获取方向类传感器代理。指定传感器类型为 CategoryOrientation.SENSOR_TYPE_ORIENTATION 方向传感器，并订阅传感器数据。创建 ICategoryOrientationDataCallback 对象为传感器回调对象并采样，间隔订阅给出传感器的数据。

程序清单：**chapter6/slice/CompassAbilitySlice.java**

```
@Override
```

```java
public void onStart(Intent intent) {
    super.onStart(intent);
    super.setUIContent(ResourceTable.Layout_ability_compass);
    compassImg = findComponentById(ResourceTable.Id_compass_icon_img);
    compassAngleText = findComponentById(ResourceTable.Id_compass_angle_ text);
    // 方向类传感器
    categoryOrientationAgent = new CategoryOrientationAgent();
    // 获取指南针对象，并订阅传感器数据
    CategoryOrientation categoryOrientation = categoryOrientationAgent. getSingleSensor(
            CategoryOrientation.SENSOR_TYPE_ORIENTATION);
    // 创建传感器回调对象
    categoryOrientationDataCallback = new ICategoryOrientationDataCallback() {
        @Override
        public void onSensorDataModified(CategoryOrientationData category-OrientationData) {
            // 对接收的 categoryOrientationData 传感器数据对象解析和使用
            degree = categoryOrientationData.getValues()[0];
            // 刷新界面
            handler.sendEvent(0);
        }

        @Override
        public void onAccuracyDataModified(CategoryOrientation category-Orientation, int i) {
            // 使用变化的精度
        }

        @Override
        public void onCommandCompleted(CategoryOrientation categoryOrien-tation) {
            // 传感器执行命令回调
        }
    };
    // 以设定的采样间隔订阅给定传感器的数据
    categoryOrientationAgent.setSensorDataCallback(categoryOrientationDataCallback,
        categoryOrientation,SAMPLING_INTERVAL_NANOSECONDS);
}
```

2）将传感器回传的数据转换为方位。

程序清单：chapter6/slice/CompassAbilitySlice.java

```java
// 获取方位 degree 角度
private String getRotation(float degree) {
  if (degree>= 0 && degree <= 22.5) {
    return String.format(Locale.ENGLISH, FORMAT_DEGREE, degree) + " 北";
  } else if (degree> 22.5 && degree <= 67.5) {
    return String.format(Locale.ENGLISH, FORMAT_DEGREE, degree) + " 东北";
  } else if (degree> 67.5 && degree <= 112.5) {
     return String.format(Locale.ENGLISH, FORMAT_DEGREE, degree) + " 东";
  } else if (degree> 112.5 && degree <= 157.5) {
     return String.format(Locale.ENGLISH, FORMAT_DEGREE, degree) + "东南";
  } else if (degree> 157.5 && degree <= 202.5) {
      return String.format(Locale.ENGLISH, FORMAT_DEGREE, degree) + " 南";
  } else if (degree> 202.5 && degree <= 247.5) {
     return String.format(Locale.ENGLISH, FORMAT_DEGREE, degree) + "西南";
  } else if (degree>247.5 && degree <= 282.5) {
     return String.format(Locale.ENGLISH, FORMAT_DEGREE, degree) + " 西";
  } else if (degree> 282.5 && degree <= 337.5) {
    return String.format(Locale.ENGLISH, FORMAT_DEGREE, degree) + " 西北";
  } else if (degree> 337.5 && degree <= 360.0) {
    return String.format(Locale.ENGLISH, FORMAT_DEGREE, degree) + " 北";
  } else {
```

```
        return "/";
    }
}
```

3）取消订阅传感器数据。

程序清单：**chapter6/slice/CompassAbilitySlice.java**

```
@Override
protected void onStop() {
    super.onStop();
    // 取消订阅传感器数据
categoryOrientationAgent.releaseSensorDataCallback(categoryOrientationDataCallback);
    // 移除所有事件
    handler.removeAllEvent();
}
```

▶▶6.3.2 实现 LED 闪光灯与设备的震动提示功能

控制类小器件指的是设备上的 LED 灯和振动器。其中，LED 灯主要用作指示（如充电状态）、闪烁（如三色灯）等；振动器主要用于闹钟、开关机振动、来电振动等场景。

当设备需要设置不同的闪烁效果时，可以调用 Light 模块，例如，LED 灯能够设置灯颜色、灯亮和灯灭时长的闪烁效果。灯模块主要提供的功能有：查询设备上灯的列表、查询某个灯设备支持的效果、打开和关闭灯设备。

程序清单：**chapter6/slice/CompassAbilitySlice.java**

```
// 呼吸灯设置
private void setLight() {
    // 查询硬件设备上的灯列表
    List<Integer> myLightList = lightAgent.getLightIdList();
    if (myLightList.isEmpty()) {
        Toast.show(getContext(),"该设备不支持呼吸灯");
        return;
    }
    // 根据指定灯 ID 查询硬件设备是否有该灯
    int lightId = myLightList.get(0);
    // 查询指定的灯是否支持指定的闪烁效果
    boolean isSupport = lightAgent.isEffectSupport(lightId, LightEffect.LIGHT_ID_KEYBOARD);
    // 创建指定效果的一次性闪烁
    boolean turnOnResult = lightAgent.turnOn(lightId, LightEffect.LIGHT_ ID_KEYBOARD);
    // 创建自定义效果的一次性闪烁
    LightBrightness lightBrightness = new LightBrightness(255, 255, 255);
    LightEffect lightEffect = new LightEffect(lightBrightness, 1000, 1000);
    boolean turnOnEffectResult = lightAgent.turnOn(lightId, lightEffect);
    // 关闭指定的灯
    boolean turnOffResult = lightAgent.turnOff(lightId);
}
```

当设备需要设置不同的振动效果时，可以调用 Vibrator 模块，例如，设备的按键可以设置不同强度和时长的振动，闹钟和来电可以设置不同强度和时长的单次或周期性振动。振动器模块主要提供的功能有：查询设备上振动器的列表、查询某个振动器是否支持某种振动效果、触发和关闭振动器。

程序清单：chapter6/slice/LittleControllerAbilitySlice.java

```java
// 振动设置
private void setVibrator() {
    // 查询硬件设备上的振动器列表
    List<Integer> vibratorList = vibratorAgent.getVibratorIdList();
    if (vibratorList.isEmpty()) {
        Toast.show(getContext(),"该设备不支持震动");
        return;
    }
    // 根据指定的振动器 ID 查询硬件设备是否存在该振动器
    int vibratorId = vibratorList.get(0);
    // 查询指定的振动器是否支持指定的振动效果
    boolean isSupport = vibratorAgent.isEffectSupport(vibratorId,
            VibrationPattern.VIBRATOR_TYPE_CAMERA_CLICK);
    // 创建指定效果的一次性振动
    boolean vibrateEffectResult = vibratorAgent.startOnce(vibratorId,
            VibrationPattern.VIBRATOR_TYPE_CAMERA_CLICK);
    // 创建指定振动时长的一次性振动
    int vibratorTiming = 1000;
    boolean vibrateResult = vibratorAgent.startOnce(vibratorId, vibrator-Timing);
    // 以预设的某种振动效果进行循环振动
    boolean vibratorRepeatEffect = vibratorAgent.start(VibrationPattern.VIBRATOR_TYPE_RINGTONE_
BOUNCE, true);
    // 控制振动器停止循环振动
    vibratorAgent.stop();
    // 创建自定义效果的周期性波形振动
    int count = 5;
    VibrationPattern vibrationPeriodEffect = VibrationPattern.createPeriod (timing, intensity,
count);
    boolean vibratePeriodResult = vibratorAgent.start(vibratorId, vibration- PeriodEffect);
    // 创建自定义效果的一次性振动
    VibrationPattern vibrationOnceEffect = VibrationPattern.createSingle (3000, 50);
    boolean vibrateSingleResult = vibratorAgent.start(vibratorId, vibrationOnceEffect);
    // 关闭指定的振动器自定义模式的振动
    boolean stopResult = vibratorAgent.stop(vibratorId, VibratorAgent. VIBRATOR_STOP_
MODE_CUSTOMIZED);
}
```

在调用 Light API 时，请先通过 getLightIdList()查询设备所支持的灯的 ID 列表，以免调用打开接口异常。在调用 Vibrator API 时，请先通过 getVibratorIdList()查询设备所支持的振动器的 ID 列表，以免调用振动接口异常。在使用振动器时，开发者需要配置请求振动器的权限 ohos.permission.VIBRATE 才能控制振动器振动。

▶▶6.3.3　设备标识符使用分析

关于设备标识符，HarmonyOS 提供了三种，分别是 NetworkID、DVID、UUID。NetworkID 又称网络设备节点通信标识符，是分布式软总线提供的一种非永久性标识符。NetworkID 基于 Java 原生的 UUID 接口随机生成，长度为 32 字节，使用十六进制表示。

程序清单：chapter6/slice/DeviceIdAbilitySlice.java

```java
public class DeviceIdAbilitySlice extends BaseAbilitySlice {
    // 应用包名
    private String BUNDLE_NAME = "com.example.harmony";
```

```
    // 注册控制中心服务后返回的 Ability token
    private int abilityToken;
    // 用户在设备列表中选择设备后返回的 NetworkID
    private String selectNetworkId;
    // 获取控制中心服务管理类
    private IContinuationRegisterManager continuationRegisterManager;
    // 设置控制中心设备状态变更的回调
    private IContinuationDeviceCallback callback = new IContinuation- DeviceCallback() {
        @Override
        public void onDeviceConnectDone(String networkId,String deviceType) {
            // 在用户选择设备后回调获取 NetworkID
            selectNetworkId = networkId;
            Toast.show(getContext(),networkId);
        }

        @Override
        public void onDeviceDisconnectDone(String networkId) {
        }
    };

    // 设置注册控制中心服务回调
    private RequestCallback requestCallback = new RequestCallback() {
        @Override
        public void onResult(int result) {
            abilityToken = result;
        }
    };
    @Override
    protected void onStart(Intent intent) {
        super.onStart(intent);
        setUIContent(ResourceTable.Layout_ability_device_id);
        setTitle("设备标识符");
        // 获取控制中心服务管理类
        continuationRegisterManager = getContinuationRegisterManager();
        // 注册控制中心
        continuationRegisterManager.register(BUNDLE_NAME, null, callback, requestCallback);
findComponentById(ResourceTable.Id_t_network_id).setClickedListener(component->getNetworkId());
    }
    private void getNetworkId() {
        // 弹出选择设备列表
        // 显示选择设备列表
        continuationRegisterManager.showDeviceList(abilityToken, null, null);
    }
    @Override
    protected void onStop() {
        super.onStop();
        // 解注册控制中心
        continuationRegisterManager.unregister(abilityToken, null);
    }
}
```

当设备被选中后会触发 IContinuationDeviceCallback 的 onDeviceConnectDone(String networkId, String deviceType)，返回的 networkId 就是我们需要的 NetworkID。NetworkID 主要用于业务调用分布式能力时标识分布式网络内的设备节点。NetworkID 为设备级标识符，不同 App 在同一时间获取到同一设备的 NetworkID 相同。NetworkID 在设备下线、设备重启、恢复出厂设置、分布式组网的设备上线列表从非空转为空，并持续为空 5min 后会发生变化，因此不可用于数据持久化存储的索引等场景。

分布式虚拟设备标识符（Distributed Virtual device Identifier，DVID），即设备登录了 HarmonyOS 账号后，系统根据 HarmonyOS 账号及应用程序信息生成分布式虚拟设备 ID 即 DVID。应用程序可以根据 DVID 访问和管理分布式设备，具备类似管理本地设备的能力和体验。同时，为防止其他应用获取当前应用数据（如用户行为收集），DVID 与 HarmonyOS 账号及应用程序信息强关联，在登录了相同 HarmonyOS 账号的分布式设备上，相同应用获取到的 DVID 相同，不同应用获取的 DVID 不同。

程序清单：chapter6/slice/DeviceIdAbilitySlice.java

```java
// 获取 DVID
private void getDVID() {
    String dvid = AccountAbility.getAccountAbility().getDistributed-VirtualDeviceId();
    Toast.show(this,dvid);
}
```

DVID 主要用于应用程序一键式登录，用户登录了相同的 HarmonyOS 账号的多个分布式设备中，应用程序在某一设备上登录之后，可按需同步应用账号认证信息（账号名、Token 或其他）到其他设备上，在其他设备上打开应用时不再需要输入应用账号认证信息，可直接登录使用。还可以用于应用程序管理多设备，应用程序在服务器端可以根据 DVID 管理相同应用账号关联/绑定的分布式虚拟设备列表。

UUID 是随机生成的字符串，同一时空下所有设备生成的 UUID 都不同。应用在其生命周期内可以用该标识唯一识别相同设备。UUID 是 string 型，标准的 UUID 格式为 xxxxxxxx-xxxx-xxxx-xxxx-xxxxxxxxxxxx (8-4-4-4-12)。

程序清单：chapter6/slice/DeviceIdAbilitySlice.java

```java
// 获取 UUID
private void getUUID() {
    UUID uuid = UUID.randomUUID();
    Toast.show(this,uuid.toString());
}
```

UUID 主要用于应用使用情况统计分析，应用于后台统计分析在相同设备上应用的使用情况，该标识作为设备的唯一标识，区别其他设备。但需要注意，当应用卸载后该标识销毁。重新安装后，调用获取 UUID 接口时会重新生成不同的 ID。所以不会持久标识同一台设备。

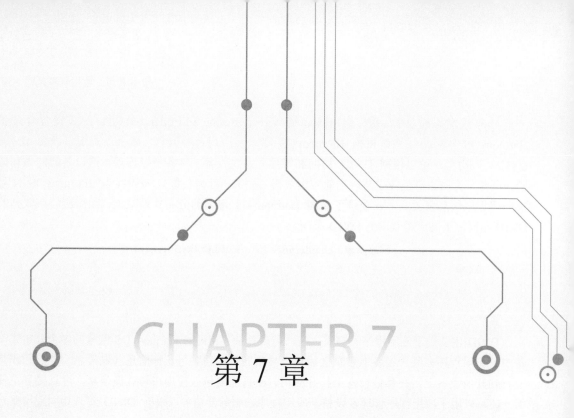

第 7 章

鸿蒙应用程序安全设计

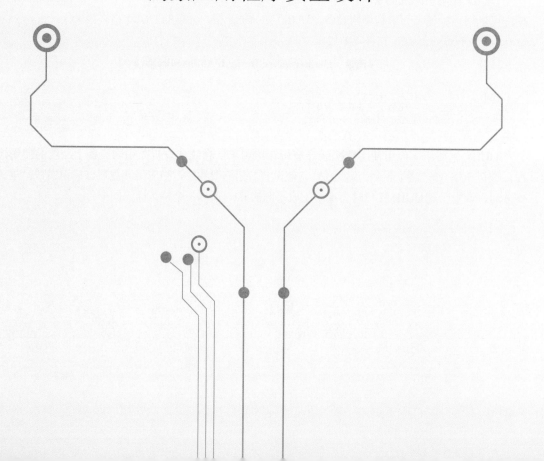

当计算机、手机将人们包围，当网络无处不在时，安全问题成了人们日益关心的问题，人们依赖于网络，同时又受限于网络，网络本身是不安全的。

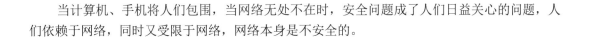

7.1 加密算法概述

5G 时代已来临，当下已可以通过手机完成 PC 上所能完成的事情，如视频会议、购物、银行转账等。手机无所不能，手机软件中涉及的数据通信、各种账号密码等私密性极高的数据在存储与通信方面也有很大的安全问题。

密码学是企业应用安全问题领域的利剑，是解决安全问题的核心所在。

▶▶ 7.1.1 密码学定义与常见保密通信模型概述

密码学主要是研究保密通信和信息保密的学科，包括信息保密传输和信息加密存储等，密码编码学主要是针对信息的隐蔽，密码分析学主要针对加密消息的破译或消息的伪造，是检验密码体制安全性的手段之一，密码学常用术语概述如表 7-1 所示。

表 7-1 组件分类

标题	内容	标题	内容
明文	待加密的信息，可以是文本、图片、二进制数据等	密文	加密后的文本，通常是以二进制数据、文本等形式存在
发送者	发送消息数据端	接收者	接收消息数据端
加密算法	将明文转为密文的算法	加密密钥	通过加密算法进行加密操作的密钥
解密算法	将密文转换为明文的算法	解密密钥	通过解密算法进行解密操作的密钥

密码学上的柯克霍夫原则是由奥古斯特·柯克霍夫在 19 世纪提出的密码理论，即数据的安全基于密钥而不是算法的保密，也就是说系统的安全性取决于密钥，对密钥保密，对算法公开。

从时间划分方面来讲，密码学可分为古典密码学和现代密码学，从密码体制方面来讲，密码学可分为对称密码学和非对称密码学，详细分类描述如表 7-2 所示。

表 7-2 密码体制分类概述

标题	内容
对称密码体制	密码体制中加密密钥与解密密钥相同
对称密码算法	应用于密码体制的加密、解密算法，如常见的 DES、AES
非对称密码体制	密码体制中加密密钥与解密密钥不同，密钥分为公钥与私钥，公钥对外公开，私钥对外保密
非对称密码算法	应用于非对称密码体制的加密、解密算法，如 RSA

如图 7-1 所示为保密通信模型图，加密的信息在不安全的通道上交换，在传输过程被其他破译者截获，基于柯克霍夫原则，只要密钥安全，即使破译者知道加密算法，也无法对加密信

息进行破译。

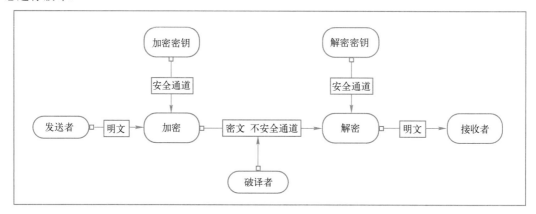

● 图 7-1　保密通信模型图

对称密码体制是古典密码学的进一步延续，对称密码体制的保密通信模型如图 7-2 所示。加密与解密使用同一个共享密钥，解密是加密的逆运算，由于通信双方使用同一个共享密钥，这就要求通信双方必须在通信前商定该密钥，并妥善保存。

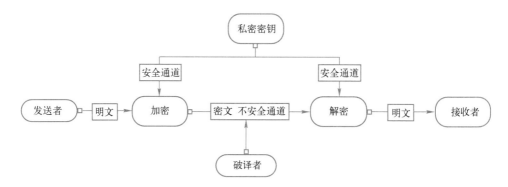

● 图 7-2　对称密码体制的保密通信模型

非对称密码体制与对称密码体制相对，主要区别在于：非对称密码体制的加密密钥与解密密钥不相同，非对称密码体制使得发送者和接收者之间以无密钥传输的方法进行保密通信成为可能，弥补了对称密码体制的缺陷。

散列函数是验证数据完整性的重要技术手段，可以为数据创建"数字指纹"（散列值，通常是一个短的随机字母和数字组成的字符串），如图 7-3 所示，信息收发双方在通信前已经商定了具体的散列算法（算法可能是公开的），如果消息数据在传递过程中被篡改，则该消息不能与已获得的数字指纹相匹配，散列函数广泛用于信息完整性的验证，是数据签名的核心技术，散列函数的常用算法有 MD（消息摘要算法）、SHA（安全散列算法）及 Mac（消息认证码算法）。

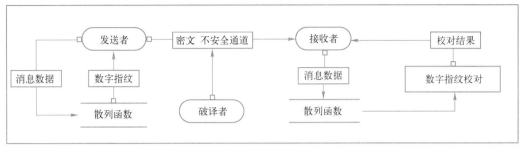

● 图 7-3 散列函数消息认证流程图

通过散列函数可以确保数据内容的完整性，通过数字签名可鉴别数据来源，发送者通过网络将消息连同其数字签名一起发送给接收者。接收者在得到该消息及其数字签名后，可以通过一个算法来验证签名的真伪及识别相应的签名者，数字签名的认证流程如图 7-4 所示。

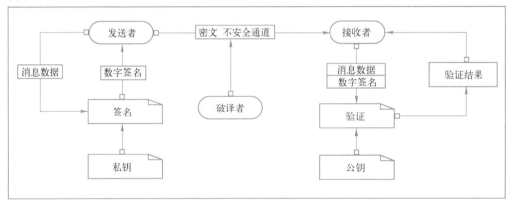

● 图 7-4 数字签名认证流程图

▶▶ 7.1.2 Base64 编码算法实现

Base64 算法主要是对给定的字符，以与字符编码（如 ASCII 码、UTF-8 码）对应的十进制数为基准，做编码操作，Url Base64 算法主要是替换了 Base64 字符映射表中的第 62 和 63 个字符，也就是将"+"和"/"符号替换成了"-"和"_"符号。

如图 7-5 所示为字符"A"对应的 Base64 编码过程，其原理可描述如下。

1）将给定的字符串以字符为单位转换为对应的字符编码（ASCII 码），如图 7-5 中的字符"A"对应的 ASCII 码为 65。

2）将获得的字符编码转换为二进制，如这里的 65 对应的二进制为 01000001。

3）将二进制做 6 位一组的分组，分成 4 组，共 24 位，如这里的 01000001，分组为010000 010000。

4）将第三步中获得的 4 组 6 位（这里只有 2 组）二进制码高位添加 0，组成 4 个（这里只有两组）8 位二进制码，分组为 00010000 00010000。

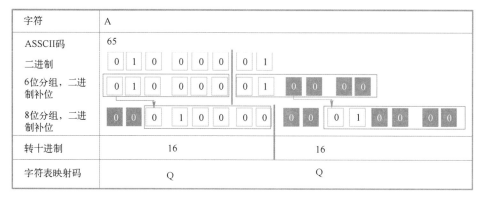

字符	A	
ASSCII码	65	
二进制	0 1 0 0 0 0 0 1	
6位分组，二进制补位	0 1 0 0 0 0　0 1　0 0　0 0	
8位分组，二进制补位	0 0　0 1　0 0　0 0　0 0　0 1　0 0　0 0	
转十进制	16	16
字符表映射码	Q	Q

● 图 7-5　字符 A 对应 Base64 编码过程图

5）将获取的 4 个 8 位的二进制分别码转换为十进制码，如上一步的 4 组（这里只有两组）8 位二进制码转为十进制为 16 16。

6）将获得的十进制码转换为 Base64 字符表中对应的字符，如图 7-6 所示为 Base64 字符映射表。

```
0  A    16 Q    32 g    48 w    8  I    24 Y    40 o
1  B    17 R    33 h    49 x    9  J    25 Z    41 p
2  C    18 S    34 i    50 y    10 K    26 a    42 q
3  D    19 T    35 j    51 z    11 L    27 b    43 r
4  E    20 U    36 k    52 0    12 M    28 c    44 s
5  F    21 V    37 l    53 1    13 N    29 d    45 t
6  G    22 W    38 m    54 2    14 O    30 e    46 u
7  H    23 X    39 n    55 3    15 P    31 f    47 v
8  I    24 Y    40 o    56 4
```

● 图 7-6　Base64 字符映射表

当原文的二进制码长度不足 24 位，最终转换为十进制码时也不足 4 项，这里就需要用等号补位，所以以字符"A"对应的 Base64 编码字符为"QQ＝＝"。

在 HarmonyOS SDK 中的 rt_java.jar 中提供了 java.util.Base64 类来提供 Base64 编码算法，基本使用代码如下。

程序清单：**ExampleBase64Test.java**

```java
public class ExampleBase64Test {
    @Test
    public void onTestBase64() {
        String str = "测试数据";
        // 获取对应字节
        byte[] bytes = str.getBytes();
        // Base64 加密
        String encoded = Base64.getEncoder().encodeToString(bytes);
        System.out.println("Base 64 加密后: " + encoded);

        // Base64 解密
        byte[] decoded = Base64.getDecoder().decode(encoded);
        String decodeStr = new String(decoded);
        System.out.println("Base 64 解密后: " + decodeStr);
```

```
    }
  }
```

本小节的代码在本书配套源码 encrypt/encrypt_java 项目中，上述 Base64 编码使用测试用例
来运行，如图 7-7 所示。

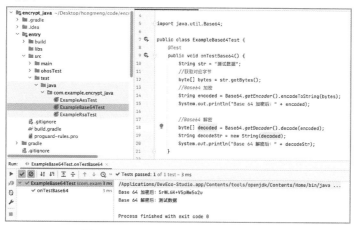

● 图 7-7　Base64 编码加密测试用例效果图

▶▶ 7.1.3　消息摘要算法概述

消息摘要算法（散列算法）包含 MD、SHA 和 MAC 共 3 大系列，常用于验证数据的完整
性，是数字签名算法的核心算法，MD5 算法是典型的消息摘要算法，它是由 MD4、MD3、
MD2 算法改进而来。

在 HarmonyOS SDK 中的 rt_java.jar 中提供了 MessageDigest 类支持 MD 算法实现，如图 7-8
所示为 MD5 的测试用例执行效果图，MD5 加密代码实现如下。

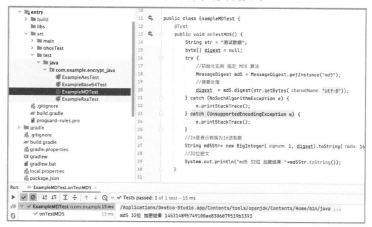

● 图 7-8　MD5 的测试用例执行效果图

程序清单：**ExampleMDTest.java**

```java
public class ExampleMDTest {
    @Test
    public void onTestMD5() {
        String str = "测试数据";
        byte[] digest = null;
        try {
            // 初始化实例，指定 MD5 算法
            MessageDigest md5 = MessageDigest.getInstance("md5");
            // 摘要处理
            digest = md5.digest(str.getBytes("utf-8"));
        } catch (NoSuchAlgorithmException e) {
            e.printStackTrace();
        } catch (UnsupportedEncodingException e) {
            e.printStackTrace();
        }
        // 16 是表示转换为16进制数
        String md5Str= new BigInteger(1, digest).toString(16);
        // 32 位密文
        System.out.println("md5 32 位 加密结果 "+md5Str.toString());
    }

}
```

SHA 算法是基于 MD4 算法实现的，SHA 与 MD 算法不同之处主要在于摘要长度，SHA 算法的摘要更长，安全性更高，MessageDigest 类同时也支持 SHA 算法，如 SHA-1（摘要长度 160）、SHA-256（摘要长度 256）、SHA-384（摘要长度 384）和 SHA-512（摘要长度 512）算法，如图 7-9 所示为 SHA-256 算法测试用例执行效果图，对应代码如下。

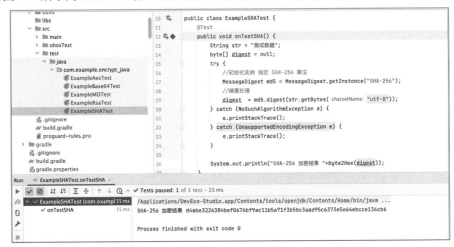

● 图 7-9　SHA-256 算法测试用例执行效果图

程序清单：**ExampleMDTest.java**

```java
public class ExampleSHATest {
    @Test
```

```
public void onTestSHA() {
    String str = "测试数据";
    byte[] digest = null;
    try {
        // 初始化实例，指定 SHA-256 算法
        MessageDigest md5 = MessageDigest.getInstance("SHA-256");
        // 摘要处理
        digest  = md5.digest(str.getBytes("utf-8"));
    } catch (NoSuchAlgorithmException e) {
        e.printStackTrace();
    } catch (UnsupportedEncodingException e) {
        e.printStackTrace();
    }

    System.out.println("SHA-256 加密结果 "+byte2Hex(digest));
}

/**
 * 将 byte 转为 16 进制
 * @param bytes
 * @return
 */
private static String byte2Hex(byte[] bytes){
    StringBuffer stringBuffer = new StringBuffer();
    String temp = null;
    for (int i=0;i<bytes.length;i++){
        temp = Integer.toHexString(bytes[i] & 0xFF);
        if (temp.length()==1){
            stringBuffer.append("0");
        }
        stringBuffer.append(temp);
    }
    return stringBuffer.toString();
}
```

SHA-256 算法的摘要信息是 64 位的十六进制字符串，换算成二进制正好是 256 位。

MAC 算法结合了 MD5 和 SHA 算法的优势，并加入密钥的支持，是一种更为安全的消息摘要算法。MAC 算法主要集合了 MD 和 SHA 两大系列消息摘要算法。MD 系列算法有 HmacMD2、HmacMD4 和 HmacMD5 三种算法；SHA 系列算法有 HmacSHA1、HmacSHA224、HmacSHA256、HmacSHA384 和 HmacSHA512 五种算法，如下所示为 HmacMD5 加密算法的实现过程。

程序清单：ExampleMACTest.java

```
public class ExampleMACTest {
    @Test
    public void onTestMAC() throws Exception{
        // 加密内容
        String str = "测试数据";
        byte[] contentBytes = str.getBytes();
        byte[] key = hmacMD5K();
        byte[] result = encodeHmacMD5(contentBytes, key);
        System.out.println("加密结果 "+byte2Hex(result));
```

```
    }

    public byte[] hmacMD5K() throws NoSuchAlgorithmException {
        // 初始化 KeyGenerator 实例
        KeyGenerator keyGenerator = KeyGenerator.getInstance("HmacMD5");
        // 产生密钥
        SecretKey secretKey = keyGenerator.generateKey();
        // 获取密钥
        byte[] encoded = secretKey.getEncoded();
        return encoded;
    }

    public byte[] encodeHmacMD5(byte[] data, byte[] key) throws Exception {
        // 还原密钥
        SecretKey secretKey = new SecretKeySpec(key, "HmacMD5");
        // 实例化 MAC
        Mac mac = Mac.getInstance(secretKey.getAlgorithm());
        // 初始化 MAC
        mac.init(secretKey);
        // 执行消息摘要
        byte[] bytes = mac.doFinal(data);
        return bytes;
    }
}
```

▶▶ 7.1.4 对称加密 AES 算法实现

高级加密标准（Advanced Encryption Standard，AES）为最常见的对称加密算法，加密和解密的密钥必须一致，如图 7-10 所示为 AES 算法测试用例执行效果图。

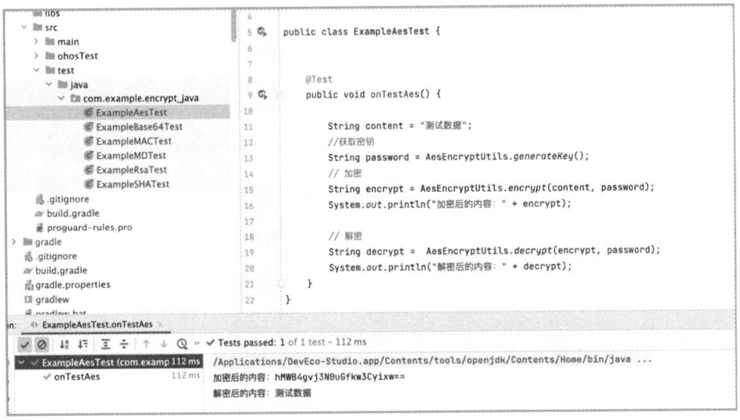

● 图 7-10 AES 算法测试用例执行效果图

AES 加密代码封装在 AesEncryptUtils 工具类中，核心实现代码如下（完整代码读者可查看本书配套源码）。

程序清单：**AesEncryptUtils.java** 中的方法块

```
/**
```

```
 * AES 加密
 * @param data 待加密内容
 * @param key  加密密码，长度为16 或 32 个字符
 * @return 返回 Base64 转码后的加密数据
 */
public static String encrypt(String data, String key) {
    try {
        // 创建密码器
        // 参数格式：加解密算法/工作模式/填充方式
        Cipher cipher = Cipher.getInstance("AES/ECB/PKCS5Padding");
        // 使用密码获取 AES 秘钥
        SecretKeySpec secretKeySpec = getSecretKey(key);
        // 初始化为加密密码器
        cipher.init(Cipher.ENCRYPT_MODE, secretKeySpec);
        byte[] encryptByte =
cipher.doFinal(data.getBytes(StandardCharsets.UTF_8));
        // 将加密后的数据进行 Base64 编码
        return Base64.getEncoder().encodeToString(encryptByte);
    } catch (Exception e) {
        handleException(e);
    }
    return null;
}

/**
 * AES 解密
 * @param base64Data 加密的密文 Base64 字符串
 * @param key  解密的密钥，长度为16 或 32 个字符
 */
public static String decrypt(String base64Data, String key) {
    try {
        // 将 Base64 字符串解码成字节数组
        byte[] data = Base64.getDecoder().decode(base64Data);
        Cipher cipher = Cipher.getInstance("AES/ECB/PKCS5Padding");
        // 使用密码获取 AES 秘钥
        SecretKeySpec secretKey = getSecretKey(key);
        // 设置为解密模式
        cipher.init(Cipher.DECRYPT_MODE, secretKey);
        // 执行解密操作
        byte[] result = cipher.doFinal(data);
        return new String(result, StandardCharsets.UTF_8);
    } catch (Exception e) {
        handleException(e);
    }
    return null;
}
```

7.2 HarmonyOS 应用安全设计

在信息时代，因为用户隐私泄露所导致的诈骗等案件也时有发生，个人隐私安全问题必须引起所有人的重视。

隐私是用户的基本权利，在产品设计阶段就应开始考虑隐私保护，并在产品开发过程中始终

遵守隐私保护设计规范，保证应用的隐私合规和数据安全。HarmonyOS 应用上架应用市场时，应用市场会根据隐私保护规则进行校验，如不满足条件则无法上架。

▶▶ 7.2.1 用户隐私数据与用户授权

根据个人数据的敏感程度，个人数据细分为敏感个人数据和一般个人数据。敏感个人数据是个人数据的一个重要子集，指的是涉及数据主体的最私密领域的信息或者一旦泄露可能会给数据主体造成重大不利影响的数据，如生物体征（如指纹、面部特征、虹膜、声纹、掌纹、耳廓等）、身份证号码、社会保障号码（社会号码）、行为特征等，所以在应用程序中，需要在软件用户协议与隐私协议中明确声明敏感数据的采集、传输和存储方式。

隐私协议即隐私声明，应用或原子化服务需收集用户的个人数据时，需要告知用户（即数据主体），隐私声明需包括以下信息。

- 数据控制者需提供数据控制者的身份信息和联系方式。
- 处理个人数据的目的。
- 个人数据的存储期限或决定存储期限的标准。
- 用户的访问、更正、清除、限制、拒绝、撤销等权利及细则。
- 自动化决策（包括识别分析、用户画像）及可能对用户造成的后果。
- 数据处理过程中包含的第三方 SDK。
- 用户、应用或原子化服务所在地区法规要求提供的隐私保护信息。

在应用开发中，当使用到第三方 SDK（如推送、即时通信、统计等）时，需要声明哪些第三方 SDK 会访问个人数据，具体描述如下。

- SDK 的说明链接要位于完整的隐私声明中，单击后跳转至独立页面。
- 需要说明第三方 SDK 的使用目的、收集的数据类型、该 SDK 的隐私声明。

认证是身份与访问管理中检验主体身份的手段，HarmonyOS 提供了 6 种身份认证方式，分别为：密码、指纹、人脸识别、声纹（目前未开放）、信任授权及复合认证，如表 7-3 所示。

表 7-3　HarmonyOS 身份认证类别概述

类别	内容
密码	4 位 PIN、6 位 PIN、自定义数字密码、图案密码、混合密码
指纹	光学式指纹（屏下指纹）、电容式指纹（后置或侧边指纹）
人脸识别	3D 人脸识别、2D 人脸识别
信任授权	常用于同一账号登录的可信任的设备
复合认证	又称为多因子认证，同时使用上述两种或以上的认证方式配合完成对用户身份的认证（常见于跨设备认证场景）

不同认证方式的安全程度如图 7-11 所示，对于敏感个人数据的使用和处理，建议优先考虑使用高安全级别的身份认证方式。

● 图 7-11　认证方式安全级别

涉及敏感个人数据的使用需要用户授权和管理，应用在使用敏感权限时，需要动态申请，目前可动态申请位置信息、相机、麦克风、媒体（如图片和视频）和文件（如公共目录下载的文件）、日历、健身运动、身体传感器、设备协同等。

当用户使用需要特定权限才能正常运行的功能时，应用需通过权限申请弹框向用户申请授权。为了让用户理解权限申请的目的和使用场景（同时也是工信部要求），申请权限时需提供权限使用目的描述，如图 7-12 所示为系统权限申请弹框效果图。

● 图 7-12　系统权限申请弹框效果图

如应用使用到位置、相机、设备协同等权限，在实际应用开发中，常有开发者在应用启动时，一次性全部申请动态权限，这里不建议这样做，应当在用户使用相应业务时，申请权限。

当用户单击"禁止"按钮后，需避免权限被"禁止"后应用闪退、强制退出界面等问题。单击"禁止"按钮即系统的权限弹框不再出现，若用户再次触发此功能，需由应用自行引导开启相应权限，如图 7-13 所示。

● 图 7-13　权限引导效果图

▶▶ 7.2.2　DevEco Studio 创建应用安全测试任务

DevEco Studio 通过集成 HUAWEI DevEco Services 云端服务平台能力，支持 HarmonyOS 应用/服务的测试。

HarmonyOS 应用安全测试服务提供安全漏洞检测、隐私合规检测和恶意行为检测服务，提前检测和识别应用开发过程可能存在的安全性问题。

在 DevEco Studio 中，选择菜单栏 Tools 菜单→DevEco Test Services 选项，如果未登录华为

开发者账号，首先会在浏览器中弹出登录华为开发者账号的界面，登录后单击"允许"按钮进行授权。

在弹出的 New Test Task 界面中选择 Security Test 标签，单击 New Task 按钮创建测试任务，在 Security Test 创建任务中，选择如下信息后，单击 Confirm 按钮开始测试，如图 7-14 所示。

- Test Type：选择测试的任务类型，包括漏洞测试（Vulnerability Test）和隐私测试（Privacy Test）。
- App/Hap File：单击➡按钮选择待测试的 App/Hap 包，其中漏洞测试支持 TV 和 Lite Wearable 的 Java 应用，隐私测试支持 TV 的 Java 应用。

等待测试任务完成后，查看测试报告，可以查看详细的测试结果，如图 7-15 所示。

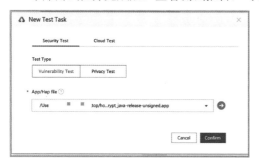

● 图 7-14　DevEco Studio 测试任务创建效果图　　　● 图 7-15　DevEco Studio 查看测试报告效果图

▶▶ 7.2.3　DevEco Studio 创建应用云测试任务

云测试任务主要针对兼容性测试，主要验证 HarmonyOS 应用在华为真机设备上运行的兼容性问题，包括首次安装、再次安装、启动、卸载、崩溃、黑白屏、闪退、运行错误、无法回退、无响应、设计约束场景等。

在 DevEco Studio 中，选择菜单栏 Tools 菜单→DevEco Test Services 选项，在弹出的 New Test Task 界面中选择 Cloud Test 标签，单击 New Task 按钮创建测试任务，然后在 Cloud Test 创建任务中，选择如下信息，单击 Next 按钮，如图 7-16 所示。

● 图 7-16　DevEco Studio 云测试选择效果图

- Test Type：选择测试的任务类型，包括兼容性测试（Compatibility Test）、稳定性测试（Stability Test）、性能测试（Performance Test）和功耗测试（Consumption Test）。
- App/Hap File：单击❍按钮选择待测试的 App/Hap 包。

单击 Next 按钮选择测试设备，单击 Confirm 按钮，然后等待测试任务完成后，就可以查看在线的测试报告，根据对应的提示建议，对应用进行兼容性修改。

7.3 HarmonyOS 系统安全概述

在搭载 HarmonyOS 的分布式终端上，可以保证"正确的人，通过正确的设备，正确地使用数据"。

- 通过"分布式多端协同身份认证"来保证"正确的人"。
- 通过"在分布式终端上构筑可信运行环境"来保证"正确的设备"。
- 通过"分布式数据在跨终端流动的过程中，对数据进行分类分级管理"来保证"正确地使用数据"。

7.3.1 可信设备安全保障

在分布式终端场景下，"正确的人"指通过身份认证的数据访问者和业务操作者。

"正确的人"是确保用户数据不被非法访问、用户隐私不泄露的前提条件。HarmonyOS 基于零信任模型实现对用户的认证和对数据的访问控制。当用户需要跨设备访问数据资源或发起高安全等级的业务操作（如对安防设备的操作）时，HarmonyOS 会对用户进行身份认证，确保其身份的可靠性。

零信任模型是指默认情况下不应该信任网络内部和外部的任何人、设备或系统，需要基于认证和授权重构访问控制的信任基础。诸如 IP 地址、主机、地理位置、所处网络等均不能作为可信的凭证，其本质诉求是以身份为中心进行访问控制。

HarmonyOS 通过用户身份管理，将不同设备上标识同一用户的认证凭据关联起来，用于标识一个用户来提高认证的准确度，实现多因素融合认证。

HarmonyOS 通过将硬件和认证能力解耦（即信息采集和认证可以在不同的设备上完成）来实现不同设备的资源池化，以及能力的互助与共享（协同互助认证），让高安全等级的设备协助低安全等级的设备完成用户身份认证。

HarmonyOS 提供了基于硬件的可信执行环境（Trusted Execution Environment，TEE）来保护用户的个人敏感数据的存储和处理，确保数据不泄露，HarmonyOS 使用基于数学可证明的形式化开发和验证的 TEE 微内核，获得了商用 OS 内核 CC EAL5+的认证评级。

在分布式终端场景下，只有保证用户使用的设备是安全可靠的，才能保证用户数据在虚拟终端上得到有效保护，避免用户隐私泄露。HarmonyOS 设备证书认证，在具备可信执行环境的设备上预置设备证书,可以向其他虚拟终端证明自己的安全能力,如图 7-17 所示。

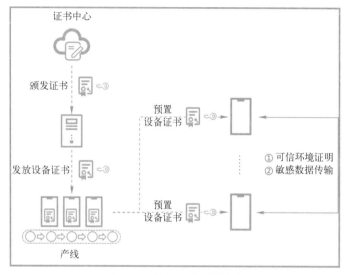

● 图 7-17　设备证书使用流程图

7.3.2　应用安全管理概述

在应用开发准备阶段,依据国家《移动互联网应用程序信息服务管理规定》,以及为了保护应用开发者和用户的合法权益,需要每一位 HarmonyOS 开发者注册账号,并建议同步进行实名认证,没有完成实名认证的开发者,无法进行应用上架发布,HarmonyOS 通过数字证书和 Profile 文件对应用进行管控,只有经过签名的 HAP 才允许安装到设备上运行。

在发布 HarmonyOS 应用前,可以在本地进行应用调试。HarmonyOS 通过数字证书和 Profile 文件对应用进行管控,只有经过签名的 HAP 才允许安装到设备上运行。在编码开发阶段,针对开发规范提供以下建议。

- 避免不对外交互的 Ability 及带有敏感功能公共事件被其他应用直接访问。
- 避免通过隐式方式调用组件,防止组件被劫持。
- 避免通过隐式方式发送公共事件,防止公共事件携带的数据被劫持。
- 应用作为数据使用方需校验数据提供方的身份,防止被仿冒者攻击。
- 对跨信任边界传入的 Intent 须进行合法性判断,防止应用异常崩溃。
- 避免在配置文件中开启应用备份和恢复开关。
- 避免将敏感数据存放到剪贴板中。
- 避免将敏感数据写入公共数据库、存储区中。
- 避免直接使用不可信数据来拼接 SQL 语句。
- 避免向可执行函数传递不可信数据。

- 避免使用 Socket 方式进行本地通信，如需使用，localhost 端口号随机生成，并对端口连接对象进行身份认证和鉴权。
- 建议使用 HTTPS 代替 HTTP 进行通信，并对 HTTPS 证书进行严格校验。
- 建议使用校验机制保证 WebView 在加载网站服务时 URL 地址的合法性。
- 对于涉及支付及高保密数据的应用，建议进行手机 root 环境监测。
- 建议开启安全编译选项，增加应用分析逆向难度。
- 禁止应用执行热更新操作，应用更新可以通过应用市场上架来完成。

应用功能开发完成后，建议进行自测试，在 DevEco Studio 中，选择菜单栏 Tools 菜单→DevEco Test Services 选项，在弹出的 New Test Task 界面中选择 Security Test 标签，单击 New Task 按钮创建测试任务；选择测试的任务类型（Test Type），包括漏洞测试（Vulnerability Test）和隐私测试（Privacy Test）。

漏洞测试通过对 HarmonyOS 应用生命周期建模和应用攻击面建模，采用静态数据流分析技术，提高漏洞发现的准确率，同时覆盖 20 余种攻击面，60 多项漏洞测试，帮助开发者提前发现和识别漏洞隐患。在检测报告中，会针对每一项漏洞风险项给出明确的修复建议，可以帮助开发者快速修复漏洞。

隐私测试通过动态检测和分析应用在设备上运行的隐私敏感行为，帮助开发者排查应用的恶意行为，构建纯净绿色的 HarmonyOS 应用。隐私测试支持 17 项检测，包括获取地理位置信息检测、获取设备标识检测、获取通信录信息检测、获取系统信息检测等。我们建议，HarmonyOS 应用应遵循合理、正当、必要的原则收集用户个人信息，不应有未向用户明示且未经用户授权的情况下，擅自收集用户数据的行为。

● 图 7-18　敏感权限申请位置提示弹框效果

应用采集个人数据时，应清晰、明确地告知用户，并确保告知用户的个人信息将被如何使用，对于应用申请操作系统敏感权限时，需要明确告知用户权限申请的目的和用途，并获取用户的同意，如图 7-18 所示为申请位置权限的一个提示案例。

▶▶ 7.3.3　应用隐私保护概述

在本书 7.2 节中，有介绍到用户的隐私数据及敏感权限需要动态申请，并向用户提示用途，当隐私声明有变更时，需要在应用内及时提醒用户，如图 7-19 所示。

应用需要提供用户查看隐私声明的入口，常见的方式是在应用的"关于"界面和用户登录注册页面提供查看隐私声明的入口。

● 图 7-19　隐私声明变更提醒效果图

在应用个人数据收集与处理方面，开发者仅可收集和处理与特定目的相关且必需的个人数据，不能对数据做出与特定目的不相关的处理，敏感权限申请时要满足权限最小化的要求，在进行权限申请时，只申请获取必需的信息或资源所需要的权限。例如，应用不需要相机权限就能够实现其功能时，则不应该向用户申请相机权限。

开发者收集的用户数据不能用于与用户正常使用不相关的功能，如应用不得将"生物特征""健康数据"等敏感个人数据用于服务改进等非核心业务相关的功能。

HarmonyOS 禁止在日志中打印敏感个人数据，如需要打印个人数据时，应对个人数据进行匿名化（对个人数据进行不可逆改变的过程）或假名化（身份信息被假名替代）处理。

HarmonyOS 中避免使用 IMEI 和序列号等永久性的标识符，尽量使用可以重置的标识符，如系统提供了 NetworkID 和 DVID 作为分布式场景下的设备标识符，广告业务场景下则建议使用 OAID，基于应用的分析则建议使用 ODID 和 AAID，其他需要唯一标识符的场景可以使用 UUID 接口生成。

在应用程序中，不再使用的数据需要及时清除，降低数据泄露的风险。如分布式业务场景下设备断开分布式网络，临时缓存的数据需要及时删除。

应用开发的数据优先在本地进行处理，对于本地无法处理的数据上传云服务要满足最小化的原则，不能默认选择上传云服务。在数据安全方面，需要从技术上保证数据处理活动的安全性，包括个人数据的加密存储、安全传输等安全机制，应默认开启或采取安全保护措施。

关于数据存储方面，有以下建议。

- 应用产生的密钥及用户的敏感个人数据需要存储在应用的私有目录下。
- 应用可以调用系统提供的本地数据库 RdbStore 的加密接口对敏感个人数据进行加密存储。
- 应用产生的分布式数据可以调用系统的分布式数据库进行存储，对于敏感个人数据需要采用分布式数据库提供的加密接口进行加密。

数据安全传输方面又可分为本地传输和远程传输，对于本地数据传输建议如下。

- 应用内组件调用，避免通过隐式方式调用组件，防止组件被劫持。
- 应用通过 Intent 跨应用传输数据时避免包含敏感个人数据，防止隐式调用导致 Intent 被劫持，导致个人数据泄露。
- 在使用 Socket 方式进行本地通信时，端口号需要随机生成，并对端口连接对象进行身份认证和鉴权。
- 在本地 IPC 通信方面，作为服务提供方需要校验服务使用方的身份和访问权限，防止服务使用方进行身份仿冒或者权限绕过。

对于数据远程传输方面。

- 使用 HTTPS 代替 HTTP 进行通信，并对 HTTPS 证书进行严格校验。
- 避免使用远程端口进行通信，如需使用，需要对端口连接对象进行身份认证和鉴权。
- 应用进行跨设备通信时，需要校验被访问设备和应用的身份信息，防止被访问方的设备和应用进行身份仿冒。
- 应用进行跨设备通信时，作为服务提供方需要校验服务使用方的身份和权限，防止服务使用方进行身份仿冒或者权限绕过。

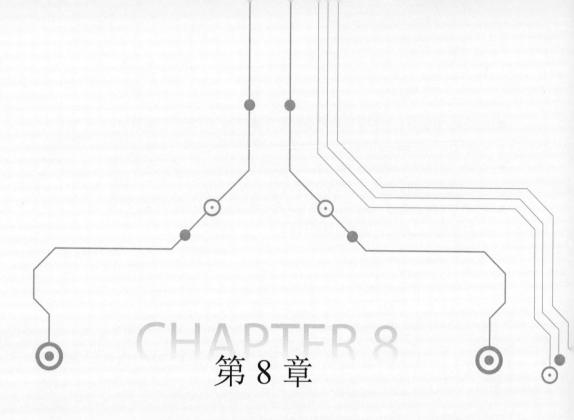

第 8 章

智能穿戴应用开发

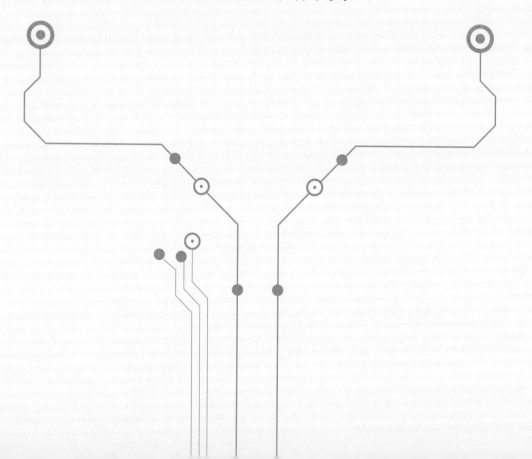

在智能穿戴方面，应用可以通过 HarmonyOS 提供的接口实现音频、传感器、网络连接、UI 交互、消息提醒等常规业务的开发，如在 HUAWEI WATCH 3 手表上开发健康类的应用，通过传感器获取身体的健康数据，然后在用户的手机上对应的 App 中再通过网络连接实现数据的对接，从而实现用户健康数据的记录与管理分析。

对于轻量级智能穿戴，应用可以通过 HarmonyOS 提供的接口实现传感器、UI 交互等常规业务的开发，如 HUAWEI WATCH GT 2 Pro，HUAWEI WATCH GT 3 等。

在全场景多设备生活方式中，用户的每个设备都能在适合的场景下提供良好的体验，但每个设备也有使用场景的局限，从而形成设备与设备之间取长补短、相互帮助的关系，HarmonyOS 多设备之间通过设备迁移、多端协同等方式，为用户提供更加自然流畅的分布式体验。

HarmonyOS 中，应用程序将数据保存到分布式数据库中，通过结合账号、应用和数据库三元组，分布式数据服务对属于不同应用的数据进行隔离，保证不同应用之间的数据不能通过分布式数据服务互相访问。在通过可信认证的设备间，分布式数据服务支持应用数据相互同步，为用户提供在多种终端设备上最终一致的数据访问体验。

本章的案例是在手表中获取用户的运动信息，然后同步至手机应用中实现数据的分析查看，是基于分布式数据库实现数据同步。

8.1 鸿蒙智能穿戴应用设计

在传统的单设备系统能力的基础上，HarmonyOS 是基于同一套系统能力、适配多种终端形态，能够支持手机、平板计算机、PC、智慧屏、智能穿戴、智能音箱、车机、耳机、AR/VR 眼镜等多种终端设备；对普通消费者用户来讲，HarmonyOS 能够将生活场景中的各类终端进行能力整合，实现不同终端设备之间的极速连接、能力互助、资源共享，匹配合适的设备、提供流畅的全场景体验，所以为多种不同的设备开发应用时，需要从差异性、一致性、协同性三个方面来考虑 UX 设计。

- 差异性是指程序在所支持的设备中，需要在屏幕尺寸、交互方式、使用场景、用户人群等特性进行针对性的设计。
- 一致性是指不同设备的共性，主要是为减少用户学习的难度，降低应用开发的成本。
- 协同性是指在多个设备之间相互协同时，需要了解设备与设备之间多种可能的协同模式，最大限度地展现 HarmonyOS 上独特的多设备无缝流转体验。

用户可以通过支持运行在华为 EMUI 分布式能力手机上的应用对 HarmonyOS IoT 设备完成设备控制和连接等操作，为满足不同的用户使用场景，HarmonyOS 定义了三种不同的 IoT 设备应用界面：卡片、控制面板、全屏页面，三种界面所承载的内容量依次增多，如图 8-1 所示。

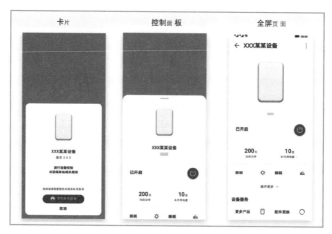

● 图 8-1　全场景终端设备 1+8+N

● 卡片是一种轻量的界面形式，承载少量的内容，如功能介绍、设备连接、账号登录等应用场景。

● 控制面板是覆盖屏幕 2/3 高度的快捷功能使用界面，如设备快速控制应用场景。

● 全屏页面适用于时间较长或功能的复杂使用场景。

在智能穿戴方面，如智能手表，在设计时需要结合产品小而轻的特征做场景适应性分析，从界面易浏览、交互流程易访问出发，充分发挥移动优势，做其他大屏幕设备的补充和延伸，在即时提醒和告知与用户相关的消息时，需要根据用户真实的佩戴情况做通知处理；在跨设备任务连续方面，需要关注各端侧的连续性反馈体验，针对异常中断情况，应该即时说明原因，并帮助用户回到正常的任务执行中。

智能手表在界面设计上需要重点考虑信息的筛选和适应小屏幕的布局，能适应多种动态或复杂的光照环境，在操作方面主要依赖于单手食指进行，所以需减少翻屏和繁杂操作，人体活动和机能（如步数、压力、血氧和心率等）会随着时间、地点发生改变，因此智能手表应主动识别用户体征变化，对用户当前状态做出预判，并针对性地给出分析或建议。

▶▶ 8.1.1　智能穿戴系统架构与应用架构

智能手表的表盘是与用户交互、功能应用入口，同时也是重要信息的展示窗口。在系统架构方面，一般为围绕表盘执行的上下左右点触结构、侧边按键调出的多应用架构。智能手表侧边按键区分上表冠和下表冠，下表冠默认归置运动锻炼应用，用户也可根据需要自定义功能。

用户抬腕即可显示表盘界面，表盘界面常用就是显示时间页面，也可用来显示运动数据、天气、消息提醒等信息，可承载多种类型的表盘效果，开发者可以通过 Theme Studio 工具来创建更多效果的表盘。

表盘界面下滑会出现控制中心界面（如图 8-2 所示），此界面包含快捷设置、场景按钮、智能设备控制三部分，此界面方便用户进行基础设置，以及控制多设备运转。

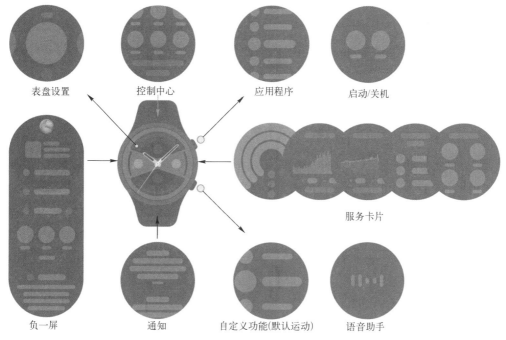

● 图 8-2　智能手表的表盘操作

表盘界面右滑会出现负一屏界面。此界面包含语音/天气常驻信息、Ongoing 卡片、音频控制卡片、服务中心、情景智能五部分；表盘界面上滑会显示通知栏，此界面通常显示各应用推送的消息，表盘界面左右滑动可查看多个的服务卡。

在系统导航返回上一级操作方面，除了正在运动中的界面，其他任何界面内单击上表冠，均可返回表盘界面，在应用内，每次右滑都是返回上一级，直至退出应用。

智能手表的信息布局需要根据当前应用的实际内容进行调整，目前智能手表界面信息可分为两大应用架构：非空界面通用架构和空界面通用架构。

● 非空界面，一般情况下为避免用户迷失，每一级非空界面需要通过标题明确告知用户当前所处的应用或层级，有操作相关的内容时，可将按钮放在顶部，如图 8-3 所示。

● 空界面，界面中心展示图标和描述，有操作的空界面（如新建、添加等）可直接在界面中提供操作和描述，如图 8-4 所示。

● 图 8-3　非空界面通用架构　　　　　　● 图 8-4　空界面通用架构

导航主要用于引导用户路径，以及告知当前的位置，智能手表产品的应用导航类型主要分为两类：层级导航和平级导航。层级导航由父页面和子页面组成；平级导航是在内容展示超过一屏时，把更多内容切换至下一屏进行独立布置显示，平级导航方式分为三类，即横向切屏导航、垂直切屏导航、垂直平铺导航。

8-1 手表平级导航方式预览图

8.1.2 常用的人机交互方式与视觉设计

用户使用手势与智能手表进行直接交互，建议使用用户熟知且常用的手势类型，如单击、长按、滑动（详细描述如表 8-1 所示），不轻易更改交互的条件和触发结果。

表 8-1 常用手势描述

手势	描述
单击	基础操作手势，用户通过单击某个元素触发功能或访问界面
长按	用户通过长按某个元素触发菜单、特定模式或进入界面。长按手势发现性差，常用功能不要使用长按来触发
滑动	如用户滑动列表、滑动切换横向的标签页
拖动	将元素从一个位置移动到另外一个位置，轻量级智能穿戴不支持
捏合	使用两个手指按住屏幕向外展开以放大内容，向内收拢以缩小内容，轻量级智能穿戴不支持

表冠操作是智能手表特有的一种交互方式，分为短按、双击、长按等。

对于上表冠，长按 3s 执行"关机/重启"操作；在表盘界面，短按则调起 Launcher，显示应用程序列表。在非表盘界面，返回表盘界面的通用方式是单击上表冠，个别例外场景处理方式不一样，如表 8-2 所示。

表 8-2 非表盘界面短按上表冠操作场景

场景	描述
运动场景	单击上表冠，智能手表显示该运动功能的暂停/启动界面
来电时通话场景	单击上表冠，来电静音，智能手表停留在电话界面；再次单击，返回来电前的界面
闹钟响铃时	单击上表冠，闹钟延时，且智能手表返回表盘界面

对于下表冠，任何界面下长按下表冠 1s 可调起语音助手；在表盘界面下，短按下表冠默认调起锻炼 App；用户可在设置中更改为其他的应用或不设置任何应用。在应用内，短按下表冠可以执行对应的设定功能，开放给三方应用自行定义。

在视觉方面，和谐一致的色彩搭配、适当的图标与文本排列能够赋予应用界面足够的生动性，并提供用户视觉感官连续性体验，HarmonyOS 官方在色彩方面针对智能穿戴整理了五种色彩类型。

8-2 预览色彩案例

屏幕中显示的图标与文本等元素之间适当的间距也尤为重要，包括屏幕边缘间隔、控件间隔、文本间隔，间隔单位为 vp（中文全称虚拟像素，英文为 Virtual pixels），指一台设备针对应用而言所具有的虚拟尺寸，如图 8-5 所示为屏幕边缘间隔规范示例图（图中数字代表序号），详细描述如表 8-3 所示。

● 图 8-5　屏幕边缘间隔

表 8-3　屏幕边缘间隔说明

类别	智能穿戴	轻量级智能穿戴
序号 1，顶部边距	20vp	40px
序号 4，顶部边距	40vp	80px
序号 2、3 左右边距	26vp	52px
序号 6、7 左右边距	40vp	80px
序号 5，底边距	36vp	72px
序号 8，底边距	20vp	40px

控件间隔主要是指显示的图标与文本之间的间隔，通用场景如图 8-6 所示（图中数字代表序号），详细描述如表 8-4 所示。

● 图 8-6　控件间隔

表 8-4　控件间隔说明

类别	智能穿戴	轻量级智能穿戴
序号 1，控件间距	12vp	24px
序号 2，控件间距	6vp	12px
序号 3，控件间距	8vp	不支持
序号 4，控件间距	26vp	52px
序号 5，控件间距	36vp	72px

文本间隔主要针对的是一级标题、二级标题、主内容之间的间隔，如图 8-7 所示（图中数字代表序号），对应详细描述如表 8-5 所示。

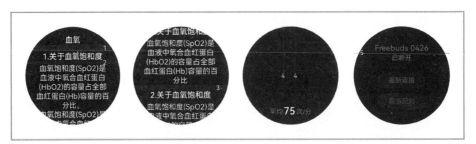

● 图 8-7　文本间隔

表 8-5　文本间隔说明

类别	智能穿戴	轻量级智能穿戴
序号 1，文本间距	16vp	32px
序号 2，文本间距	6vp	12px
序号 3，文本间距	12vp	24px
序号 4，文本间距	2vp	4px
序号 5，文本间距	2vp	4px

▶▶ 8.1.3　创建智能穿戴应用

智能穿戴应用支持 Java 和 JS 两种开发模式，本节中使用的是 Java 开发模式，关于创建项目在本书第 1 章中有详细描述，需要注意的是项目支持的设备类型是 wearable 手表，本节开发的应用功能支持心率监测与用户步数监测。

项目创建完成后，项目工程中默认创建的 MainAbility 作为加载的首页面，然后需要在项目的 config.json 配置文件中配置设备数据权限，代码清单如下所示。

程序清单：**WATCH_java_01/entry/src/main/config.json**

```json
{
  "app": {...},
  "module": {
    "package": "com.example.watch_java_01",
    "name": ".MyApplication",
    "mainAbility": "com.example.watch_java_01.MainAbility",
    "deviceType": [
      "wearable"
    ],
    "abilities": [...],
    "reqPermissions": [
      {
        "name": "ohos.permission.DISTRIBUTED_DATASYNC",
        "reason": "请允许应用跨设备协同访问您的数据",
        "usedScene": {
          "ability": [
            ".MainAbility"
          ],
          "when": "inuse"
```

```
      }
    },
    {
      "name": "ohos.permission.READ_HEALTH_DATA",
      "reason": "请允许应用访问您的健康数据",
      "usedScene": {
        "ability": [
          ".MainAbility"
        ],
        "when": "inuse"
      }
    },
    {
      "name": "ohos.permission.ACTIVITY_MOTION",
      "reason": "请允许应用访问您的运动数据"
    },
    {
      "name": "ohos.permission.DISTRIBUTED_DEVICE_STATE_CHANGE",
      "reason": "请允许应用监测您的设备状态改变"
    },
    {
      "name": "ohos.permission.GET_DISTRIBUTED_DEVICE_INFO",
      "reason": "请允许应用获取您的设备信息"
    },
    {
      "name": "ohos.permission.GET_BUNDLE_INFO",
      "reason": "允许非系统应用程序查询有关其他应用程序的信息"
    }
  ]
  }
}
```

本应用采用的架构方式为垂直切屏导航，如图 8-8 所示，其中 A 界面为心率监测显示，B 界面为运动频数显示，两个界面通过 PageSlider 来组合，在获取设备数据时，需要动态申请权限，在本实例中使用单击按钮的方式主动触发权限请求。

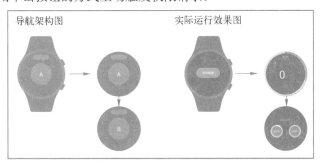

● 图 8-8 智能穿戴应用架构图

8.2 鸿蒙智能穿戴应用基本功能开发

如图 8-9 所示为手机项目目录结构示意图，MainAbility 是应用显示的主界面，其中加载的

MainPageSlice 用来加载显示主视图。

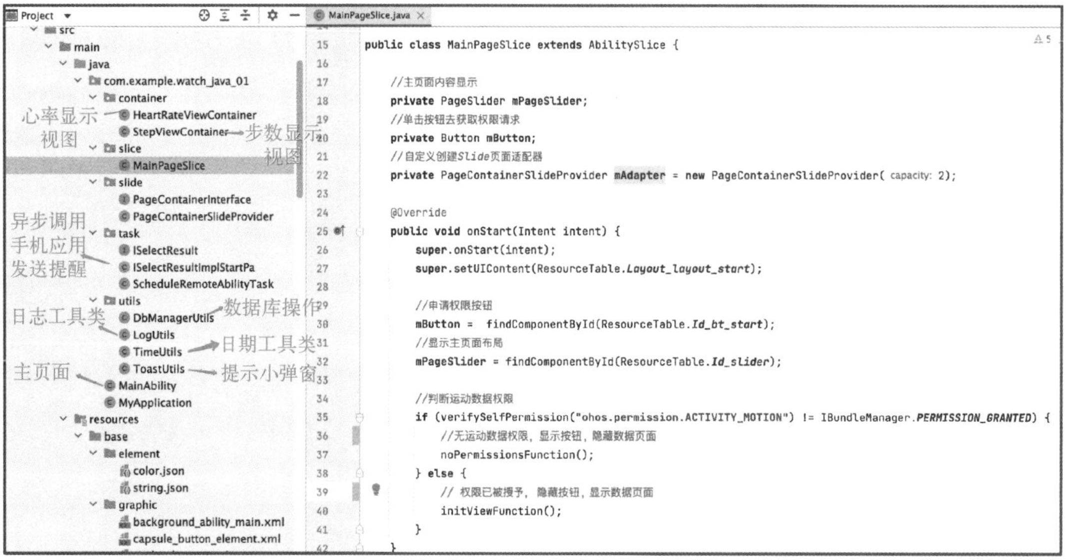

● 图 8-9 手表项目目录结构示意图

►►8.2.1 动态权限申请解决方案

MainPageSlice 用来加载显示主视图，首先判断是否有获取数据的权限，如果没有权限，则显示按钮，有权限则设置数据监听，加载数据显示，保存数据到分布式数据库中，对应代码如下。

程序清单：**WATCH_java_01/entry/ src/main/java/com/example/watch_java_01/slice/MainPageSlice.java**

```java
public class MainPageSlice extends AbilitySlice {
    // 主页面内容显示
    private PageSlider mPageSlider;
    // 单击按钮去获取权限请求
    private Button mButton;

    @Override
    public void onStart(Intent intent) {
        super.onStart(intent);
        super.setUIContent(ResourceTable.Layout_layout_start);

        // 申请权限按钮
        mButton =  findComponentById(ResourceTable.Id_bt_start);
        // 显示主页面布局
        mPageSlider = findComponentById(ResourceTable.Id_slider);

        // 判断运动数据权限
        if (verifySelfPermission("ohos.permission.ACTIVITY_MOTION")
!= IBundleManager.PERMISSION_GRANTED) {
```

```
                    // 无运动数据权限，显示按钮，隐藏数据页面
                    noPermissionsFunction();
                } else {
                    // 权限已被授予，隐藏按钮，显示数据页面
                    initViewFunction();
                }
            }
            ...
        }
```

无数据权限时，为按钮设置单击事件，单击按钮去申请权限，当手表应用中显示出申请权限页面，用户选择了拒绝且不再提醒时，requestPermissionsFromUser 方法执行无效果，页面无任何响应效果，此处可以放置一个按钮，来引导用户去设置中开启对应的权限，对应代码如下。

程序清单：**WATCH_java_01/entry/ src/main/java/com/example/watch_java_01/slice/MainPageSlice.java**

```java
private void noPermissionsFunction() {
    // 订阅公共事件通知
    initSsubscribeFunction();
    // 无应用权限时不显示页面主视图
    mPageSlider.setVisibility(Component.VERTICAL);
    // 应用未被授予权限
    if (canRequestPermission("ohos.permission.ACTIVITY_MOTION")) {
        // 应用第一次使用或者未被授权时显示按钮，单击按钮去获取权限
        mButton.setVisibility(Component.VISIBLE);
    } else {
        // 当用户拒绝并选择了不再提示时，会执行这一步
        // 显示应用需要权限的理由，提示用户进入设置授权
        mButton.setVisibility(Component.VISIBLE);

    }
    mButton.setClickedListener(new Component.ClickedListener() {
        @Override
        public void onClick(Component component) {
            if (canRequestPermission("ohos.permission.ACTIVITY_MOTION")) {
                // 动态申请权限
                requestPermissionsFromUser(
                        new String[]{"ohos.permission.READ_HEALTH_DATA",
                                "ohos.permission.DISTRIBUTED_DATASYNC"},
                        101);
            } else {
                // 提示请在设置中开启权限访问
            }

        }
    });
}
```

用户同意或者拒绝权限，在 MainAbility 中会获取到对应的回调，需要将权限请求结果回传至 MainPageSlice 中，在本实例中通过自定义公共事件来实现通信，如图 8-10 所示为简易思路图，MainAbility 中获取权限请求结果对应代码如下。

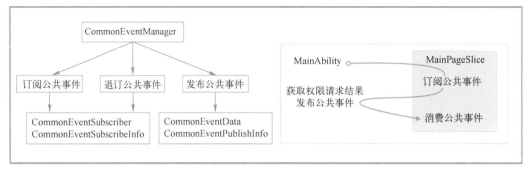

● 图 8-10 公共事件通信示意图

程序清单：**WATCH_java_01/entry/src/main/java/com/example/watch_java_01/MainAbility.java**

```java
public class MainAbility extends Ability {
    @Override
    public void onStart(Intent intent) {...}

    @Override
    public void onRequestPermissionsFromUserResult(int requestCode,
                      String[] permissions, int[] grantResults) {
        switch (requestCode) {
            case 101: {
                // 匹配 requestPermissions 的 requestCode
                // 权限被允许
                try {
                    Intent intent = new Intent();
                    Operation operation = new Intent.OperationBuilder()
                            .withAction("permission.event")
                            .build();
                    intent.setOperation(operation);

                    if (grantResults.length→ 0 &&
                            grantResults[0]== IBundleManager.PERMISSION_GRANTED) {
                        // 权限申请通过
                        intent.setParam("result", "success");
                    } else {
                        // 权限被拒绝
                        intent.setParam("result", "fail");
                    }
                    CommonEventData eventData = new CommonEventData(intent);
                    // 发送订阅事件，更新页面显示
                    CommonEventManager.publishCommonEvent(eventData);

                } catch (RemoteException e) {
                    // 发送订阅信息失败，需要给出相应的提示
                }
                return;
            }
        }
    }
}
```

MainPageSlice 中需要订阅公共事件消费，并根据权限申请的不同结果来显示不同的页面内容，代码如下。

程序清单：**WATCH_java_01/entry/ src/main/java/com/example/watch_java_01/slice/MainPageSlice.java**

```java
private void initSsubscribeFunction() {
    // 自定义事件，用于权限回调通知
    MatchingSkills matchingSkills = new MatchingSkills();
    matchingSkills.addEvent("permission.event");
    // 订阅者
    CommonEventSubscribeInfo subscribeInfo
            = new CommonEventSubscribeInfo(matchingSkills);
    subscribeInfo.setPriority(1000);
    MyCommonEventSubscriber
            subscriber = new MyCommonEventSubscriber(subscribeInfo);
    try {
        // 订阅自定义事件
        CommonEventManager.subscribeCommonEvent(subscriber);
    } catch (RemoteException e) {
        e.printStackTrace();
        System.out.println("******订阅失败");
    }
}
```

MyCommonEventSubscriber 是自定义在 MainPageSlice 中的事件消费者，是一个内部类，对应代码如下。

程序清单：**WATCH_java_01/entry/ src/main/java/com/example/watch_java_01/slice/MainPageSlice.java**

```java
class MyCommonEventSubscriber extends CommonEventSubscriber {
    MyCommonEventSubscriber(CommonEventSubscribeInfo info) {
        super(info);
    }
    // 接收到订阅消息
    @Override
    public void onReceiveEvent(CommonEventData commonEventData) {
        if (commonEventData == null || commonEventData.getIntent() == null) {
            return;
        }
        // 获取事件类型
        String receivedAction =
commonEventData.getIntent().getOperation().getAction();
        if ("permission.event".equals(receivedAction)) {
            // 获取权限请求结果
            Intent intent = commonEventData.getIntent();
            String result = intent.getStringParam("result");
            if (result.equals("success")) {
                // 权限已被授予
                initViewFunction();
            }
        }
    }
}
```

▶▶8.2.2 心率与步数页面滑动切换架构

MainPageSlice 用来加载展示应用主页面视图，在其 onStart()方法中通过 setUIContent()方法加载布局文件 layout_start.xml 中定义的主视图，如图 8-11 所示。

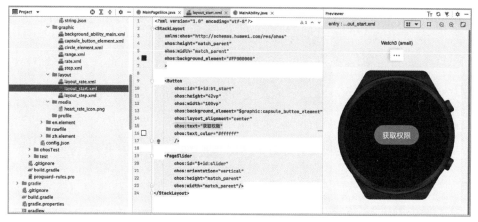

● 图 8-11　layout_start.xml 效果图

通过层叠布局 StackLayout 将 PageSlider 与 Button 重叠展示，Button 使用胶囊类型背景，通过 background_enement 属性设置，对应代码如下。

程序清单：**WATCH_java_01/entry/src/main/resources/base/graphic/capsule_button_element.xml**

```xml
<?xml version="1.0" encoding="UTF-8" ?>
<shape
    xmlns:ohos="http://schemas.huawei.com/res/ohos"
    ohos:shape="rectangle">
    <!--  ohos:shape="rectangle 矩形 -->
    <!--  corners 设置圆角大小  -->
    <corners ohos:radius="100"/>
    <!--  填充颜色-->
    <solid ohos:color="#64BB5C"/>
</shape>
```

当用户同意权限后，需要更新页面显示，隐藏按钮，显示心率、步数数据页面，对应方法 initViewFunction()代码如下。

程序清单：**WATCH_java_01/entry/src/main/java/com/example/watch_java_01/slice/MainPageSlice.java**

```java
// 自定义创建 Slide 页面适配器
private PageContainerSlideProvider mAdapter
    = new PageContainerSlideProvider(2);

private void initViewFunction() {
    mButton.setVisibility(Component.VERTICAL);
    mPageSlider.setVisibility(Component.VISIBLE);
    // 添加两个自定义子页面
    mAdapter.addPageContainer(new HeartRateViewContainer(this));
    mAdapter.addPageContainer(new StepViewContainer(this));
    // 设置适配器
    mPageSlider.setProvider(mAdapter);
}
```

PageContainerSlideProvider 是创建的自定义 PageSlider 数据适配器，基本代码如下。

程序清单：**src/main/java/com/example/watch_java_01/slide/PageContainerSlideProvider.java**

```java
public class PageContainerSlideProvider extends PageSliderProvider {

    // 适配器中加载的页面
    private final List<PageContainerInterface> mList;
    public PageContainerSlideProvider(int capacity) {
        mList = new ArrayList<>(capacity);
    }

    @Override
    public int getCount() {
        return mList.size();
    }

    @Override
    public Object createPageInContainer(ComponentContainer componentContainer, int index) {
        if (index >= mList.size() || (componentContainer == null)) {
            // 超出的部分显示一个空视图
            return Optional.empty();
        }
        PageContainerInterface item = mList.get(index);
        item.getComponent().ifPresent(componentContainer::addComponent);
        return item;
    }

    @Override
    public void destroyPageFromContainer(ComponentContainer componentContainer, int index,
Object obj) {
        if (componentContainer == null) {
            return;
        }
        if (!(obj instanceof PageContainerInterface)) {
            return;
        }
        // 页面销毁，移动对应的子页面
        PageContainerInterface item = (PageContainerInterface) obj;
        item.getComponent().ifPresent(componentContainer::removeComponent);
    }

    @Override
    public boolean isPageMatchToObject(Component component, Object object) {
        return component == object;
    }
    // 动态添加页面 PageContainerInterface 为自定义接口，所有的子页面均需要实现
    public void addPageContainer(PageContainerInterface
    pageContainerInterface) {
        pageContainerInterface.onPageCreated();
        mList.add(pageContainerInterface);
    }
}
```

PageContainerInterface 在自定义视图中使用，用于实现生命周期的控制功能，对应代码如下。

程序清单：**src/main/java/com/example/watch_java_01/slide/PageContainerInterface.java**

```java
public interface PageContainerInterface {
    /**
     * 获取存放的 component
     *
```

```
 * @return 存放的 component
 */
default Optional<Component> getComponent() {
    return Optional.empty();
}

// 页面加载的回调
default void onPageCreated() { }

// 页面销毁的回调
default void onPageDestroy() { }

// 页面被选中的回调
default void onPageSelected() { }
}
```

▶▶ 8.2.3 心率数据页面排版与数据获取

如图 8-12 所示为心率数据显示 UI 布局分析，对应实现代码封装在 HeartRateViewContainer 中。

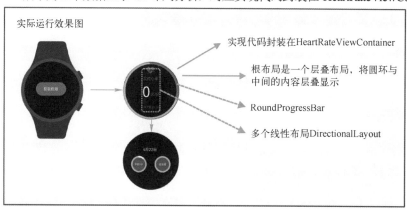

● 图 8-12 心率数据显示页面 UI 结构分析图

程序清单：**src/main/java/com/example/watch_java_01/container/HeartRateViewContainer.java**

```java
public class HeartRateViewContainer implements PageContainerInterface {
    private static final String TAG = "HeartRateViewContainer";

    private AbilityContext mContext;

    private Component mView;

    private RoundProgressBar mRoundProgressBar;


    public HeartRateViewContainer(AbilityContext context) {
        this.mContext = context;
    }

    @Override
    public Optional<Component> getComponent() {
        return Optional.ofNullable(mView);
    }
```

```
@Override
public void onPageCreated() {
    LayoutScatter instance = LayoutScatter.getInstance(mContext);
    // 加载 XML 布局视图
    mView = LayoutBoost.inflate(instance, mContext,
            ResourceTable.Layout_layout_rate, null, false);
    mRoundProgressBar = mView.findComponentById(ResourceTable.Id_rpb);
    // 初始化传感器相关的事件订阅与监听
    initHeartRateFunction();
}   ...

}
```

abilityslice 中可以通过 super.SetUIContent 方法调用 xml 对应的资源名称来设置 UI 内容，LayoutScatter 将 xml 文件转换为 Component 对象，然后将 Component 对象添加到当前显示的页面 UI 中。如图 8-13 所示为 layout_rate.xml 中组件排版详情，完整代码请查看本书配套源码，路径如下。

```
WATCH_java_01/entry/src/main/resources/base/layout/layout_rate.xml
```

页面布局排版完成后，接下来是心率数据的获取。CategoryBodyAgent 用来管理健康类传感器，如表 8-6 所示，本实例中是使用的 SENSOR_TYPE_HEART_RATE 心率传感器测量用户的心率数值，对应代码如下。

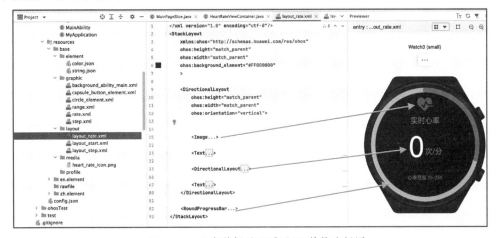

● 图 8-13　心率数据显示页面 UI 结构分析图

程序清单：**src/main/java/com/example/watch_java_01/container/ HeartRateViewContainer.java**

```
// 管理硬件设备上的身体传感器
private final CategoryBodyAgent categoryBodyAgent = new CategoryBodyAgent();
// 心率数据事件回调
private ICategoryBodyDataCallback mHeartRateDataCallback;
// 传感器对象
private CategoryBody bodySensor;

private void initHeartRateFunction() {
```

```
// 初始化分布式数据库
DbManagerUtils.getInstance().initDbManager(mContext);
// 自定义 EventHandler 实现异步处理数据功能
mHandler = new MyEventHandler(EventRunner.current());
/**
 * 接收身体传感器数据
 * 当检测到任何传感器数据变化时会回调
 */
mHeartRateDataCallback = new ICategoryBodyDataCallback() {
    @Override
    public void onSensorDataModified(CategoryBodyData categoryBodyData) {
        // 处理数据，显示到屏幕上并保存到分布式数据库中
        doCategoryDataExtracted(categoryBodyData);
    }

    @Override
    public void onAccuracyDataModified(CategoryBody categoryBody, int i)
     {}
    @Override
    public void onCommandCompleted(CategoryBody categoryBody) {
    }
};

// 订阅心率，心率传感器测量用户的心率数值，用于提供用户的心率健康数据
bodySensor = categoryBodyAgent
.getSingleSensor(CategoryBody.SENSOR_TYPE_HEART_RATE);
if (bodySensor != null) {
    categoryBodyAgent
.setSensorDataCallback(mHeartRateDataCallback, bodySensor, 100000);
    ToastUtils.getInstance().showTip(mContext, "订阅心率成功");
} else {
    ToastUtils.getInstance().showTip(mContext, "订阅心率失败 请尝试重新进入");
}
}
```

表 8-6 健康类传感器

传感器类型	描述
SENSOR_TYPE_HEART_RATE	心率传感器，测量用户的心率数值
SENSOR_TYPE_WEAR_DETECTION	佩戴检测传感器，检测用户是否佩戴

▶▶ 8.2.4 心率数据保存至分布式数据库

通过 ICategoryBodyDataCallback 接口的 onSensorDataModified 回调方法，将手表监测到的心率数据封装在 CategoryBodyData 中，数据处理需要放在子线程中，所以本小节中定义 MyEventHandler 来实现，代码如下。

程序清单：**src/main/java/com/example/watch_java_01/container/HeartRateViewContainer.java**

```
public class HeartRateViewContainer implements PageContainerInterface {
    ...

    private MyEventHandler mHandler;
    private void doCategoryDataExtracted(CategoryBodyData categoryBodyData) {
        // 描述人体传感器的数据信息
```

```
        // 数据信息包括时间戳、精度、数据值和传感器的数据尺寸
        float[] values = categoryBodyData.getValues();
        // 异步处理
        mHandler.postTask(() -> {
            // 获取实时心率
            float heartRate = values[0];
            mRoundProgressBar.setProgressValue((int) heartRate);

            // 缓存心率数据
            String key = "rate" + (UUID.randomUUID());
            // 获取当前时间
            String nowTime = TimeUtils.getInstance().getNowTime();
            //value 最终格式 如  10:22:22-->30
            String value = nowTime + "-->" + heartRate;
            // 保存到分布式数据库中
            DbManagerUtils.getInstance().writeData(key, value);

            // 缓存最新心率数据
            DbManagerUtils.getInstance().writeData("lastRate", value);

            ...

        });
    static class MyEventHandler extends EventHandler {
        MyEventHandler(EventRunner runner) throws IllegalArgumentException {
            super(runner);
        }
        @Override
        protected void processEvent(InnerEvent event) {
            super.processEvent(event);
        }
    }
}
```

本实例中通过单版本分布式数据库 SingleKVStore 来实现数据的缓存与同步，使用分布式数据库管理基本操作步骤如下。

1）根据应用上下文创建 KvManagerConfig 对象，创建分布式数据库管理器实例 KvManager。

2）创建单版本分布式数据库，默认开启组网设备间自动同步功能。

3）保存数据。

将这三步操作封装在 DbManagerUtils 工具类中，对应代码如下。

程序清单：**WATCH_java_01/entry/src/main/java/com/example/watch_java_01/utils/DbManagerUtils.java**

```
public class DbManagerUtils {
    // 单例
    static DbManagerUtils dbManagerUtils = new DbManagerUtils();
    public static DbManagerUtils getInstance() {
        return dbManagerUtils;
    }
    private DbManagerUtils() {}

    // 单版本分布式数据库
    private SingleKvStore singleKvStore;
    private KvManager kvManager;
```

```java
public void initDbManager(AbilityContext context) {
    // 获取 KvManager
    kvManager = getInstance(context);
    // 创建数据库
    singleKvStore = createDb(kvManager);
}

private static KvManager instance = null;
// 工厂模式创建 KvManager 实例，全局唯一
private  KvManager getInstance(AbilityContext context) {
    if (instance == null) {
        synchronized (DbManagerUtils.class) {
            if (instance == null) {
                try {
                    KvManagerConfig config = new KvManagerConfig(context);
                    instance = KvManagerFactory.getInstance().createKvManager (config);
                } catch (KvStoreException e) {
                    LogUtils.info("KvStoreException", e.getMessage());
                }
            }
        }
    }
    return instance;
}
// 创建数据库
private SingleKvStore createDb(KvManager kvManagerDb) {
    /**
     * 设置分布式数据库的类型
     * KvStoreType.DEVICE_COLLABORATION 设备协同分布式数据库类型
     * KvStoreType.SINGLE_VERSION 单版本分布式数据库类型
     */
    Options options = new Options();
    options.setCreateIfMissing(true)//设置数据库不存在时自动创建
        .setEncrypt(false)//设置数据库是不加密
        .setKvStoreType(KvStoreType.SINGLE_VERSION);
    SingleKvStore kvStore = null;
    // 创建单版本分布式数据库
    try {
        kvStore = kvManagerDb.getKvStore(options, "watch_demo_rate");
    } catch (KvStoreException e) {

    }
    return kvStore;
}

// 保存数据
public void writeData(String key, String value) {
    if (key.isEmpty() || value.isEmpty()) {
        return;
    }
    singleKvStore.putString(key, value);
}
}
```

最后需要注意，在页面退出时注销传感器订阅，代码如下。

```java
@Override
public void onPageDestroy() {
    // 取消订阅
    categoryBodyAgent.releaseSensorDataCallback(
```

```
            mHeartRateDataCallback, bodySensor);
    }
```

▶▶ 8.2.5 异常心率数据发送手机 App 通知提示

心率过慢或过快均可称为异常心率。本实例中，每分钟的心率在 50～100 次之间为正常心率，其他情况均为异常心率，异常心率出现时，需要实时调用手机 App 服务，发送消息通知，以提示用户需要注意。

TaskDispatcher 是绑定到应用主线程的专有任务分发器，由该分发器分发的所有任务都是在主线程上按顺序执行，它在应用程序结束时被销毁，本实例中使用此分发器由子线程转入主线程去调用对应手机中的应用服务，代码如下。

程序清单：**src/main/java/com/example/watch_java_01/container/HeartRateViewContainer.java**

```java
private void doCategoryDataExtracted(CategoryBodyData categoryBodyData) {

    // 描述人体传感器的数据信息
    // 数据信息包括时间戳、精度、数据值和传感器的数据尺寸
    float[] values = categoryBodyData.getValues();
    // 异步处理
    mHandler.postTask(() -> {
        // 获取实时心率
        float heartRate = values[0];

        // 异常心率
        if (heartRate < 50 || heartRate→ 100) {
            // 由 Ability 执行 getUITaskDispatcher()创建并返回
            TaskDispatcher uiTaskDispatcher = mContext.getUITaskDispatcher();
            // 自定义 Runnable
            ScheduleRemoteAbilityTask scheduleTask
                            = new ScheduleRemoteAbilityTask(mContext);
            // 异步派发任务：派发任务，并立即返回
            // 调用 revocable.revoke()可取消异步任务
            Revocable revocable =
uiTaskDispatcher.asyncDispatch(scheduleTask);

        }

    });
}
```

ScheduleRemoteAbilityTask 是自定义 Runnable 任务，负责调用对应安卓手机中的应用服务通知以提示用户；通过 DeviceManager 来获取组网中的设备信息，对应代码如下。

程序清单：**/src/main/java/com/example/watch_java_01/task/ScheduleRemoteAbilityTask.java**

```java
public class ScheduleRemoteAbilityTask implements Runnable {

    private final Context mContext;

    public ScheduleRemoteAbilityTask(Context context) {
        this.mContext = context;
    }
```

```
@Override
public void run() {

    // 获取分布式网络中所有远程设备的信息
    List<DeviceInfo> onlineDevices =
            DeviceManager.getDeviceList(DeviceInfo.FLAG_GET_ONLINE_DEVICE);
    //  判断组网设备是否为空
    if (onlineDevices.isEmpty()) {
        return;
    }
    // 获取组网中第一个设备的信息
    DeviceInfo deviceInfo = onlineDevices.get(0);
    String selectDeviceId = deviceInfo.getDeviceId();
    // 去调用对应的服务通知
    onSelectResult(selectDeviceId,mContext);
}

public void onSelectResult(String deviceId, Context context) {
    if (deviceId != null) {
        // 启动远程设备 Service
        Intent intentToStartPA = new Intent();
        Operation operation = new Intent.OperationBuilder()
                .withDeviceId(deviceId)
// 设置手机应用的 bundleName
                .withBundleName("com.example.watch_java_01")
  // 设置手机应用中的服务 Ability
                .withAbilityName("com.example.watch_java_01.ServiceAbility")
                //  设置支持分布式调度系统多设备启动的标识
                .withFlags(Intent.FLAG_ABILITYSLICE_MULTI_DEVICE)
                .build();
        intentToStartPA.setOperation(operation);
        try {
            context.startAbility(intentToStartPA, 1);
        } catch (Exception e) {
            e.printStackTrace();
        }
    }
}
}
```

▶▶ 8.2.6　运动步数数据获取

CategoryMotionAgent 用来管理硬件设备上的运动传感器，获取运动相关数据需要动态申请权限并配置如下。

```
"reqPermissions": [
    {
        "name": "ohos.permission.ACTIVITY_MOTION",
        "reason": "",
        "usedScene": {
            "ability": [
                ".MainAbility"
            ],
            "when": "inuse"
        }
    }
]
```

在本实例中是使用了计步器传感器 SENSOR_TYPE_PEDOMETER，用来统计用户的行走步数，代码如下。

程序清单：**src/main/java/com/example/watch_java_01/container/StepViewContainer.java**

```
// 运动类传感器管理者
private final CategoryMotionAgent categoryMotionAgent = new Category-MotionAgent();
// 传感器实例
private CategoryMotion categoryMotion;
// 传感器实时回调
private ICategoryMotionDataCallback mStepDataCallback;

private void initStepFunction() {
    mHandler = new StepViewContainer.MyEventHandler(EventRunner.current());
    /**
     * 第一步，创建订阅回调
     * 接收身体传感器数据
     * 当检测到任何传感器数据变化时会回调
     */
    mStepDataCallback = new ICategoryMotionDataCallback() {
        @Override
        public void onSensorDataModified(CategoryMotionData categoryMotionData) {
            // 描述人体传感器的数据信息
            // 数据信息包括时间戳、精度、数据值和传感器的数据尺寸
            float[] values = categoryMotionData.getValues();
            mHandler.postTask(() -> {
                // 获取实时步数
                float heartRate = values[0];
                // 缓存步数数据保存到分布式服务器中
                ...
            });
        }

        @Override
        public void onAccuracyDataModified(CategoryMotion categoryMotion,int i) {

        }

        @Override
        public void onCommandCompleted(CategoryMotion categoryMotion) {

        }

    };

    // 第二步
    // 获取计步器传感器
    categoryMotion = categoryMotionAgent
            .getSingleSensor(CategoryMotion.SENSOR_TYPE_PEDOMETER);
    // 第三步，设置传感器订阅回调
    if (categoryMotion != null) {
        categoryMotionAgent
                .setSensorDataCallback(
                        mStepDataCallback, categoryMotion, 100000000);
        ToastUtils.getInstance().showTip(mContext, "订阅步数成功");
    }
}
```

最后需要注意，在页面退出时注销传感器订阅，代码如下。

```
@Override
public void onPageDestroy() {
    // 取消订阅
    categoryMotionAgent.releaseSensorDataCallback(
            mStepDataCallback, categoryMotion);
}
```

8.3 鸿蒙智能穿戴手机应用同步手表数据

手表有多种传感器，可以获取传感器的数据，如本实例中的心率等，分析数据可以在手机 App 中进行查看，为用户提供非常好的体验。

分布式数据服务支撑 HarmonyOS 系统上应用程序数据库数据分布式管理，支持数据在同一账号的多端设备之间相互同步，如图 8-14 所示，在上一小节中将用户的心率数据保存在分布式数据库中，本节实现在手机应用中获取数据并展示。

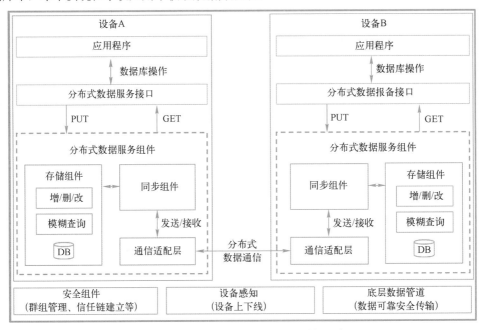

● 图 8-14　分布式数据库多设备数据同步

▶▶ 8.3.1　智能穿戴手机应用创建与基本配置

创建项目"WATCH_java_02"，设备类型选择为"phone"，应用包名 bundleName 设置为"com.example.watch_java_01"，需要与上一小节中手表项目的 bundleName 一致，项目创建完成后，在 config.json 中需要配置的权限如下。

```json
"reqPermissions": [
  {
    "name": "ohos.permission.DISTRIBUTED_DATASYNC",
    "reason": "",
    "usedScene": {
      "ability": [
        ".MainAbility"
      ],
      "when": "inuse"
    }
  },
]
```

默认加载 MainAbility 为显示的首页面，在其中进行动态权限申请，代码如下。

程序清单：**WATCH_java_02/entry/src/main/java/com/example/watch_java_02/MainAbility.java**

```java
import static ohos.security.SystemPermission.DISTRIBUTED_DATASYNC;

public class MainAbility extends Ability {
    @Override
    public void onStart(Intent intent) {
        super.onStart(intent);
        super.setMainRoute(MainAbilitySlice.class.getName());
        requestPermission();
    }

    private void requestPermission() {
        if (verifySelfPermission(DISTRIBUTED_DATASYNC) !=
                IBundleManager.PERMISSION_GRANTED) {
            // has no permission
            if (canRequestPermission(DISTRIBUTED_DATASYNC)) {
                // toast
                requestPermissionsFromUser(
                        new String[]{DISTRIBUTED_DATASYNC}, 101);
            }
        }
    }
}
```

MainAbilitySlice 用来编写 UI 布局与设置数据功能，如图 8-15 所示。

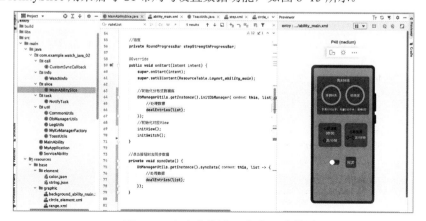

● 图 8-15　心率数据显示页面 UI 效果图

▶▶8.3.2　手表心率与步数数据同步

不同设备数据同步是在异步线程中处理，CustomSyncCallback 是本实例中定义的用于数据回调显示的接口，对应代码如下。

程序清单：**src/main/java/com/example/watch_java_02/call/CustomSyncCallback.java**

```
import ohos.data.distributed.common.Entry;
import java.util.List;

public interface CustomSyncCallback {
    void syncCompleted(List<Entry> list);
}
```

本小节介绍的是如何同步手表中的数据，这一系列功能封装在 DbManagerUtils 中，代码如下。

程序清单：**src/main/java/com/example/watch_java_02/util/DbManagerUtils.java**

```
public class DbManagerUtils {
    private static final String TAG = "DbManagerUtils";
    static DbManagerUtils dbManagerUtils = new DbManagerUtils();
    public static DbManagerUtils getInstance() {
        return dbManagerUtils;
    }

    private DbManagerUtils() {
    }

    // 单版本分布式数据库
    private SingleKvStore singleKvStore;
    private KvManager kvManager;

    public void initDbManager(AbilityContext context,
                    CustomSyncCallback syncCallback) {
        KvManagerConfig config = new KvManagerConfig(context);
        // 工厂模式获取管理者
        getKvManagerInstance(config);
        // 创建数据库
        singleKvStore = createDb(kvManager);
        // 订阅监测数据变化
        subscribeDb(context,singleKvStore,list->{
            // 当分布式数据库中有数据新增时，此方法会执行，在此处重新查询最新的数据显示到页面上
            List<Entry> entryList = getDataFunction();
            // 更新数据
            syncCallback.syncCompleted(entryList);
        });
    }
    public  KvManager getKvManagerInstance(KvManagerConfig config) {
        if (kvManager == null) {
            synchronized (MyKvManagerFactory.class) {
                if (kvManager == null) {
                    try {
                    kvManager =
        KvManagerFactory.getInstance().createKvManager(config);
                    } catch (KvStoreException e) {
                        LogUtils.info("KvStoreException", e.getMessage());
                    }
```

```
                    }
                }
            }
            return kvManager;
        }

        private SingleKvStore createDb(KvManager kvManagerDb) {
            /**
             * 设置分布式数据库的类型
             * KvStoreType.DEVICE_COLLABORATION 设备协同分布式数据库类型
             * KvStoreType.SINGLE_VERSION 单版本分布式数据库类型
             */
            Options options = new Options();
            options.setCreateIfMissing(true)// 设置数据库不存在时自动创建数据库
                    .setEncrypt(false)// 设置数据库不加密
                    .setKvStoreType(KvStoreType.SINGLE_VERSION);
            SingleKvStore kvStore = null;
            // 创建单版本分布式数据库
            try {
                kvStore = kvManagerDb.getKvStore(options, "watch_demo_rate");
            } catch (KvStoreException e) {

            }
            return kvStore;
        }
    }
```

订阅分布式数据变化，当数据有更新时，会主动回调，以实现主动更新页面显示，应用程序需要实现 KvStoreObserver 接口，构造并注册 KvStoreObserver 实例，代码如下。

程序清单：../DbManagerUtils.java 中的方法块

```
// 订阅数据更新
private void subscribeDb(AbilityContext context,SingleKvStore kvStore,
                    CustomSyncCallback syncCallback) {
    // 创建实例
    KvStoreObserver kvStoreObserverClient
            = new KvStoreObserverClient(context,syncCallback);
    // 订阅
    kvStore.subscribe(SubscribeType.SUBSCRIBE_TYPE_REMOTE, kvStoreObserverClient);
}
private class KvStoreObserverClient implements KvStoreObserver {
    private AbilityContext context;
    // 自定义回调
    private CustomSyncCallback syncCallback;
    public KvStoreObserverClient(AbilityContext context,
                    CustomSyncCallback syncCallback) {
        this.context = context;
        this.syncCallback = syncCallback;
    }

    @Override
    public void onChange(ChangeNotification notification) {
        // 切换到主线程中
        context.getUITaskDispatcher().asyncDispatch(() -> {
            syncCallback.syncCompleted(null);
        });
    }
}
```

获取分布式数据库中的数据代码如下。

程序清单：*../DbManagerUtils.java* 中的方法块

```java
// 查询数据
public List<Entry> getDataFunction() {
    List<Entry> entries = new ArrayList<>();
    if (singleKvStore != null) {
        // 查询数据
        entries = singleKvStore.getEntries("");
    }
    return entries;
}
```

用户可以主动单击页面中的按钮去同步手表中的数据，对应代码如下。

程序清单：**src/main/java/com/example/watch_java_02/slice/MainAbilitySlice.java**

```java
// 单击按钮时去同步数据
private void syncData() {
    DbManagerUtils.getInstance().syncData(this, list -> {
        // 处理数据显示
        dealEntries(list);
    });
}
```

同步数据，首先是需要获取组网内的设备，然后根据设备 ID 来同步对应设备的数据，代码如下。

程序清单：*../DbManagerUtils.java* 中的方法块

```java
// 查询设备
public void syncData(AbilityContext context,
                     CustomSyncCallback syncCallback) {
    // 获取有效设备
    List<DeviceInfo> deviceInfoList =
            kvManager.getConnectedDevicesInfo(DeviceFilterStrategy.NO_FILTER);
    if (deviceInfoList.size() == 0) {
        // 组网中没有设置时，可查询当前分布式数据库中的数据
        List<Entry> entryList = getDataFunction();
        // 自定义回调显示数据
        syncCallback.syncCompleted(entryList);
    } else {
        List<String> deviceIdList = new ArrayList<>();
        for (DeviceInfo deviceInfo : deviceInfoList) {
            deviceIdList.add(deviceInfo.getId());
        }
        // 同步数据
        doSync(context, deviceIdList, syncCallback);
    }
}
```

SyncMode 用于指定同步模式，可取值有 PULL_ONLY（只从远端拉取数据到本端）、PUSH_ONLY（只从本端推送数据到对端）、PUSH_PULL（从本端推送数据到远端，然后从远端拉取数据到本端），对应代码如下。

程序清单：**../DbManagerUtils.java** 中的方法块

```java
// 同步手表数据
private void doSync(AbilityContext context, List<String> deviceIdList,
                            CustomSyncCallback syncCallback) {
    try {
        singleKvStore.registerSyncCallback(map -> {
            // 同步完成后注销监听
            singleKvStore.unRegisterSyncCallback();
            // 查询同步完成后数据库中的数据
            List<Entry> entryList = getDataFunction();
            // 在主线程中执行回调，以更新页面数据显示
            context.getUITaskDispatcher().asyncDispatch(() -> {
                ToastUtils.showTip(context, "同步成功");
                syncCallback.syncCompleted(entryList);
            });
        });
        LogUtils.info(TAG, "Start to get data");
        singleKvStore.sync(deviceIdList, SyncMode.PUSH_PULL);
    } catch (KvStoreException e) {
        LogUtils.info(TAG, "doSync KvStoreException");
    }
}
```

数据同步完成后，获取到的是 ohos.data.distributed.common.Entry 数据类型，需要转化处理数据，以方便在程序中的开发使用，对应代码如下。

程序清单：**.. /MainAbilitySlice.java** 中的方法块

```java
private void dealEntries(List<Entry> entries) {
    for (Entry entry : entries) {
        // 转化数据
        WatchInfo watchDataEntity = createWatchDataEntity(entry);
    }

    // 设置对应的数据显示
    ...
}

private WatchInfo createWatchDataEntity(Entry entry) {
    // 取出值，值的格式与手表中存储的格式要对应
    String value = entry.getValue().getString();
    // 分割字符串
    String[] splits = value.split("-->");
    // 构建数据
    WatchInfo watchEntity = new WatchInfo();
    // 时间
    watchEntity.setTime(splits[0]);
    // 对应的值，这里只取整数
    watchEntity.setData(splits[1].substring(0, splits[1].indexOf(".")));

    return watchEntity;
}
```

WatchInfo 是实例中自定义的数据体对象，对应代码如下。

程序清单：**WATCH_java_02/entry/src/main/java/com/example/watch_java_02/info/WatchInfo.java**

```java
public class WatchInfo {
```

```
    private String time;
    private String data;

    // set get 方法省略
}
```

页面 UI 布局排版与数据设置在本小节中不做过多描述，读者可查看本书所配套源码，对应地址如下。

WATCH_java_02/entry/src/main/java/com/example/watch_java_02/slice/MainAbilitySlice.java

▶▶ 8.3.3　心率异常提醒服务

在本书 8.2.5 小节中，当用户的心率过高或者过低，会调用起组网内手机应用的对应服务（ServiceAbility）拉起手机应用，以及振动提示用户，ServiceAbility 对应代码如下。

程序清单：**src/main/java/com/example/watch_java_02/ServiceAbility.java**

```
public class ServiceAbility extends Ability {

    public void onCommand(Intent intent, boolean restart, int startId) {
        getUITaskDispatcher()
                .asyncDispatch(netdcw NotifyTask(this.getContext()));
    }
}
```

注意，需要在项目对应模块的 config.json 文件中添加配置如下。

```
"abilities": [
  {
    "name": ".ServiceAbility",
    "icon": "$media:icon",
    "type": "service"
  }
]
```

如果 Service 尚未运行，则系统会先调用 onStart()来初始化 Service，再回调 Service 的 onCommand()方法来启动 Service；如果 Service 正在运行，则系统会直接回调 Service 的 onCommand()方法来启动 Service。

所以本实例在其生命周期 onCommand 中通过异步任务的方式来创建提醒，NotifyTask 对应代码如下。

程序清单：**WATCH_java_02/entry/src/main/java/com/example/watch_java_02/task/NotifyTask.java**

```
public class NotifyTask implements Runnable {

    private final Context context;
    public NotifyTask(Context context) {
        this.context = context;
    }

    @Override
    public void run() {
        LogUtils.error("NotifyTask", "手表异常 ");
        // 振动提醒
```

```
        vibratorFunction();
        // 通知提醒
        notificationFunction();
    }

}
```

VibratorAgent 用来管理硬件设备上的振动器，本实例中使用代码如下。

程序清单：.. /NotifyTask.java 中的方法块

```
// 创建振动器实例
private final VibratorAgent vibratorAgent = new VibratorAgent();

private void vibratorFunction() {
    // 获取硬件设备上的振动器列表
    List<Integer> vibratorList = vibratorAgent.getVibratorIdList();
    if (vibratorList.size()→ 0) {
        // 指定振动 1s 效果的一次性振动
        vibratorAgent.startOnce(vibratorList.get(0), 1000);
    }
}
```

控制设备上的振动器，需要在 config.json 中配置请求权限，代码如下。

```
"reqPermissions": [
    {
        "name": "ohos.permission.VIBRATE",
        "reason": "",
    }
]
```

HarmonyOS 的通知功能主要用来提醒用户有来自该应用中的信息，当应用向系统发出通知时，它将先以图标的形式显示在通知栏中，用户可以下拉通知栏查看通知的详细信息，通知相关基础类包含 NotificationSlot、NotificationRequest 和 NotificationHelper，如图 8-16 所示。

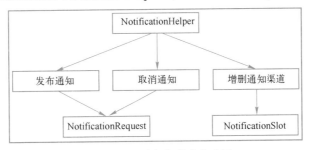

● 图 8-16　通知相关类关系图

NotificationHelper 封装了发布、更新、删除通知等静态方法；NotificationSlot 可以对提示音、振动、重要级别等进行设置；NotificationRequest 用于设置具体的通知对象，包括设置通知的属性，如通知的分发时间、小图标、大图标、自动删除等参数，本实例创建通知的代码如下。

程序清单：.. /NotifyTask.java 中的方法块

```
// 通知模块
private final NotificationSlot notificationSlot =
```

```
                    new NotificationSlot("slot_001", "slot_default",NotificationSlot.LEVEL_MIN);

    // 构建 NotificationRequest 对象，应用发布通知前，
    // 通过 NotificationRequest 的 setSlotId() 方法与 NotificationSlot 绑定
    private final NotificationRequest request = new NotificationRequest(1);

    // 通知类型为普通文本 NotificationNormalContent
    private final NotificationRequest.NotificationNormalContent content
                        = new NotificationRequest.NotificationNormalContent();

    private void notificationFunction() {
        try {
            NotificationHelper.addNotificationSlot(notificationSlot);
            request.setSlotId(notificationSlot.getId());
            // 设置通知的内容
            String title = "通知";
            String text = "心率异常";
            content.setTitle(title).setText(text);
            NotificationRequest.NotificationContent notificationContent =
                    new NotificationRequest.NotificationContent(content);
            request.setContent(notificationContent);

            // 在通知中实现即将触发的事件
            request.setIntentAgent(initStartFa());
            // 发布一条通知
            NotificationHelper.publishNotification(request);
        } catch (RemoteException ex) {
            // 异常
        }
    }
```

在本实例中，收到通知后，单击通知跳转到一个新的 Ability，不单击则不会触发，IntentAgent 封装了一个指定行为的 Intent，在本实例中是通过单击通知触发，对应代码如下。

程序清单：**.. /NotifyTask.java** 中的方法块

```
    private IntentAgent initStartFa() {
        Intent intent = new Intent();
        // 指定要启动的 Ability 的 BundleName 和 AbilityName 字段
        // 将 Operation 对象设置到 Intent 中
        Operation operation = new Intent.OperationBuilder()
                .withDeviceId("")
                .withBundleName("com.example.watch_java_01")
                .withAbilityName("com.example.watch_java_01.MainAbility")
                .build();
        intent.setOperation(operation);

        List<Intent> intentList = new ArrayList<>();
        intentList.add(intent);
        // 设置 flags
        List<IntentAgentConstant.Flags> flags = new ArrayList<>();
        flags.add(IntentAgentConstant.Flags.UPDATE_PRESENT_FLAG);
        // 指定启动一个有页面的 Ability
        IntentAgentInfo paramsInfo = new IntentAgentInfo(200,
                IntentAgentConstant.OperationType.START_ABILITY, flags, intentList, null);
        // 获取 IntentAgent 实例
        return IntentAgentHelper.getIntentAgent(context, paramsInfo);
    }
```

8.4 鸿蒙轻量级智能穿戴

对于轻量级智能穿戴应用可以通过 HarmonyOS 提供的接口实现传感器、UI 交互等常规业务的开发，如 HUAWEI WATCH GT 2 Pro、HUAWEI WATCH GT 3。在第一章中创建的 JS 传统项目工程的基础上进行开发，本实例中的项目为 HelloWorld_js_03，使用 JS 传统代码方式开发 UI 页面，使用 Java Ability 来调用系统设备功能（设备电量）。

8.4.1 JS 端调用 Java 中的方法事件

本小节中实现的案例效果如图 8-17 所示。单击"设备电量"按钮，可以获取到设备当前电池的状态，单击"订阅电量"按钮，当设备电池状态、电池电量发生变化时，会更新内容显示。本实例中的项目源码在本书配套的 HelloWorld_js_03 中，本小节只展示核心代码块，全部代码读者可查阅源码。

方舟开发框架-基于 JS 扩展的类 Web 开发范式框架提供了一种 FA（JS API）调用 PA（Java API）的机制，包含远端调用 Ability 和本地调用 Internal Ability 两种方式。

● 图 8-17 轻量级智能穿戴案例效果图

JS 端与 Java 端通过接口扩展机制进行通信，通过 bundleName 和 abilityName 来进行关联。在 FeatureAbility Plugin 收到 JS 调用请求后，系统根据开发者在 JS 指定的 abilityType、Ability 或 Internal Ability 来选择对应的方式进行处理。开发者在 onRemoteRequest()中实现 PA 提供的业务逻辑，不同的业务通过业务码来区分。

FA 提供了以下三个 JS 接口。

● FeatureAbility.callAbility(OBJECT)：调用 PA 能力。

● FeatureAbility.subscribeAbilityEvent(OBJECT, Function)：订阅 PA 能力。

● FeatureAbility.unsubscribeAbilityEvent(OBJECT)：取消订阅 PA 能力。

在 PA 端提供的接口如下。

- boolean IRemoteObject.onRemoteRequest(…)：Ability 方式，与 FA 通过 rpc 方式通信，该方式的优点在于 PA 可以被不同的 FA 调用。

- boolean onRemoteRequest(…)：Internal Ability 方式，集成在 FA 中，适用于与 FA 业务逻辑关联性强，响应时延要求高的服务，该方式仅支持本 FA 访问调用。

在本实例中，单击"设备电量"按钮调用对应 JS 方法 buttonClick()，在事件方法中，通过接口扩展去调用 Java 端 API 来获取设备电量信息，实现代码如下。

程序清单：**entry/src/main/js/default/pages/index/index.js**

```
// 按钮的单击事件
buttonClick() {
    this.getBatteryLevel();
},
// 获取手机系统电量
getBatteryLevel: async function () {
    try {
        // 创建action 参数为自定义业务标识码
        var action = this.initAction(1001);
        // 异步发送消息
        var result = await FeatureAbility.callAbility(action);
        // 获取结果
        console.info(" result = " + result);
        // 更新页面数据
        this.current = result;
    } catch (pluginError) {
        console.error("getBatteryLevel : Plugin Error = " + pluginError);
    }
},
// 创建 Action 对象实例
initAction: function (code) {
    var action = {};
    action.bundleName = "com.example.helloworld_js_03";
    action.abilityName = "BatteryInternalAbility";
    // 行数标识
    action.messageCode = code;
    // 传参
    action.data = {"test": "test001" };
    // 0：Ability; 1：Internal Ability
    action.abilityType = 1;
    // 0 代表同步方式；1 代表异步方式
    action.syncOption = 0;
    return action;
},
```

使用到的参数 abilityType 是指要调用的 Ability 类型，对应 PA 端不同的实现方式。

- 取值为 0：跳转的目标 Ability 拥有独立的 Ability 生命周期，FA 使用远端进程通信拉起并请求 PA 服务，适用于提供基本服务供多 FA 调用或在后台独立运行的场景。

- 取值为 1：跳转目标为 Internal Ability，与 FA 共进程，采用内部函数调用的方式和 FA 通信，适用于对 PA 响应时延要求较高的场景，不支持其他 FA 访问调用能力。

在本实例中跳转的 Ability 为 Internal Ability 类型，创建 BatteryInternalAbility，继承于

AceInternalAbility，对应代码如下。

程序清单：**entry/src/main/java/com/example/helloworld_js_03/BatteryInternalAbility.java**

```java
public class BatteryInternalAbility extends AceInternalAbility {

    private static BatteryInternalAbility instance;
        public static BatteryInternalAbility getInstance() {
        if (instance == null) {
            synchronized (BatteryInternalAbility.class) {
                if (instance == null) {
                    instance = new BatteryInternalAbility();
                }
            }
        }
        return instance;
    }

    // 要与 JS 端对应
    private static final String BUNDLE_NAME = "com.example.helloworld_js_03";

    private static final String ABILITY_NAME = "BatteryInternalAbility";


    private BatteryInternalAbility() {
        super(BUNDLE_NAME, ABILITY_NAME);
    }


    public boolean onRemoteRequest(...) {...}

    // 注册 Ability
    public void register() {
        this.setInternalAbilityHandler(this::onRemoteRequest);
    }

    // 注销
    public void deregister() {
        this.setInternalAbilityHandler(null);
    }
}
```

然后在启动页面 MainAbility 中进行注册与注销，代码如下。

程序清单：**entry/src/main/java/com/example/helloworld_js_03/MainAbility.java**

```java
public class MainAbility extends AceAbility {
    @Override
    public void onStart(Intent intent) {
        super.onStart(intent);
        BatteryInternalAbility.getInstance().register();
    }

    @Override
    public void onStop() {
        super.onStop();
        BatteryInternalAbility.getInstance().deregister();
    }
```

```
    }
```

▶▶ 8.4.2　Java 中获取应用电量信息回传 JS 数据

运行程序，单击"设备电量"按钮就会调用到 BatteryInternalAbility 中的 onRemoteRequest 方法，实现代码如下。

程序清单：../MainAbility.java 中的方法块

```java
/**
 * JS 端携带的操作请求业务码及业务数据，业务执行完后，返回响应给 JS 端
 *
 * @param code     JS 端发送的业务请求编码（PA 端定义需要与 JS 端业务请求码保持一致）
 * @param data     JS 端发送的 MessageParcel 对象，当前仅支持 JSON 字符串格式
 * @param reply    将本地业务响应返回给 JS 端的 MessageParcel 对象，当前仅支持 String 格式
 * @param option   指示请求是同步还是异步方式
 * @return
 */
public boolean onRemoteRequest(int code, MessageParcel data,
                        MessageParcel reply, MessageOption option) {
    switch (code) {
        case 1001:
            // 获取系统当前电量
            String batteryInfo = getBatteryInfo();
            // 回调数据给 JS
            reply.writeString(batteryInfo);
            break;
        case 1002:
            // 订阅电量
            subscribeEvent(data, reply, option);
            break;
        case 1003:
            // 取消订阅
            unSubscribeBatteryEvent(reply);
            break;
        default:
            reply.writeString("service not defined");
            return false;
    }
    return true;
}
```

当单击页面中"订阅电量"的按钮时，在对应 JS 中需要调用订阅事件来进行通信，对应代码如下。

```javascript
batteryLevelSubscribe: async function () {
    try {
        var action = this.initAction(1002);
        var that = this;
        // 调用订阅功能
        var result = await FeatureAbility
      .subscribeAbilityEvent(action, function (batteryLevel) {
        // 订阅数据回调
            console.info(" batteryLevel info is: " + batteryLevel);
            // 解析 JSON 数据
            var batteryData = JSON.parse(batteryLevel).data;
            that.showToast(" batteryState change: " + batteryData.msg);
```

```
            });
            console.info(" subscribeCommonEvent result = " + result);
        } catch (pluginError) {
            console.error(result + JSON.stringify(pluginError));
        }
    },
    batteryLevelUnSubscribe: async function () {
        try {
            var action = this.initAction(1003);
            // 取消订阅
            var result = await FeatureAbility.unsubscribeAbilityEvent(action);
            FeatureAbility.callAbility(action);
        } catch (pluginError) {
            console.error(JSON.stringify(pluginError));
        }
    },
```

然后在对应的 BatteryInternalAbility 中的 onRemoteRequest 方法中实现，代码如下。

```
private void subscribeEvent(MessageParcel data,
                          MessageParcel reply, MessageOption option) {
    // 自定义事件
    MatchingSkills matchingSkills = new MatchingSkills();
    // 电池事件
    matchingSkills.addEvent(CommonEventSupport.COMMON_EVENT_BATTERY_CHANGED);

    IRemoteObject notifier = data.readRemoteObject();
    CommonEventSubscribeInfo subscribeInfo =
        new CommonEventSubscribeInfo(matchingSkills);

    subscriber = new CommonEventSubscriber(subscribeInfo) {
        @Override
        public void onReceiveEvent(CommonEventData commonEventData) {
            // 事件监听回调
            replyMsg(notifier);
        }
    };
    if (option.getFlags() == MessageOption.TF_SYNC) {
        reply.writeString("订阅成功");
    }
    try {
        // 订阅事件
        CommonEventManager.subscribeCommonEvent(subscriber);
        reply.writeString(" 订阅成功");
    } catch (RemoteException e) {
        // 异常
    }
}

private void replyMsg(IRemoteObject notifier) {
    // 订阅消息回传
    MessageParcel notifyData = MessageParcel.obtain();
    notifyData.writeString("{\"msg\":\"" + getBatteryInfo() + "\"}");
    try {
        notifier.sendRequest(0, notifyData,
                MessageParcel.obtain(), new MessageOption());
    } catch (RemoteException exception) {
        HiLog.info(LABEL_LOG, "%{public}s", "replyMsg RemoteException !");
    } finally {
        notifyData.reclaim();
    }
```

```
    }
```

▶▶ 8.4.3　JS 和 Java 跨语言调试

在 HarmonyOS 应用/服务开发中，通常会涉及使用 JS 和 Java 语言同时开发的场景，一般使用 JS 来开发应用/服务的 UI，使用 Java 开发应用/服务的逻辑，JS FA 调用 Java PA。

针对"JS FA 调用 Java PA"和"JS FA 拉起 Java FA"这两种场景，DevEco Studio 提供了 JS/Java 跨语言的调试功能，在菜单栏选择 Run 菜单→Edit Configurations 选项，选择 HarmonyOS App 下的模块名（如 entry），然后在右侧窗口中选择 Debugger 标签。

检查和设置 Debug type，选择 Dual(Js+Java)或 Detect Automatically 选项，如图 8-18 所示。

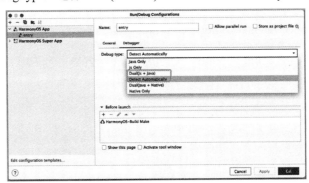

● 图 8-18　Debugger 断点调试设置图

然后在 JS FA 调用 Java PA 处或在 Java PA 的相关代码处设置断点。单击 DevEco Studio 中的断点调试启动按钮（如图 8-19 所示）或**快捷键〈Shift+F9〉**，启动调试。

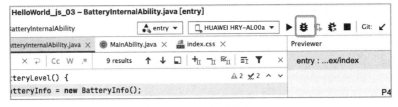

● 图 8-19　断点调试启动

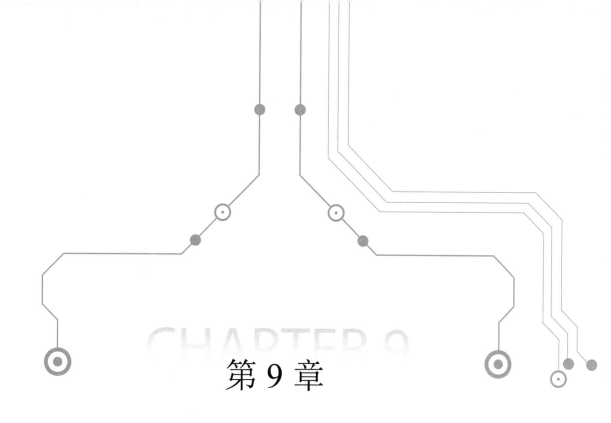

第 9 章

智慧屏应用开发实践

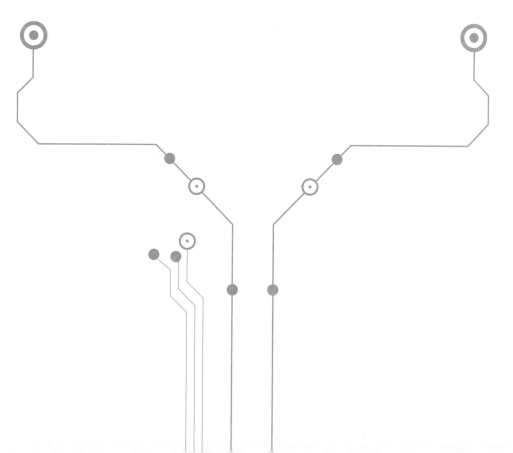

基于 HarmonyOS，开发者可以开发智慧屏应用。应用可以通过 HarmonyOS 的 API 实现多媒体业务、网络访问、UI 开发等能力，如多页签应用、音乐播放与视频播放等，同时智慧屏是依靠遥控器操作的设备，在智慧屏上应当始终存在一个焦点，告知用户当前可操作的位置。

在 HarmonyOS 中多设备分布式操作称作流转，多设备联动，使用户应用程序可分、可合、可流转，实现如在手机上浏览的文章可流转到智慧屏上继续查看，流转按照体验可分为跨端迁移和多端协同。

- 跨端迁移指在 A 端运行的 FA 迁移到 B 端上，完成迁移后，B 端 FA 继续任务，而 A 端应用退出，如开车时在车上的导航任务，在下车后可迁移到手机上作为继续徒步的导航任务。
- 多端协同指多端上的不同 FA/PA 同时运行或交替运行实现完整的业务，如手机做游戏手柄、智慧屏做显示应用。

本章中将实现三个案例，一个是多标签阅读类应用，阅读详情中可发现设备及跨设备拉起 FA 预览设备详情；一个是分布式视频播放应用，用三种方式实现了跨端协同播放效果，也使用到了华为分享；还有一个是通过 HarmonyOS IDL 来实现分布式视频播放。

9.1 标签页阅读类应用开发

HarmonyOS 支持应用以 Ability 为单位进行部署，Ability 可以分为 FA（Feature Ability）和 PA（Particle Ability）两种类型，本实例中会使用到 Page Ability 以及 Service Ability 来进行开发，其中 Page Ability 是 FA 唯一支持的模板，用于提供与用户交互的能力，Service Ability 是 PA（Particle Ability）的一种，用于提供后台运行任务的能力。

本实例的应用包含两级页面，分别是主页面和详情页面，详情页通过调用相应接口，实现跨设备拉起 FA。本节实例源码对应本书配套源码中的 TagLable2 项目，本节使用 Java 语言开发。

9-1　分布式多标签阅读应用

▶▶9.1.1　列表页面布局与基本路由功能实现

MainAbility 为应用程序默认显示的主页面，在其中需要动态权限申请，代码如下。

程序清单：**entry/src/main/java/com/example/taglable/MainAbility.java**

```java
public class MainAbility extends Ability {
    // 多设备协同权限
    private static final String PERMISSION_DATASYNC
                        = "ohos.permission.DISTRIBUTED_DATASYNC";

    @Override
    public void onStart(Intent intent) {
        super.onStart(intent);
        // 设置页面默认加载显示的内容，如列表
```

```
super.setMainRoute(BookListAbilitySlice.class.getName());
// 添加阅读内容详情页面对应路由信息
addActionRoute("action.detail",
        BookDetailAbilitySlice.class.getName());
// 动态权限校验
if (verifySelfPermission(PERMISSION_DATASYNC)
            != IBundleManager.PERMISSION_GRANTED) {
    if (canRequestPermission(PERMISSION_DATASYNC)) {
        // 101 为权限申请结果校验对应码, 本实例中未处理权限请求结果
        requestPermissionsFromUser(
            new String[] {PERMISSION_DATASYNC}, 101);
    }
}
}
}
```

BookListAbilitySlice 实现的是列表页面, 包括顶部的类别标签选择与内容列表显示, 对应代码如下。

程序清单: **entry/src/main/resources/base/layout/book_list_layout.xml**

```
public class BookListAbilitySlice extends AbilitySlice {
    // 当前选择的标签
    private Text selectTagText;
    private ListContainer topCategoryContainer;
    private ListContainer bookListContainer;

    @Override
    public void onStart(Intent intent) {
        super.onStart(intent);
        // 设置页面 UI 布局
        super.setUIContent(ResourceTable.Layout_book_list_layout);

        topCategoryContainer =
          findComponentById(ResourceTable.Id_top_category_list);
        bookListContainer =
          findComponentById(ResourceTable.Id_book_list_container);

        // 初始化分类内容, 保存在 bookCategoryList 集合中
        // 与列表内容数据一起保存在 booksDataMap 中
        initTestData();
        // 设置标签单击事件与列表单击事件
        initListener();
        // 设置页面初始显示的数据
        setListDataFunction(null);

    }
```

页面布局内容封装在 book_list_layout.xml 中, 对应代码如下。

程序清单: **entry/src/main/resources/base/layout/book_list_layout.xml**

```
<?xml version="1.0" encoding="utf-8"?>
<DirectionalLayout
    xmlns:ohos="http://schemas.huawei.com/res/ohos"
    ohos:height="match_parent"
    ohos:width="match_parent"
    ohos:orientation="vertical">
    <!--顶部标签-->
    <ListContainer
        ohos:id="$+id:top_category_list"
```

```
        ohos:height="40vp"
        ohos:width="match_parent"
        ohos:orientation="horizontal"
        />
    <!--分割线-->
    <Component
        ohos:height="0.5vp"
        ohos:width="match_parent"
        ohos:background_element="#EAEAEC"
        />
    <!--列表内容-->
    <ListContainer
        ohos:id="$+id:book_list_container"
        ohos:height="match_parent"
        ohos:width="match_parent"/>
</DirectionalLayout>
```

本实例中的 initTestData()方法用来创建测试中顶部标签数据与列表数据，具体创建方法读者可查阅本书所配套的源码，数据结构如图 9-1 所示。

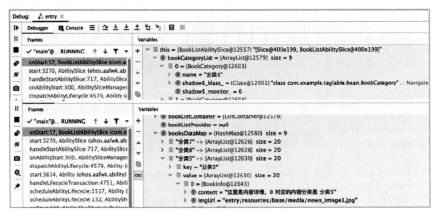

● 图 9-1　标签分类数据与列表数据结构图

标签类对应的实体类为 BookCategory，列表数据对应的实体类为 BookInfo，对应代码如下。

程序清单：BookCategory 与 BookInfo 实体类

```java
// entry/src/main/java/com/example/taglable/bean/BookCategory.java
public class BookCategory {
    private String name;
// get set 方法省略
}

// entry/src/main/java/com/example/taglable/bean/BookInfo.java
public class BookInfo {
    private String title;
    private String type;
    private String imgUrl;
    private String reads;
    private String likes;
    private String content;
```

```
   // get set 方法省略
}
```

顶部的标签与列表内容是 ListContainer，实现数据显示功能需要绑定对应的数据适配器，在本实例中定义在 setListDataFunction 方法中，实现代码如下。

程序清单：**entry/src/main/java/com/example/taglable/slice/BookListAbilitySlice.java**

```java
private BookCategoryProvider bookCategoryProvider;
private BookListProvider bookListProvider;
// 顶部分类数据
private List<BookCategory> bookCategoryList;
// 列表内容数据
private Map<String, List<BookInfo>> booksDataMap;
// 当前页面显示的列表数据集合
private List<BookInfo> currentNewsDataList;

private void setListDataFunction(List<BookInfo> updateList) {
    if (bookCategoryProvider == null) {
        // 设置显示分类
        bookCategoryProvider =
          new BookCategoryProvider(bookCategoryList, this);
        // 设置标签数据适配器
        topCategoryContainer.setItemProvider(bookCategoryProvider);

        // 设置默认显示的列表数据
        BookCategory bookCategory = bookCategoryList.get(0);
        List<BookInfo> infoList = booksDataMap.get(bookCategory.getName());

        // 当前页面显示的数据
        currentNewsDataList = infoList;
        // 创建列表数据适配器
        bookListProvider = new BookListProvider(infoList, this);
        // 设置列表数据适配器
        bookListContainer.setItemProvider(bookListProvider);

    } else {
        // 记录当前页面显示的数据
        currentNewsDataList = updateList;
        // 更新列表数据
        bookListProvider.updateList(updateList);
        // 更新列表显示
        bookListProvider.notifyDataChanged();
        // 更新标签显示
        topCategoryContainer.invalidate();
        topCategoryContainer.scrollToCenter(0);
    }
}
```

在本实例中，顶部的标签内容是固定的，所以只需要创建设置一次数据即可。列表内容的数据适配器是动态修改的，当每次单击顶部标签切换时，需要切换列表页面内容。本实例中的写法没有再重复创建适配器，这两个适配器都是继承实现 BaseItemProvider。具体的实现代码读者可查看本书配套的源码。

标签设置单击事件，在单击事件中，筛选出对应分类下的列表数据，然后更新显示列表内容，列表设置单击事件，获取单击的数据实体，然后切换详情页面显示，对应代码如下。

程序清单：**entry/src/main/java/com/example/taglable/slice/BookListAbilitySlice.java**

```java
// BookListAbilitySlice 中定义的方法
private void initListener() {
    // 设置标签单击事件
    topCategoryContainer.setItemClickedListener(
            (listContainer, component, position, id) -> {
                setCategorizationFocus(false);
                // 获取当前单击的标签 Text
                selectTagText =
    component.findComponentById(ResourceTable.Id_news_type_text);
                setCategorizationFocus(true);
                // 获取当前显示的分类内容
                BookCategory bookCategory = bookCategoryList.get(position);
                // 获取对应的分类
                String categoryName = bookCategory.getName();
                // 获取对应分类的数据
                List<BookInfo> infoList = booksDataMap.get(categoryName);
                // 更新内容列表显示
                setListDataFunction(infoList);
            });
    bookListContainer.setItemClickedListener(
            (listContainer, component, position, id) -> {
                Intent intent = new Intent();
                // 查看详情
                Operation operation =
                        new Intent.OperationBuilder()
                                .withBundleName(getBundleName())
                                .withAbilityName(MainAbility.class.getName())
                                .withAction("action.detail")
                                .build();
         intent.setOperation(operation);
        // 设置详情对应的数据
        intent.setParam(BookDetailAbilitySlice.INTENT_TITLE,
                currentNewsDataList.get(position).getTitle());
                startAbility(intent);
            });
}
```

▶▶ 9.1.2 HarmonyOS 多端协同任务流程概述

在详情阅读页面 BookDetailAbilitySlice 中获取基本数据，并设置显示效果，读者可查看本书配套的源码，在本小节中着重讲解 HarmonyOS 多端协同，实现的内容是单击分享按钮，获取附近设备，然后在对应的设备中拉起对应内容的详情页面。

HarmonyOS 多端协同任务开发流程图如图 9-2 所示，在本实例中，将这一系列过程封装在自定义类 DistributeDeviceSelector 中，当用户选择了设备进行任务流转时，通过自定义接口 DistributeResultListener 获取协同任务设置结果，然后向对应设备发送启动 FA 请求，对应代码如下。

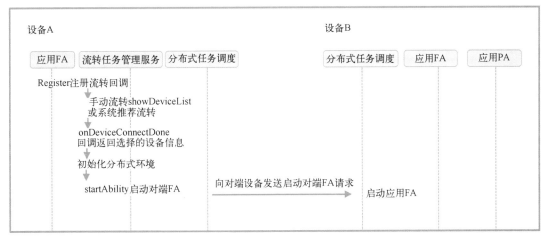

● 图 9-2　HarmonyOS 多端协同任务流程图

程序清单：**../ distribute/ DistributeResultListener.java**

```
import ohos.distributedschedule.interwork.DeviceInfo;
public interface DistributeResultListener {
    void onSuccess(DeviceInfo info);
    void onFail(DeviceInfo info);
}
```

当用户单击列表中的文章查看详情时，页面由 BookListAbilitySlice 切换显示为 BookDetail AbilitySlice，在 BookDetailAbilitySlice 的 onStart()生命周期中调用注册流转回调，代码如下。

程序清单：**../src/main/java/com/example/taglable/slice/BookDetailAbilitySlice.java**

```
public class BookDetailAbilitySlice extends AbilitySlice {
    //...
    @Override
    public void onStart(Intent intent) {
        super.onStart(intent);
        super.setUIContent(ResourceTable.Layout_book_detail_layout);
        //...
        initDistributeComponent();
    }
    // 分布式多端协同任务封装类
    private DistributeDeviceSelector distributeDeviceSelector;
    private void initDistributeComponent() {
        distributeDeviceSelector = new DistributeDeviceSelector();
        // 初始化
        distributeDeviceSelector.setup(getAbility());
        // 匿名内部类的实现方式
        distributeDeviceSelector.setSelectDeviceResultListener(
    new DistributeResultListener() {
            @Override
            public void onSuccess(DeviceInfo info) {
                // 协同任务发起
                Intent intent = new Intent();
                Operation operation = new Intent.OperationBuilder()
                    // 目标设备的 ID
```

```
                        .withDeviceId(info.getDeviceId())
                        .withBundleName(getBundleName())
                        .withAbilityName(MainAbility.class.getName())
                        .withAction("action.detail")
                        .withFlags(Intent.FLAG_ABILITYSLICE_MULTI_DEVICE)
                        .build();
                intent.setOperation(operation);
                intent.setParam(BookDetailAbilitySlice.INTENT_TITLE, title);
                startAbility(intent);
            }

            @Override
            public void onFail(DeviceInfo info) {
                LogUtils.error("失败",""+info.getDeviceState());
            }
        });
    }
}
```

在 DistributeDeviceSelector 的初始化方法中，获取流转任务管理服务管理类 IContinuation
RegisterManager，流转任务管理服务提供注册、注销、显示设备列表、上报业务状态，在进入
详情页面时注册流转任务管理服务，对应代码如下。

程序清单：../src/main/java/com/example/taglable/distribute/DistributeDeviceSelector.java

```
// 设置初始化分布式环境的回调
// 流转任务管理服务设备状态变更的回调 IContinuationDeviceCallback
// 设置注册流转任务管理服务回调 RequestCallback
public class DistributeDeviceSelector implements
                IContinuationDeviceCallback, RequestCallback {

    private DistributeResultListener distributeResultListener;
    private DeviceInfo deviceInfo;
    public DistributeDeviceSelector() {
        deviceInfo = new DeviceInfo();
    }
    private boolean isSetup;
    // 获取流转任务管理服务管理类
    private IContinuationRegisterManager registerManager;
    // 初始化
    public void setup(Ability ability) {
        if (!isSetup) {
            isSetup = true;
            registerManager = ability.getContinuationRegisterManager();
            // 注册流转任务管理服务
            registerManager.register(ability.getBundleName(),null,
                this, // 对应接口 IContinuationDeviceCallback
                this // 对应接口 RequestCallback
                );
        }
    }
    // 在 BookDetailAbilitySlice 中设置的接口回调
    public void setSelectDeviceResultListener(
                DistributeResultListener listener) {
        distributeResultListener = listener;
    }

    ...
}
```

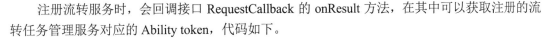

注册流转服务时，会回调接口 RequestCallback 的 onResult 方法，在其中可以获取注册的流转任务管理服务对应的 Ability token，代码如下。

程序清单：*../src/main/java/com/example/taglable/distribute/DistributeDeviceSelector.java*

```java
public class DistributeDeviceSelector implements
                    IContinuationDeviceCallback, RequestCallback {

    //...

    // 注册流转任务管理服务后返回的 Ability token
    private int abilityToken;

    @Override
    public void onResult(int result) {
        abilityToken = result;
    }

    //....
}
```

▶▶9.1.3 HarmonyOS 获取周边的可用设备

任务管理服务注册完成后，接下来就是获取周边的可用设备，有两种方式。

系统推荐流转，系统感知周边有可用设备后，主动为用户提供可选流转的设备信息，简单的效果就是小卡片显示附近的设备，如图 9-3 所示，用户选择后回调 onConnected 通知应用 FA 开始流转。

● 图 9-3 系统推荐自动流转设备图

用户手动流转，需要用户手动触发 IContinuationRegisterManager（流转任务管理）的方法 showDeviceList 通知流转任务管理服务，以获取周边可用的设备。

在本实例中，是在详情页面用户单击分享按钮手动触发，代码如下。

程序清单：*../src/main/java/com/example/taglable/slice/BookDetailAbilitySlice.java*

```java
// 分享按钮设置单击事件，查看周边可用设备列表
iconShared.setClickedListener(new Component.ClickedListener() {
    @Override
    public void onClick(Component component) {
        distributeDeviceSelector.showDistributeDevices();
    }
});
```

程序清单：*../src/main/java/com/example/taglable/distribute/DistributeDeviceSelector.java*

```java
public void showDistributeDevices( ) {
    // DEVICETYPE_SMART_WATCH 手表
    String[] devTypes = new String[]{
        ExtraParams.DEVICETYPE_SMART_PAD,// 平板计算机
        ExtraParams.DEVICETYPE_SMART_PHONE,// 智能手机
        ExtraParams.DEVICETYPE_SMART_TV// 智慧屏
```

```
        };
    if (isSetup) {
        ExtraParams params = new ExtraParams();
        // 设置过滤设备类型
        params.setDevType(devTypes);
        // 设置其他参数
        // params.setJsonParams(ext);
        // 显示选择设备列表
        registerManager.showDeviceList(abilityToken, params, null);
    } else {
        // toast 提示还未注册流转服务
    }
}
```

调用 showDeviceList 后，效果如图 9-4 所示，会弹出周边可用的设备列表，当单击其中可用的设备列表中的设备后，会在 IContinuationDeviceCallback 的回调方法 onDeviceConnectDone 中获取选择中设备类型及设备 ID，然后再根据设备 ID 去获取设备详情，之后再初始化分布式服务平台，回调方法（onConnected）成功后，就向对应设备发送伴 FA 的任务，代码如下。

● 图 9-4　显示周边可用设备效果图

程序清单：*../src/main/java/com/example/taglable/distribute/DistributeDeviceSelector.java*

```java
public class DistributeDeviceSelector implements
                IContinuationDeviceCallback, RequestCallback {

    //...

    @Override
    public void onDeviceConnectDone(String selectedId, String deviceType) {
        // 获取周边在线的设置
        List<DeviceInfo> distributeDeviceDatas =
            DeviceManager.getDeviceList(DeviceInfo.FLAG_GET_ONLINE_DEVICE);
        // 筛选设备
        for (DeviceInfo distributeDeviceData : distributeDeviceDatas) {
            String deviceId = distributeDeviceData.getDeviceId();
            if (deviceId.equals(selectedId)) {
                deviceInfo = distributeDeviceData;
                break;
            }
        }
```

```
deviceInfo.setDeviceInfo(selectedId, "");
// 初始化分布式环境状态回调
IInitCallback iInitCallback = new IInitCallback() {
    @Override
    public void onInitSuccess(String s) {
        if (distributeResultListener != null) {
            distributeResultListener.onSuccess(deviceInfo);
        }
    }

    @Override
    public void onInitFailure(String s, int i) {
        if (distributeResultListener != null) {
            distributeResultListener.onFail(deviceInfo);
        }
    }
};
try {
    // 初始化分布式环境
    DeviceManager.initDistributedEnvironment(
                    selectedId, iInitCallback);
} catch (RemoteException e) {
    // 异常提醒
}
// 通知流转任务管理服务更新当前用户程序的连接状态
registerManager.updateConnectStatus(
                abilityToken,
                selectedId,
                DeviceConnectState.CONNECTED.getState(), null);
}

@Override
public void onDeviceDisconnectDone(String deviceId) {

    registerManager.updateConnectStatus(abilityToken,
            deviceId, DeviceConnectState.IDLE.getState(), null);
}
}
```

9.2 分布式视频应用开发

当多个设备通过分布式操作系统能够相互感知、进而整合成一个超级终端时，设备与设备之间就可以取长补短、相互帮助，为用户提供更加自然流畅的分布式体验，本小节实现的案例是基于跨端迁移，实现视频由手机播放迁移到智慧屏上播放。

9-2 分布式视频应用协同播放

本节的核心知识点是基于分布式能力和 IRemoteObject（开发语言为 Java）实现视频跨设备播放、控制。

本节的源码在本书配套源码 DistributedVideo 目录下，基本项目创建请参考本书第一章，MainAbility 是默认显示的主页面，代码如下。

程序清单：*/entry/src/main/java/com/example/distributedvideo/MainAbility.java*

```java
public class MainAbility extends Ability {
    @Override
    public void onStart(Intent intent) {
        super.onStart(intent);
        // 设置内容显示
        super.setMainRoute(MainAbilitySlice.class.getName());
        // 多设备协同动态权限申请
        if (verifySelfPermission(DISTRIBUTED_DATASYNC)
                != IBundleManager.PERMISSION_GRANTED) {
            if (canRequestPermission(DISTRIBUTED_DATASYNC)) {
                requestPermissionsFromUser(
                        new String[] {DISTRIBUTED_DATASYNC}, 101);
            }
        }
    }
}
```

▶▶ 9.2.1　底部弹框显示周边可用设备

本小节的案例组成为视频基本信息展示页面、视频播放页面、视频播放控制页面，基本交互为单击视频进入视频详情页面进行播放，在视频详情页面单击分享按钮，显示周边可迁移的设备，选择设备后，视频会在对应的设备上继续播放，而当前设备关闭视频播放，进入到视频播放控制页面，本小节只讲解核心代码。

MainAbilitySlice 用来显示默认主页面内容，在本小节中只定义一个按钮，单击按钮跳转视频播放页面，代码如下。

程序清单：**entry/src/main/java/com/example/distributedvideo/slice/MainAbilitySlice.java**

```java
public class MainAbilitySlice extends AbilitySlice {

    private Button startButton;

    @Override
    protected void onStart(Intent intent) {
        super.onStart(intent);
        setUIContent(ResourceTable.Layout_video_list);
        startButton = findComponentById(ResourceTable.Id_bt_start);
        startButton.setClickedListener(new Component.ClickedListener() {
            @Override
            public void onClick(Component component) {
                startFa();
            }
        });

    }
    // 跳转播放视频页面
    private void startFa() {
        Intent intent = new Intent();
        Operation operation = new Intent.OperationBuilder()
                .withBundleName(getBundleName())
                .withAbilityName(PlayerAbility.class.getName()).build();
        intent.setOperation(operation);
```

```
        startAbility(intent);
    }

}
```

视频播放页面 PlayerAbility 中加载 PlayerAbilitySlice 显示主视图功能，PlayerAbilitySlice 首先是获取视频播放进度，跨端进行视频播放时会使用到这个值，对应应用代码如下。

程序清单：**entry/src/main/java/com/example/distributedvideo/slice/ PlayerAbilitySlice.java**

```java
public class PlayerAbilitySlice extends AbilitySlice {

    private static ImplPlayer player;
    private int startMillisecond;

    ...

    @Override
    public void onStart(Intent intent) {
        super.onStart(intent);
        // 视频播放页面 UI
        super.setUIContent(ResourceTable.Layout_simple_video_play_layout);
        // 添加当前 AbilitySlice 到路由中
        AbilitySliceRouteUtil.getInstance().addRoute(this);
        // 视频开始播放的时间记录
        startMillisecond =
                intent.getIntParam("intetn_starttime_param", 0);
        // 视频播放控制器
        player = new HmPlayer.Builder(this)
                .setFilePath(url)// 视频 URL
                .setStartMillisecond(startMillisecond)// 视频播放进度
                .create();
        // 初始化控制层 View
        initComponent();
        // 设置按钮单击事件监听
        initListener();
    }

    ...

}
```

当单击播放按钮在智慧屏上播放时，会显示一个弹窗加载显示周边的可用设备，如图 9-5 所示，弹窗使用 SlidePopupWindow 来实现，对应代码如下。

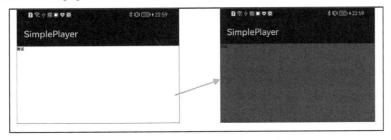

● 图 9-5　单击按钮显示周边设备弹窗

程序清单：**entry/src/main/java/com/example/distributedvideo/slice/ PlayerAbilitySlice.java**

```java
public class PlayerAbilitySlice extends AbilitySlice {

        // 显示设备底部弹窗
    private SlidePopupWindow transWindow;
    // 弹窗中可用设备列表
    private ListContainer deviceListContainer;
    private void initComponent() {

        // 创建弹窗
        transWindow = new SlidePopupWindow.Builder(this)
                        .create(ResourceTable.Layout_trans_slide);
        // 设备列表
        deviceListContainer = transWindow
                .findComponentById(ResourceTable.Id_device_list_container);
        // 弹窗窗口监听事件
        transWindow.setPopupWindowListener(new
                SlidePopupWindow.PopupWindowListener() {
                        @Override
                        public void windowShow() {
                                // 弹窗显示时暂停播放视频
                         }

                        @Override
                        public void windowDismiss() {
                                // 弹窗消失
                                // 如果视频状态是暂停则恢复视频播放

                        }
                });
    ...
    }

    ...
}
```

弹窗基本页面 UI 布局定义在 trans_slide.xml 中，对应代码如下。

程序清单：**src/main/resources/base/layout/trans_slide.xml**

```xml
<DirectionalLayout
    xmlns:ohos="http:// schemas.huawei.com/res/ohos"
    ohos:height="200vp"
    ohos:width="match_parent"
    ohos:alignment="horizontal_center"
    ohos:background_element="#ffffff"
    ohos:orientation="vertical"
    ohos:padding="20vp">

    <Text
        ohos:height="match_content"
        ohos:width="match_parent"
        ohos:layout_alignment="horizontal_center"
        ohos:text="$string:device_list_title"
        ohos:text_color="#000000"
        ohos:bottom_margin="8vp"
        ohos:text_size="18vp"/>
```

```
    <ListContainer
        ohos:id="$+id:device_list_container"
        ohos:height="140vp"
        ohos:width="match_parent"/>

</DirectionalLayout>
```

单击按钮显示弹窗，首先是通过分布式设备管理器 DeviceManager 获取到当前分布式网络中的所有在线设备，并将这些设备全部添加到设备列表中，然后再设置弹窗中的设备列表内容显示，对应代码如下。

程序清单：**entry/src/main/java/com/example/distributedvideo/slice/ PlayerAbilitySlice.java**

```java
private void showDeviceList() {
    List<DeviceInfo> devices = new ArrayList<>();
    // 获取周边在线设备
    List<DeviceInfo> deviceInfos =
        DeviceManager.getDeviceList(DeviceInfo.FLAG_GET_ONLINE_DEVICE);
    devices.addAll(deviceInfos);
    // 弹窗显示使用的适配器
CommonProvider<DeviceInfo> commonProvider = new
            CommonProvider<DeviceInfo>(
            devices,
            getContext(),
            ResourceTable.Layout_device_list_item) {
    @Override
    protected void convert(ViewProvider holder,
                            DeviceInfo item, int position) {
        // 按钮上显示的文本
        holder.setText(ResourceTable.Id_device_text,
                                    item.getDeviceName());
        Button clickButton = holder.getView(ResourceTable.Id_device_ text);
        clickButton.setText(item.getDeviceName());
        // 按钮单击事件
        clickButton.setClickedListener(component -> {
            // 选择设备后，关闭弹窗
            transWindow.hide();
            // 调起协同任务
            startAbilityFa(item.getDeviceId());
        });
    }
};
    // 设置适配器
    deviceListContainer.setItemProvider(commonProvider);
    commonProvider.notifyDataChanged();
    // 显示弹窗
    transWindow.show();
}
```

CommonProvider 是封装的一个自定义 BaseItemProvider，用来便捷开发列表显示内容，在本小节中设备列表显示的子 Item 布局定义在 device_list_item.xml 中，对应代码如下。

9-3
CommonProvider
的定义讲解

程序清单：**src/main/resources/base/layout/device_list_item.xml**

```
<DirectionalLayout
```

```
    xmlns:ohos="http:// schemas. huawei. com/res/ohos"
    ohos:height="40vp"
    ohos:width="match_parent">

    <Button
        ohos:id="$+id:device_text"
        ohos:height="match_parent"
        ohos:width="match_parent"
        ohos:background_element="$graphic:selector_ability_main"
        ohos:start_padding="10vp"
        ohos:end_padding="10vp"
        ohos:text="设备名称"
        ohos:text_alignment="vertical_center|left"
        ohos:text_color="#000000"
        ohos:text_size="16fp"/>

</DirectionalLayout>
```

▶▶ 9.2.2 连接周边设备并发送视频播放指令

在视频播放页面单击智慧屏上的播放按钮，底部显示周边可用设备的弹窗，单击其中某一个设备进行连接，也就是在 AbilitySlice 中调用 connectAbility 可用来连接远端 FA/PA，IAbilityConnection 用来设置对应的回调，当服务成功或已连接的服务被异常关闭时都可以回调，对应代码如下。

程序清单：**entry/src/main/java/com/example/distributedvideo/slice/ PlayerAbilitySlice.java**

```
private IAbilityConnection connectionCallBack
                    = new IAbilityConnection() {
    @Override
    public void onAbilityConnectDone(ElementName elementName,
                            IRemoteObject remoteObject, int extra) {
        // 跨设备 PA 连接完成后，会返回一个序列化的 IRemoteObject 对象
        // 通过该对象得到控制远端服务的代理

    }

    @Override
    public void onAbilityDisconnectDone(ElementName elementName, int extra) {
        // 当已连接的远端 PA 异常关闭时，会触发该回调
        // 支持开发者按照返回的错误信息进行 PA 生命周期管理
        disconnectAbility(this);
    }
};

private void startAbilityFa(String devicesId) {
    Intent intent = new Intent();
    Operation operation =
            new Intent.OperationBuilder()
                    .withDeviceId(devicesId)
                    .withBundleName(getBundleName())
                    .withAbilityName(VideoPlayService.class.getName())
                    .withFlags(Intent.FLAG_ABILITYSLICE_MULTI_DEVICE)
                    .build();
```

```
        intent.setOperation(operation);
        // 连接远端服务
        boolean connectFlag = connectAbility(intent,connectionCallBack);
        if (connectFlag) {
            // 隐藏控制层 UI
            // 获取当前视频播放进度
            startMillisecond = player.getCurrentPosition();
            // 停止当前视频播放
            player.release();
        } else {
            // 提示用户连接失败
        }
    }
```

跨设备 PA 连接完成后，在 IAbilityConnection 接口，会返回一个序列化的 IRemoteObject 对象，通过该对象可以得到控制远端服务的代理，以实现诸如视频播放中快进、快退、调节音量等多次交互操作，如本小节中通过 IRemoteObject 对象发送一个视频播放迁移任务的功能，就是将手机上正在播放的视频同步到智慧屏中继续播放，对应代码如下。

程序清单：**src/main/java/com/example/distributedvideo/LocalRemoteProxy.java**

```
/**
 *
 * @param startMillisecond 当前视频的播放进度
 * @return
 */
public int start(int startMillisecond) {
    // 向目标设备发送数据的数据体
    MessageParcel data = MessageParcel.obtain();
    // 目标设备回传数据所使用的消息体
    MessageParcel reply = MessageParcel.obtain();
    // option 不同的取值，决定采用同步或异步方式跨设备控制 PA
    // 本例需要同步获取对端 PA 执行加法的结果，因此采用同步的方式
    // 即 MessageOption.TF_SYNC
    // 具体 MessageOption 的设置，可参考相关 API 文档
    MessageOption option = new MessageOption(MessageOption.TF_SYNC);
    // 可用不同的值进行行数校验
    data.writeInterfaceToken("test");
    // 设置对应的参数
    data.writeInt(startMillisecond);
    try {
        remote.sendRequest(101, data, reply, option);
        // 获取回传的参数
        int errCode = reply.readInt();
        int result = reply.readInt();
        return result;
    } catch (RemoteException e) {
        e.printStackTrace();
    } finally {
        data.reclaim();
        reply.reclaim();
    }
    return 1;
}
```

▶▶ 9.2.3 目标设备接收指令并处理结果

如图 9-6 所示为本实例中跨端协同任务的交互分析图，上一小节中，在 AbilitySlice 中调用 connectAbility 去连接并启动目标设备的 VideoPlayService，定义代码如下。

程序清单：**src/main/java/com/example/distributedvideo/VideoPlayService.java**

```java
public class VideoPlayService extends Ability {

    @Override
    protected void onStart(Intent intent) {
        super.onStart(intent);


    }

    // 为了返回给连接方可调用的代理，需要在该 PA 中实例化客户端
    // 例如，作为该 PA 的成员变量
    private PlayRemote remote = new PlayRemote();

    // 当该 PA 接到连接请求时，即将该客户端转化为代理返回给连接发起侧
    @Override
    protected IRemoteObject onConnect(Intent intent) {
        super.onConnect(intent);
        return remote.asObject();
    }

}
```

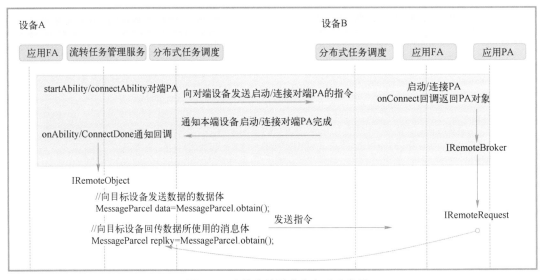

● 图 9-6 跨设备协同任务交互示意图

VideoPlayService 是一个 Service，onStart()方法会在创建 Service 时调用，用于 Service 的初始化，在 Service 的整个生命周期只会调用一次，对于 onConnect()方法，在 Ability 和 Service 连

接时调用，该方法返回 IRemoteObject 对象，主要用来实现 Ability 与 Service 交互，对于 VideoPlayService（目标 PA）需要在 config.json 中设置 visible 为 true。visible 标签表示 Ability 是否可以被其他应用调用，默认为 false，即只允许同应用（同 appid）访问；如需被其他应用访问，需要将其设置为 true，同时建议在目标 PA 中添加自定义权限，控制访问范围，防止被其他应用随意访问，在 config.json 中的配置如下。

```
{
    "module": {
        "abilities": [
            {
                ...
                "visible": true
                "type": "service"
                ...
            }
        ]
        ...
    }
    ...
}
```

在设备 A 中的 IAbilityConnection 接口回调中获取的 IRemoteObject 对象就是设置 B 中的 VideoPlayService 中所创建的 IRemoteObject 对象，当在设备 A 中通过 IRemoteObject 对象发送消息时，会在设备 B 中定义的 PlayRemote 中的 onRemoteRequest 方法中接收到，可根据不同的 code 及其他参数变量来处理不同的业务逻辑，代码如下。

程序清单：**src/main/java/com/example/distributedvideo/VideoPlayService.java**

```
public class VideoPlayService extends Ability {

    ...

    private class PlayRemote extends RemoteObject implements IRemoteBroker {

        public PlayRemote() {
            super("tag_Remote");
        }

        @Override
        public IRemoteObject asObject() {
            return this;
        }

        @Override
        public boolean onRemoteRequest(int code, MessageParcel data,
                    MessageParcel reply, MessageOption option) {
            String token = data.readInterfaceToken();
            switch (code) {
                case 101: {
                    // 获取视频播放进度
                    int startTimemiles = data.readInt();
                    Intent intent = new Intent();
                    Operation operation = new Intent.OperationBuilder()
```

```
                            .withBundleName(getBundleName())
                            .withAbilityName(PlayerAbility.class.getName())
                                        .build();
                    intent.setOperation(operation);
        // 传参数为视频播放进度
                    intent.setParam("intetn_starttime_param", startTimemiles);
                    // 打开视频播放页面
        startAbility(intent);
                    reply.writeNoException();
                    return true;
                }

                ...

            }
        return true;
        }

    }
```

9.3 基于 IDL 跨进程实现设备协同

本小节的核心知识点是基于分布式能力和 IDL 跨进程通信，开发语言为 Java，实现视频跨设备播放、控制。

当客户端（本章的设备 A）和服务器（本章的设备 B）通信时，需要定义双方都认可的接口，比如设备 A 发送播放视频，设备 B 则要对应播放视频功能实现，接口的定义应用可以保障双方成功通信。

HarmonyOS IDL（HarmonyOS Interface Definition Language）则是一种定义此类接口的工具。HarmonyOS IDL 先把需要传递的对象分解成操作系统能够理解的基本类型，并根据开发者的需要封装跨边界的对象。

IDL 使用优点在于：HarmonyOS IDL 中是以接口的形式定义服务，可以专注于定义而隐藏实现细节，并且 IDL 中定义的接口可以支持跨进程调用或跨设备调用。

▶▶ 9.3.1 IDL 接口定义

在 9.2 小节项目的基础上，在 Project 项目目录下，创建 idl 文件夹，并创建对应的包，在对应的包下创建 idl 文件，如图 9-7 所示，创建完成后单击开发工具最右侧的 Gradle 选项，然后依次选择 entry→Tasks→ohos:debug→compileDebugIdl，就会在对应的 build 文件夹中生成对应的文件，然后再把对应的文件复制到项目目录中，以避免项目在编译运行时出错。

也可以选择开发工具顶部工具栏中的 Build→Rebuild Project 选项重新编译项目生成。

● 图 9-7　idl 文件创建

程序清单：**entry/src/main/idl/com/example.distributedvideo/ImplVideoMigration.idl**

```
interface com.example.distributedvideo.ImplVideoMigration {
    // 开始播放视频
    void flyIn([in] int startTimemiles);
    // 视频播放相关控制
    void playControl([in] int controlCode,[in]int extras);
    // 停止播放视频
    int flyOut();
}
```

HarmonyOS SDK 工具支持生成 Java、C++语言的接口类（IRemoteObject 接口文件）、桩类（Stub 文件）和代理类（Proxy 文件），如图 9-7 所示是本实例中实现生成的三个文件，IRemoteObject 接口文件会声明.idl 文件的所有方法，Stub 类是接口类的抽象实现。

▶▶ 9.3.2　IDL 接口使用实现

在 9.2.2 小节中，单击连接对应的周边设备后，会在 IAbilityConnection 回调中获取到设备 B（服务端）返回的 IRemoteObject 对象，从这一步开始使用 IDL 接口定义内容，如图 9-8 所示为通信模型示意图，在设置中 A 是接口调用者，对应代码如下。

● 图 9-8　通信模型图

程序清单：**src/main/java/com/example/distributedvideo/VideoPlayService.java**

```
private VideoMigration customVideoMigration;

private void flyIn(IRemoteObject remoteObject) {
    customVideoMigration = VideoMigrationStub.asInterface(remoteObject);
    try {
        if (customVideoMigration != null) {
            // 打开视频
            customVideoMigration.flyIn(startMillisecond);
```

```
    }
  } catch (RemoteException e) {
    LogUtil.error(TAG, "connect successful,but have remote exception");
  }
}
```

在上述代码块中生成对象 VideoMigration 的实例，可通过这个对象实例调用定义的方法发送相关动作指令，在设备 B（服务端）中使用的服务 VideoPlayService（9.2.3 中有定义）中做如下修改。

程序清单：**src/main/java/com/example/distributedvideo/VideoPlayService.java**

```
public class VideoPlayService extends Ability {

    @Override
    protected IRemoteObject onConnect(Intent intent) {
        return new MyBinder("test");
    }

    private class MyBinder extends VideoMigrationStub {

        MyBinder(String descriptor) {
            super(descriptor);
        }

        @Override
        public void flyIn(int startTimemiles) {
            // 打开视频播放页面
            Intent intent = new Intent();
            Operation operation = new
                    Intent.OperationBuilder().withBundleName(getBundleName())
                    .withAbilityName(PlayerAbility.class.getName()).build();
            intent.setOperation(operation);
            intent.setParam(Constants.INTENT_STARTTIME_PARAM, startTimemiles);
            startAbility(intent);
        }

        @Override
        public void playControl(int controlCode, int extras) {
            // 控制视频播放相关内容
        }

        @Override
        public int flyOut() {
            // 退出视频播放
            AbilitySliceRouteUtil.getInstance().terminateSlices();
            return PlayerAbilitySlice.getImplPlayer().getCurrentPosition();
        }
    }

}
```

▶▶ 9.3.3 基于华为分享实现调起远端 PA

通过接入华为分享实现近距离快速分享，使便捷服务可以精准快速推送至接收方，降低了用户触达服务的成本，提升了用户体验，如图 9-9 所示，为华为分享通信模型图。

● 图 9-9　华为分享通信模型图

本小节是通过华为分享为途径，将手机正在播放的视频，分享到周边设备（如智慧屏）上继续播放。

使用用华为分享，首先是集成 IDL 接口，建立分享方与华为分享的交互通道，如图 9-10 所示，在 java 目录同级目录创建 idl 接口目录 com.huawei.hwshare.third（固定路径），然后创建名为 IHwShareCallback.idl 和 IHwShareService.idl 的 IDL 文件，对应代码如下。

9-4　华为分享
效果预览

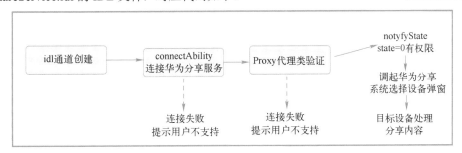

● 图 9-10　华为分享开发流程图

程序清单：**src/main/idl/com/huawei/hwshare/third/IHwShareCallback.idl**

```
interface com.huawei.hwshare.third.IHwShareCallback {
    // 华为分享连接权限验证回调
    void notifyState([in] int state);
}
```

程序清单：**src/main/idl/com/huawei/hwshare/third/IHwShareService.idl**

```
sequenceable ohos.interwork.utils.PacMapEx;
interface com.huawei.hwshare.third.IHwShareCallback;

interface com.huawei.hwshare.third.IHwShareService {
    // 连接权限验证
    int startAuth([in] String appId, [in] IHwShareCallback callback);
    // 分享功能
    int shareFaInfo([in] PacMapEx pacMapEx);
}
```

然后选择开发工具顶部工具栏中的 Build→Rebuild Project 选项重新编译工程项目，会生成如图 9-11 所示的 IDL 接口类。

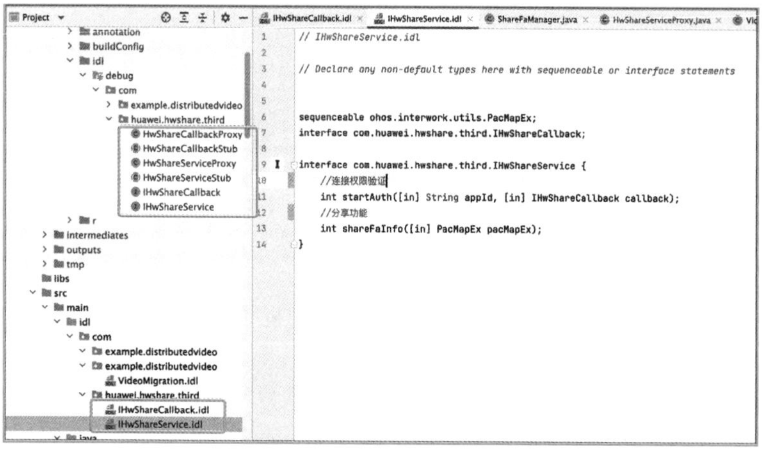

● 图 9-11　华为分享 IDL 接口类图

华为分享第二步就是注册连接华为分享服务，一般在业务开发中进入需要分享的页面或者单击分享按钮时触发这个动作，在本小节中，将华为分享系列内容封装在 ShareFaManager 中，对应调用注册华为分享代码如下。

```
// 注册连接华为分享服务
ShareFaManager.getInstance(this).connectionShareService();
```

注册华为分享服务实际上是调用 Context 的 connectAbility 去连接鸿蒙系统分享 PA，连接结果会在 IAbilityConnection 接口中回调，对应代码如下。

程序清单：**src/main/java/com/example/distributedvideo/manager/idl/ShareFaManager.java**

```
private static final String
        SHARE_PKG_NAME = "com.huawei.android.instantshare";

public static final String
        SHARE_ACTION = "com.huawei.instantshare.action.THIRD_SHARE";
// 连接服务
public void connectionShareService() {
    // 如果已连接成功则不再进行连接
    if (mShareService != null) {
        return;
    }
    HiLog.error(LABEL_LOG, LOG_FORMAT, TAG, "start bindShareService.");
    Intent intent = new Intent();
    Operation operation = new Intent.OperationBuilder()
            .withDeviceId("")
            .withBundleName(SHARE_PKG_NAME)
            .withAction(SHARE_ACTION)
            .withFlags(Intent.FLAG_NOT_OHOS_COMPONENT)
            .build();
    intent.setOperation(operation);
    mContext.connectAbility(intent, mConnection);
}
```

HwShareServiceProxy 是 IDL 生成的代理类，在 IAbilityConnection 的回调中，当连接华为分享服务成功时，创建其实例，然后发起鉴权服务，代码如下。

程序清单：**src/main/java/com/example/distributedvideo/manager/idl/ShareFaManager.java**

```java
private HwShareServiceProxy mShareService;
private EventHandler mHandler = new EventHandler(EventRunner. getMainEventRunner());
private final IAbilityConnection mConnection = new IAbilityConnection() {
    @Override
    public void onAbilityConnectDone(ElementName elementName,
                                     IRemoteObject iRemoteObject, int i) {

        // 在主线程中调用
        mHandler.postTask(()->{
            // 创建代理类并绑定 IRemoteObject
            mShareService = new HwShareServiceProxy(iRemoteObject);
            try {
                // 传输权限认证
                mShareService.startAuth(mAppId, mFaCallback);
            } catch (RemoteException e) {
                HiLog.error(LABEL_LOG, LOG_FORMAT, TAG,"startAuth error.");
            }
        });
    }

    @Override
    public void onAbilityDisconnectDone(ElementName elementName, int i) {

        mHandler.postTask(()->{
            mShareService = null;
            mHasPermission = false;
        });
    }
};
```

程序清单：**src/main/java/com/example/distributedvideo/manager/idl/ShareFaManager.java**

```java
private final HwShareCallbackStub mFaCallback =
        new HwShareCallbackStub("HwShareCallbackStub") {
    @Override
    public void notifyState(int state) throws RemoteException {
        mHandler.postTask(()->{
            if (state == 0) {
                // 有权限可以进行分享
                mHasPermission = true;
            }
        });
    }
};
```

华为分享服务注册完成并鉴权通过后，第三步就可以进行分享操作，对应代码如下。

程序清单：**src/main/java/com/example/distributedvideo/manager/idl/ShareFaManager.java**

```java
private void sharFunction() {
    // 获取图片
    byte[] bytes;
    InputStream inputStream = null;
    try {
```

```
        inputStream = getContext().getResourceManager()
                .getResource(ResourceTable.Media_app_icon1);
    } catch (IOException e) {
        e.printStackTrace();
    } catch (NotExistException e) {
        e.printStackTrace();
    }
    bytes = readInputStream(inputStream);


    PacMapEx pacMap = new PacMapEx();
    // ----非必选参数
    // 分享的服务类型，当前只支持默认值 0
    pacMap.putObjectValue(ShareFaManager.SHARING_FA_TYPE, 0);
    // 携带的额外信息，可传递到被拉起的服务界面，如果是多参数可以使用 JSON
    pacMap.putObjectValue(ShareFaManager.SHARING_EXTRA_INFO,startMillisecond+"");
    // 服务图标，非必选参数，如果不传递此参数，取分享方默认服务图标
    pacMap.putObjectValue(ShareFaManager.HM_FA_ICON, bytes);
    // 卡片展示的服务名称
    pacMap.putObjectValue(ShareFaManager.HM_FA_NAME, "FAShareDemo");


    // ----必选参数
    // 分享服务的 bundleName
    pacMap.putObjectValue(ShareFaManager.HM_BUNDLE_NAME, getBundleName());
    // 分享服务的 Ability 类名，最大长度为 1024 字节
    pacMap.putObjectValue(ShareFaManager.HM_ABILITY_NAME,
                    VideoPlayService.class.getName());
    // 卡片展示的服务介绍信息，最大长度为 1024 字节
    pacMap.putObjectValue(ShareFaManager.SHARING_CONTENT_INFO, "xxxxxxx");
    // 卡片展示服务介绍图片，最大长度为 153600 字节
    pacMap.putObjectValue(ShareFaManager.SHARING_THUMB_DATA, bytes);
    // 注册连接华为分享服务
    ShareFaManager.getInstance(this).connectionShareService();
    // 第一个参数为 appid，在华为 AGC 创建原子化服务时自动生成
    ShareFaManager.getInstance(this)
            .toShareFunction("825679957291182976", pacMap);
}
```

readInputStream 方法封装的常规读取流操作，对应代码如下。

程序清单：**src/main/java/com/example/distributedvideo/manager/idl/ShareFaManager.java**

```
private byte[] readInputStream(InputStream inputStream) {

    ByteArrayOutputStream baos = new ByteArrayOutputStream();
    byte[] buffer = new byte[1024];
    int length = -1;
    try {
        while ((length = inputStream.read(buffer)) != -1) {
            baos.write(buffer, 0, length);
        }
        baos.flush();
    } catch (IOException e) {
        e.printStackTrace();
    }

    byte[] data = baos.toByteArray();
    try {
        inputStream.close();
        baos.close();
```

```
    } catch (IOException e) {
        e.printStackTrace();
    }
    return data;
}
```

ShareVideoPlayService 是自定义的一个 Service，当接收到分享连接请求时，打开视频播放页面，对应代码如下。

程序清单：**entry/src/main/java/com/example/distributedvideo/ShareVideoPlayService.java**

```
public class ShareVideoPlayService extends Ability {

    @Override
    protected void onStart(Intent intent) {
        super.onStart(intent);
    }
    @Override
    protected void onCommand(Intent intent, boolean restart, int startId) {
        super.onCommand(intent, restart, startId);
        String startTimemiles =
          intent.getStringParam(ShareFaManager.SHARING_EXTRA_INFO);
        if(startTimemiles!=null&&startTimemiles.length()>0){
            // 华为分享进入
            Intent startIntent = new Intent();
            Operation operation = new Intent.OperationBuilder()
                    .withBundleName(getBundleName())
                    .withFlags(Intent.FLAG_NOT_OHOS_COMPONENT)
                    .withAbilityName(PlayerAbility.class.getName()).build();

            startIntent.setOperation(operation);
            startIntent.setParam("intetn_starttime_param",
                    Integer.valueOf(startTimemiles));
            startAbility(startIntent);
        }
    }
}
```